兵頭二十八の防衛白書 2015

Hyodo Nisohachi
兵頭二十八

草思社

まえがきに代えて——2015年度版の特色

　ご好評の昨年度版から1年、ここに謹んで2015年度版の『兵頭二十八の防衛白書』を公刊する。
　今年度版の特色は、以下のとおりだ。

◎冒頭、現在情勢が緊迫し続けている中東（およびアフリカ）方面で米軍がどんな苦労をしているかの解説に多くをあてて、徹底解説。読者は、複雑な戦略情勢を、効率よく整理できるであろう。

◎特別編として2つの項目を附録した。ひとつは、日本から武器を輸出（または援助）する場合に気をつけなくてはいけないであろうことについての参考例集である。もうひとつは、官邸屋上墜落事件で認知度が急に上がったドローン（無人機）についての一稿だ。

◎中東情勢および特別編は2014年度版にはなかったもので、このため本号はボリュームが増した。その関係もあり、前号では設けていた「ロシア」の項目は今回は割愛し、欧州関係のトピックスは、他章のなかで分散的に言及することにした。ひとつ、ご了承を賜りたい。

写真提供者　カバー写真：I. M.　本文写真〔順不同〕：井上公司、Kel. l、吉城寺 豊、I. M.、小松直之

まえがきに代えて──2015年度版の特色　3

I　中東・アフリカ編　13

この地域の概況　15

シリア情勢　18

シリア発祥のIS（イスラム国）とは？／ISとモンゴルの違い／CAS（近接航空支援）とは何か／いわゆる「空爆」とCASが大違いである理由／アラブ人には爆撃誘導は無理だった／クルド人には爆撃誘導の適性があった／「近代指向」なので爆撃誘導任務もこなせる／ISに未来はない。しかし……／イスラエルのよろこび／シリアは半永久に復興しない／イランからの飛行機プレゼント／イスラエルの懸念はロシア製地対空ミサイル／暗殺用ミサイル／トルコとドローン／トルコ帝国は死んでいない／シリアとレバノン

イラク情勢　44

「もと、イラクと呼ばれていた場所」／イラクのスンニ派とは？／ISについてのおさらい／焦点の都市・モスル／CASを正しく指示できない無能イラク兵／なぜイラクでクルド人を使えないか／イラン軍の援兵がティクリトでISに大勝利／ベイジ精油所の運命／パンクしつつある空撮ビデオ情報の処理能力

戦車の時代は終わったか？／テロリストの埋葬問題／偽預言者に気をつけなさい

サウジアラビアおよびイエメンの情勢　60

宗教警察国家サウジアラビア／イエメン情勢はなぜ世界的な関心事であるか／アラビア半島のアルカイダ／陸軍将兵のなり手がいないサウジの弱み／国境戦争の苦い記憶／パキスタ

ンが「お断り」した事情／サウジはアルカイダを「傭兵」に使うしかない？／そして空爆戦争開始――対イランの予行練習？／人権軽視国への武器輸出をどう考えるか

英国空軍より巨大なサウジアラビア空軍

その他の中東諸国の情勢　78

対イラン戦の準備を進めているUAE／ヨルダン軍――精強さの理由／難民と民主主義の動揺／イスラエルの悩み――ロケット弾をミサイルで迎撃するとコストは？／イスラエルの対テロ諜報／「選別殺法」vs.「無差別テロ」／イスラエルの焦燥

アフリカ諸国の情勢　88

スーダンとイスラエルの戦争／ソマリアとアルシャバーブ／マリと南米産のコカイン／旧宗主国の責任／ナイジェリアとボコハラム／国連が泣いて喜ぶ新時代の「傭兵」が出現！／国家や政府と関係を断たれた現代の「棄民」

シナ人クーリーの大活躍

アフガニスタン情勢　101

完全撤退も不可能。増派も不可能／タリバンは反米ではなかった／米国は現代の豊臣秀吉か／ドラッグ・ギャングと携帯電話／タリバンと抗争しているISとは？／ゲリラと携帯電話の相性／アフガンの未来は？／隣国パキスタンの辛い事情／頭の痛すぎるパキスタンの政治地図

陸封国家から軍用車両を撤収させる方法／パキスタン空軍の女性パイロット事情

イランの情勢　114

恐れられるイランの底力／イラン軍の用意周到さ／核交渉も巧みに乗り切り中／イランのスペツナズ／イランの機雷戦力を占う／ペルシャ湾における米海軍の掃海体制／イランの腐敗と麻薬

イランの酒事情

II　米軍編　127

この地域の概況　129

ワシントンの動向　130

二重規準／米軍の脱走兵事情／ヘーゲル長官の革職／マイクロ・マネジメント／4人目の新国防長官／軍事予算

サイバー、イスラム・テロ対策　139

対北鮮のサイバー・カウンター攻撃／『若き勇者たち』という前例／米国発のサイバー・アタック／米国内からはなぜイスラム・テロ活動が報告されないのか？

四軍の現況　147

JTACと誤爆問題／A-10の引退、存続論争／イラクやアフガニスタンにおけるこれからの「実験」／被服――知られざるそのハイテク／砲兵はロケット化する／陸軍が「ライフル単射狙撃主義」に目覚める／安全な爆薬の先端を行くアメリカ／燃料と電池／BMD／グァム島の対弾道弾防空／次期ステルス爆撃機のゆくえ／B61水爆がやっと「誘導爆弾」化／戦闘機に速度は必要なし／電子戦闘機／横田基地の新顔／在韓米軍／サイバー戦士は普通のリクルートでは集まらない／米陸軍のパシフィック・パスウェイ／海軍のヘリコプター／海軍のシールズがなぜ多用されるようになったか／敵戦死者の携帯電話から情報をぶっこ抜く／FBIによるフィリ

ピン警察軍への協力／特殊部隊の待遇／米海兵隊は「ロイヤル・マリンズ」を師と仰ぐ／特殊部隊用のヘリコプターは？／特殊空挺ジープ／人員に疲労の色が濃い米国海軍／海軍が海自を呼ぶわけ／外国領土内の海軍基地／フィリピンの米軍基地／「海のトラック」――LCUとは／FON作戦の先例：「シドラ湾事件」は、南シナ海で再現されるか？／米空軍の機雷の準備／考えられない「中共空軍による奇襲」／旧い重爆は哨戒機の仕事ができる／トマホーク／退役軍人ケアのほころび

防水服地の決め手は「溶接」／電池のブレイクスルー／在韓米軍と対人地雷／18歳問題／沈没艦艇はそのまま水兵の墓場だと看做す米海軍／塗装の革命／イスラエルの倉庫業／異次元空間キューバ

III　中共編　205

この地域の概況　207

北京の動向　208

日本の軍事評論家の義務／シナ軍の予算／シナ財政は崩壊する／腐敗と堕落／砂盛り島の数々／インターネット時代の報道統制／キリスト教も弾圧／インドは中共の死命をとっくに制している／ミャンマーへの賄賂攻勢

ジャーナリストの「書き方」教習会

人民解放軍の現況　221

シナ空軍の訓練の欠陥／ホバークラフトも「白い象」／駆逐艦とコルヴェット艦／役立たず飛行機が次々デビュー／輸出禁止戦闘機／現代の「陸攻」／インド国境／対米戦略核兵器／かけ声ばかりの戦略潜水艦／台湾方面／パキスタン方面／インドネシアとマレーシア方面／シンガポールの敵は誰か／最新式の地対空ミサイル／中共の病院船の正体／魚雷戦型の潜水艦／豪州方面／ベトナム方面

IV 朝鮮半島編 245

この地域の概況 247

北朝鮮の現況 248

北朝鮮の台所／外交官による密貿易／奪えぬときは泣き落とし／「脱北」と「入北」／閉じたインターネットに空いた穴／西側映像コンテンツの浸透／ドイツ製の携帯探知機／偽核爆発と偽SLBM

韓国の現況 258

新兵にスマホ／オプコン／基地周辺での人身売買はまだ続く／射程500kmの弾道弾の製造が米国から許可された

V 日本編 263

この地域の概況 265

防衛の現況と問題点 266

P-1哨戒機／ジブチのP-3C／呪われたアパッチ・ヘリ／アパッチに関する英国の経験／あるアパッチの事故／尖閣作戦専用機の「オスプレイ」／潜水艦用の使える弾薬／とうぶん戦力にはならないF-35／在日米海軍が「対巡航ミサイル防衛」に本気を出しつつあり／超水平線探知と巡航ミサイル迎撃の鍵は早期警戒機／『いずも』の役目は『ブルーリッヂ』／陸自に必要なのは「魚雷を持たないPTボート」／フリゲートとは何か／進化の袋小路に来た砲兵（特科）／特殊部隊も語学力で勝負／特殊部隊（特戦群）についての誤解／特殊部隊の潜入活動には、特別な消音拳銃が必要だ

サイバーの「罠」／タイ海軍の経験／政府が潜入報告者になることもある

わが国の資源問題　298

LNG発電所は海岸立地の必要がない／山林を遊撃隊拠点とするために／日本の飢餓事態——私のシミュレーション

VI　特別編　305

武器輸出とその未来の心配　307

この分野の概況　307

「武器ODA」——オフィシャル・ディフェンス・アシスタンス／「日本人の国民性」と照らし合わせること／武器貿易で日本は助けられて来た／過去に恩義を受けていない国々との兵器商談／豪州の潜水艦／インドの工業力／スコルペン級潜水艦の例／日本製の中古車の活躍を見よ／フィリピン軍には何を持たせるとよいか／機雷戦史のおさらい／軍事バランスが日本に有利に傾くことを期待して許可する輸出／世界各地の「新戦場」をより安全化できる新案にも注力すべし／参考となるイスラエルの武器商売／世界の対ゲリラ戦の「ゲーム・チェンジャー」となるもの／『ミストラル』の商訓／「商社員の暴走」と「外交官の臆病」と

ドローン／UAV／無人機　330

この分野の概況　330

RQ-4 グローバル・ホーク／MQ-4C トライトン／RQ-9 リーパー／地上支援体制／RQ-11 レイヴン／マイクロUAV、ナノUAV／RQ-7 シャドウ／艦上無人攻撃機「UCAS (unmanned combat air system)」／ドローンをどうやって撃墜するか／RQ-21A インテグレーター／もうひとつのUAVの可能性——超低速・低空・長時間滞空機／無人機の課題

Military Report
中東・アフリカ編

この地域の概況

中東とアフリカは現在、イランを中心に動いていると言っていい。

イランは、表向きの声明とはほぼ関係なく、核武装（原爆開発）の努力を地下施設内で継続中である。

イスラエルは、イランが核武装しそうになったら、イランの主要都市に対する核攻撃（最も信頼度が高い運搬方法として、戦闘機からの核爆弾投下）に訴えてでも、それを阻止するつもりでいる。イランは、ハマスやヒズボラといったゲリラたちに射程が10km以上もある大小のロケット弾を何万発も供給して、イスラエル領土を現にテロ攻撃させているスポンサーだ。そのイランがもし原爆を手にした場合、イスラエルの未来は暗黒化する。

イスラエルもしくはイランによって核兵器が1発でも使われると、1945年いらい、戦後世界が一貫して高めてきた「核兵器使用の敷居」は急に下がってしまう。中共やロシアやパキスタンやインドも気軽に核兵器を使用できるような環境が生じかねない。

特に金欠のロシアは今や核しか頼れる軍備がないのに、ポーランドやバルト海沿岸諸国に次の侵略目標を定めているので、甚だ危なっかしい。

核が気安く使われるようになる世界は、米国の国益に反する。それゆえ米国は、イランの核武装も、イスラエルによるイラン核攻撃も、どちらも止めなくてはならないという使命感を抱いている。しかしもしイランの核武装を止められない場合には、米国は、イランと「擬似同盟国」になり、「関与政策」によってイランを抑制しようと図るだろう。

イランの周辺の、ペルシャ湾岸のスンニ派の金満産油諸国＝

GCC（Gulf Cooperation Council　サウジアラビアとUAE〈アラブ首長国連邦〉が2巨頭で、それにバーレーン、オマーン、カタール、クウェートが加わっている6ヵ国）は、とうていイランの核武装を認める気はない。彼らはアメリカがいつまでも対イラン戦争を始めないことに、苛立っている。

　サウジアラビアは、イランが核武装した場合には、パキスタンから原爆の実物を手に入れるつもりだ（公式にはもちろん否定する）。もともと、サウジの提供資金でパキスタンが開発に成功したものなのだ。

　アメリカは、このような核拡散も止めなくては国益が危ないと思っている。そのために、サウジアラビアとUAEに熱心に勧めて「THAAD」や「ペトリオットPAC‐3」等の地上型のBMD（弾道弾迎撃ミサイルシステム）を提供した。さらに、その両国の防空レーダーを運用の上で統合させ、それを米軍のBMDアセット（早期警戒衛星やイージス艦など）とも直結することで、GCC全体に安心感を与え、なんとかサウジアラビアの核武装（核兵器輸入）を止めなくては……と念じている。

　しかしサウジアラビアは、米国提供のBMDでは、あやされないだろう。防空システムの地域統合も、単に米国による地域監視・地域統制の役に立つのみだと彼らは疑っているだろう。かつまた海港商業都市国家UAEその他と、内陸ベドウィンの国サウジアラビアは歴史的に仇同士であるので、米国の目論見どおりに行くかどうかは読めない。

　読者はもうお気づきだろう。この構図は、米国が絶東で核武装させたくない日本と韓国の間のBMD情報連携が、韓国の歴史的嫉妬にもとづく反日病癖のためうまくいかないのと、よく似ている。

　核武装しそうなイランに対抗しようにも、簡単に自力では核武装ができそうにないGCC諸国は、アルカイダやIS（イスラム国）とい

った特定のスンニ派の過激テロリスト集団を、公式の「傭兵」や自前の「特殊部隊」の代用物として水面下で資金援助して強大化させてやり、それによってイランやイランが後援するシーア派ゲリラ（たとえばイエメンのフーシ）に各地で対抗しようという考えを、抱くかもしれない。

　サウジアラビアはアルカイダを生み、アルカイダはISを生んだ。そのISは、シリアに核武装してもらっては困るイスラエルにも応援されて大きくなっている。だから今のISの騒ぎだって、元を辿っていけば、イランの核武装問題に発していると言えるわけだ。

　さて、米国が主導する国連は、イランの核武装努力を理由としてイランに経済制裁を課してきた。だが、イランに核開発を放棄させるほどの効果はないようだ。

　そこでサウジアラビアやクウェートは、自国内の原油生産量を抑制しないでどんどん国際油価を下げてやることによって、石油収入に依拠するイランの国家財政を破綻させようと狙っている。これによるイランのダメージは、まちがいなく国連制裁以上に大きいけれども、ロシア、インド、トルコ、パキスタン等が、イランを経済的に支えてやることに国益を見出していることもあって、イランがあくまでも核開発を続行してしまう蓋然性の方が高い。

シリア情勢

シリア発祥の IS（イスラム国）とは？

　ISとアルカイダの違いを簡単に言うなら、ISは「異端」のシーア派絶滅を専ら目がける、シリアからイラクにかけてのスンニ派アラブ人だけの地域遺恨集団である。

　それに対してアルカイダは、米国や西欧の近代主義の破壊を最重要の達成目標と確信するに至った世界各地のスンニ派イスラム教徒たちである。（タリバンについてはアフガニスタンの項でまた説明するが、関心がスンニ派パシュトゥーン族によるアフガンの鎖国的支配にのみあり、国際的な運動ではない。）

　したがって欧米がもしISを放置したなら、ISの方からいきなり強大な欧米を攻撃しにやってくることはない（イランに攻め入ることはあり得る）。

　ところがISは中東での勢力拡大の途中で、スンニ派アラブ人ではない住民を、それがシーア派であるかないかは問わずに皆「異端だ」として好んで虐殺もしくは性奴隷化する。そうした暴力放縦が肯定されることが、いまどきのイスラム教圏のパッとしない若者たちには大いにウケるらしいということが、わかってきた。この流儀が行き着くところとして、スンニ派アラブ人であってもちょっと気に喰わなければ「異端だ」と無理に言いがかりをつけて皆殺し攻撃をかけるに至る。欧米のみならずイスラエルとも水面下で結託しているサウジアラビア政府などはじきにその的にされるだろう。

　そんな危険があるゆえ、欧米としても放置をきめこんではいられない。ましてや、アメリカが再建してやったイラク政府はシーア派の政府であり、イラク住民の6割もがシーア派なのだ。

アルカイダは、2003年に米軍がイラクを占領した時点では、アラブ世界で人気が高かった。だがそれから4年にして、アラブ世界でも支持率が失墜してしまった。2007年以降、アルカイダは暴力傾向を抑制したが、それは勢力維持に結びつかず、代わってISが擡頭（たいとう）したのである。

　イスラム・テロ集団の隠れたスポンサーとなることの多いGCC内の金持ちたちにとって、リアルな脅威はアメリカではなく対岸のシーア派イランの核武装だと痛感されてきたことも、その背景の一つかもしれない。

　そもそもISは、アルカイダのシリアにおける協賛団体であるヌスラ団を母体とし、そこから分派した。

　2010年に米軍はイラクで、2人のアルカイダ幹部を殺した。それにより、アルバグダディという指導者の株が浮上して、グループの頭目になったという。アルバグダディは同年にバグダッド市内のカトリック教会を襲撃して58人を殺している。

　そのアルバグダディがシリアに兵隊（サダム時代のイラク軍幹部たちが指揮する）を派遣しはじめたのは2012年である。

　2013年6月には、手下たちがバグダッド近郊の2ヵ所の刑務所を襲撃して囚徒500人を解き放った。

　とうとうシリアのラッカ市を「首都」にするまでに勢力拡大したのは2014年初めである。

　2014年6月にはイラクの石油と金融の有力拠点であるモスル市（平時人口140万人）を確保し、組織の財源は一挙にゆたかになった。

　ISは、モスル市内のシーア派の兵隊や警察官を皆殺しにして、アルバグダディを長とするカリフェイト（カリフ体制）の樹立も宣言した。いうまでもないが、史上最後のカリフェイトはオスマントルコで、それは1924年に消滅している。

　米軍はISを狙った空爆を2014年8月にイラクで、9月にはシリ

アで開始した。

　ISは、シリアの首都ダマスカスや、イラクの首都バグダッドは攻略できていないが、いくら爆撃されてもラッカやモスルを確保し続けており、占領地をさらに拡大する勢いもなくしてはいない。

ISとモンゴルの違い

　シリアやイラクでは、ひとつの都市の周りに数百の村がある。ISはそれぞれの村を数ヵ月間占領して、住民が何教の何派だろうと、搾取し尽くしてから去る。少しでも抵抗する者は「異端だ」として殺してしまう。女も「異端だ」としておけば、彼らの教理によりもはや人権など無いこととなるので、勝手に性のなぐさみものとして、分配したり人身売買してしまう。異教徒の女を妊娠させることは彼らにとっては宗教的ミッションである。

　町や都市を占領したときは、捕らえた役人や兵隊をすかさず大量斬首してそのビデオを撮りだめておく。そのビデオは、IS軍の作戦が停滞したときなどに景気付けの宣伝としてインターネットに少しずつアップロードし、ISが常に勢力拡張中であるかのような印象を、世界のイスラム教徒に与え続けようとするのだ。

　ISの大量処刑のやり口は、西洋人から見ると、大昔のモンゴル帝国を連想させるようだ。

　モンゴル帝国は1258年にバグダッドを陥落させ、特殊技能者以外は皆殺しにした。おかげで以後700年間、バグダッドは先端文化都市としても巨大商都としても復興することがなかった。

　だがISとモンゴルには、根本的な違いがある。モンゴルは、すぐに降伏した者たちは殺さず、そのかわり、次の遠征作戦での先鋒部隊に仕立てた。ISは、助けてやると騙して服従させたあとに斬殺し、ビデオ公開して勝利＆前進をPRしているのだ。

　（2015年3月に英国の「スカイニュース」TVのインタビューでISから

の脱走者が語ったところによれば、斬首ビデオに出てくる人質たちが冷静なのは、事前に、「これは芝居であって危険なことは何もない」と説明されて、その嘘に納得しているからだそうだ。）

「IS（イスラム国）」という名乗りにも、意味がある。連中のあたまの中では、シリア居住もしくはイラク居住のスンニ派アラブ人でないならば、真のモスレムたり得ないのだ。にもかかわらず、ISの給与や「奴隷妻」の話に惹かれて、遠くの非アラブ地域からもさまざまな属性の若い兵隊が集まってくる。ロシア国籍を有するコーカサス地方のイスラム教徒まで混じるという。報酬として「妻」をあてがわれる（異端の若い女を勝手に手籠めにする）というのは、失業率の高いイスラム世界で所帯を持てない若い男たちに魅力的に聞こえるようだ。いずれにせよ、インターネット時代より前には、このような広域募集など考えられなかったであろう。

2015年3月までに、在欧のイスラム教徒が3000人ほども、トルコ経由でシリアに入ってISに加わったという。そのうちの1割は戦死し、1割強はシリア国外へ逃亡したという。1割死んだということは、負傷者は5割に及ぶはずである。

しかし、たとえばシリア政府軍から脱走してISに入り、そのISからまた脱走したというような者たちは、この地球のどこにも安住の地はなくなってしまう。行けるところは、トルコ、レバノン、ヨルダンの難民キャンプだけなのだ。

CAS（近接航空支援）とは何か

IS（イスラム国）を名乗るイスラム教スンニ派ゲリラが暴れているシリアおよびイラクにおいて、米軍はこの数年でいちばん重要な戦訓を摑んだ。

「当該地域で、スキルの高いゲリラ軍を撃退する有効打となってくれる航空攻撃は、地上から正確にコントロールする迅速なCAS（近

接航空支援）だけだ」――。

　米軍の航空隊が、味方の地上部隊と相謀らずに独自に策案して実施した精密爆撃など、精密誘導爆弾を何千発投弾したところで無益なのである。なぜなら、相手はサダム・フセイン時代のイラクのようなホンモノの「国」ではないからだ。行政庁舎も司令部建物も軍隊駐屯地も、どこにも固定的に存在しないからである。

　読者はここで是非とも CAS という術語を覚えて欲しい。

　CAS は「クロース（近接）・エア（航空）・サポート（支援）」の略で、最前線で敵軍と対峙して交戦中の陸上部隊からの要請にもとづき、味方の航空機がその真上に至って、目の前の敵兵を正確に爆撃してやることを意味する。大昔ならば、味方軍の野戦砲兵部隊だけが実施できた直接的な火力支援を、今は航空機にさせられるのだ。その威力は、もし投弾が正確ならば、圧倒的である。

　たとえば現代の野戦重砲の、普通の兵隊が1個だけ肩にかつげるような155ミリ砲弾であっても、充塡されている炸薬は7kg（米軍旧型）〜11kg（米軍新型）にすぎない。敵兵が露天のタコツボ陣地に籠っているのならば、それでも十分だが、今日のゲリラたちが好んで利用する村落の家屋群、市街のコンクリート製建造物だと、155ミリ砲弾でも威力が足りぬ。そこへいくと現代の航空機が運搬し投下できる爆弾の中には、数十kgから数百kgもの炸薬を詰められる。これがドンピシャリに敵ゲリラ集団の籠るあたりに落下してその中心部で炸裂した場合、文字どおり敵兵の多くはケシ飛んでしまい、味方地上兵のその正面での前進（または防禦）は、てきめんに楽になる。

　……とはいうものの、なにぶんにも、陸上の最前線では、敵と味方の間合いはとても近いものだ。

　数百mとか数十mをはさんで射ち合っている場合もある。彼我の境界線は刻々と流動し、錯綜もする。地形や植生等のためにそれ

が上空から識別困難であることも多い。

　ゆえに、パイロットとしては悪気がないのに、狙いが適切でなく、落としたナパーム弾が、味方歩兵の塹壕の上へ……、などという椿事は、ベトナム戦争中まではザラであったし、攻撃機の搭乗員の側から判断してCASの爆撃照準点を決定しているかぎりは、落とす物がたといGPS誘導爆弾（ジェイダムと通称する）やレーザー誘導爆弾（ペイヴウェイと通称する）であっても、そもそも味方誤爆の可能性は理論的に減らぬわけである。むしろ、精密さと爆発威力が増している分、誤爆の惨害が大きいかもしれない。

　CASは、命ぜられたミッションをうまくやり遂げても、操縦士の手柄としては派手さがないし達成感も少ない（直接の手柄は地上部隊が回収してしまう）。反面、もし失敗すれば仲間内での本人の株が長期的に下がってしまうだけでなく、誤爆によって一生抜け出せないトラウマを負うことすらある。

　たとえば、目視で敵兵だと判断して誘導爆弾を投下して吹っ飛ばしてやった地上の１個分隊が、実は味方の特殊部隊であった──などという真相を基地に帰還した後で知ったパイロットは、精神的に大ダメージを受け、何週間も使い物にならないという。

　そうでなくとも、陸軍部隊からの注文が来るまでは上空待機（旋回）をしていて、指図があり次第かけつけて投弾するなどというパターンの仕事は、パイロット側に自由な裁量の余地がなく、いかにも陸軍の使い走りとなっている姿なので、空軍のパイロットは、厭なのである。

　かかる勝手な事情から、米空軍部隊は、なんだかんだとCASを忌避しようと図る。できるだけ空軍単独で爆撃目標を決めて、前線よりもはるかに奥地にある「重要目標」を空襲する計画を立てて深夜に実施し、「司令部所在ビル」などを爆破したビデオをペンタゴンの上司に示して「大戦果があった」と宣伝できることの方を、ず

っと好むのである。

 たしかに大きな建物に爆弾が命中して炸裂する赤外線ビデオ映像は、何かが達成されつつあるという印象を見る者に与える。説明を受けた高級文官や議員は感心してくれるであろう。しかし現地では、派手な爆煙のわりに、じっさいには肝腎の敵ゲリラ幹部などはその中で誰も死んでいないことが多い。投弾機が撮影したビデオの判定でも、カタール基地からF‐15E「ストライク・イーグル」を「偵察ポッド」付きで飛ばしての翌日の戦果確認偵察でも、そこまでは確認はしようのないものである。

 ISは、敵制空権下での行動については、そもそも素人ではない。戦闘員の幹部級は、サダム・フセイン時代のイラク陸軍の職業軍人たち(ほとんどスンニ派信者)だった。米空軍相手の「対空疎開」に関して、もう十数年来の経験を有する連中なのだ。幾度も機転を利かせて猛爆撃を生き延びたがゆえに、今、ISの指揮官になっているのだろう。そんなサバイバルの超ベテランたちが、どうして同じ建物の中にぎゅう詰めになっているような粗忽者であり得よう？

 およそゲリラの戦闘指揮所は、米空軍やNATO空軍が絶対に(政治宣伝的な制約により)爆撃することを禁じられている「住民たち」の中に目立たぬように置かれているのが、2011年のリビア内戦いらいの常識である。

 しかし地上の現実とかけ離れた世界で暮らしている米空軍の将官たちは、むしろ彼らのみの仮想現実の中で戦争を進めたがっているように見える。

いわゆる「空爆」とCASが大違いである理由

 これが、「地上からコントロールする精密CAS」であれば、話はまるで異なってくるのだ。

 防禦しているわが地上軍と、まさに数百mの近さで、ビルや陣

地に立て籠もって銃撃戦を続けている敵ゲリラ兵は、間違いなく、敵の戦闘員の中でも、野戦スキルを積んだ士気旺盛な中核分子だ。しかしこちらも小銃間合いから激しく狙撃しているのだから、さしものベテラン兵たちも、「ここはちょっと不利だな」と思いながら、おいそれとそのビルから居場所を移すことはできない。

その制約はこちら側の歩兵も同じことで、お互いに（夜になるまでは）釘付けだ。そんなときに、わがほうだけが、最前線の地上から味方のCASを無線で要請できるとしたら？

それも、口頭で爆撃目標を伝えるのではなく、GPS座標のデータを送信して攻撃機の爆撃コンピュータにそのまま正確に入力してやったり、地上からまさにリアルタイムでレーザー照射しているところへ攻撃機からレーザー・ホーミング爆弾を投下するのであったなら？

現代では、誘導爆弾は、GPS頼みの場合なら、入力された座標からの誤差10m以内に、またレーザー照射の反射点にホーミングして行くタイプならばほぼ1m以内に、半数が命中してくれると（統計学的に）期待ができる。

このGPS座標データを味方機に最前線の地上から無線で電送したり、レーザー照射を地上から担任する将兵を、「爆撃誘導員」（フォワード・エア・コントローラーもしくはエア・コントローラー、もしくはJTAC）と呼ぶ。

味方の地上部隊（それは中隊以下の単位のこともある）に、空軍から派遣された、もしくは米陸軍や外国人部隊が自前で養成した優秀な爆撃誘導員が混じっていれば、専用の無線機を使った連絡によって、上空の味方機（米軍機）から、敵陣地となっている目の前のビルへ数十分以内に巨大爆弾を落としてもらえる。

敵ゲリラの最優秀の戦闘員たちは、ジェット機の接近音を聞いても、もうその陣地から逃げ出すことはできない。出れば小銃で撃た

米四軍のためにM-4カービン（写真2枚とも）を1993年からずっと納入してきたコルト社は、2015年に事実上の経営破綻に陥ってしまった。アフガニスタンとイラクからの大撤収、そして特殊部隊がM-4系を嫌っていることが響いているかもしれない。写真の空軍兵は、レーザー測距器やら暗視スコープやらフラッシュライトやらを「レール」に取り付け、ごきげんに見えるが、これらハイテク七つ道具の泣き所は電池である。ちなみにM-4と機関部が類似する有名なM-16小銃は1988年で調達は終わり、まだ使っているのはゴルゴ13だけだ。

れるので、じっと伏せているしかない。そして次の瞬間、ゲリラは陣地（ビル）ごと五体四散する。その風景を、敵の他部隊員も、地域の住民も目撃するのである。いかにISなど無力かということが現示され、政治宣伝の上でも敵ゲリラは痛手を被る。双方の士気の上にも、大きな影響を及ぼさずにはおかないだろう。

アラブ人には爆撃誘導は無理だった

　そんなすばらしいCASならば、IS相手に、もっとどんどんやればいいじゃないか――と、誰しも思うであろう。

　だが、それがなかなかできぬ制約が、今のシリアやイラクにはありすぎるのだ。

　この事情に通ずることによって、日本の一般読者も、シリアやイラクの軍事情勢を、司令官たちの目線で解釈できるようになるかもしれない。

　まずひとつは、「米軍はイラン軍にCAS提供するわけにはいかない」という大制約だ。

　今のイラク政府はシーア派政府であるため、シーア派本尊のイランからは財政的にも軍事的にも多大の支援を受けている。

　シリアのアサド政権もシーア派であるからイランはその財政を支えてやっている。また軍事的には、イランの手下グループであるヒズボラ（レバノンのシーア派ゲリラで、反イスラエル戦争をするのがほんらいの仕事）を、アサド軍の援兵としてシリア戦線に投入している。

　アメリカはシリアでは、アサド寄りでもなく、イラン寄りでもなく、IS寄りでもない、後援する価値のある民兵集団を探し出して、トルコ国内で一から訓練（爆撃誘導を含む）してやるところから始めなければならない。その事業は緒についたばかりである。

　かたやイラク政府軍による対IS反撃作戦の多くの局面で、今で

は数千人ものイラン軍の将校や下士官たちが、陸戦を主導するようになってきた。それほど、サダム時代のスンニ派イラク人将兵をパージしてしまった今の「シーア派イラク政府軍」なるものは、素質的にはどうしようもない烏合の衆なのだ。

　ところが米国の有権者たちは、そもそもイランには1979年のホメイニ革命時のテヘラン大使館人質事件いらいの悪感情を抱き続けている。

　加えて、もっかの米国政府は、イスラエルやサウジアラビアやUAEから「イランの核武装をどうやって阻止してくれるんだ？」と詰め寄られている最中なのである。

　イラン兵は有能である。米軍から専用の無線機を貸与して、「イラン人の爆撃誘導員」を仕立て、米軍機がイラン軍のためにCASを提供することは簡単だろう。だがそれは政治的に許されない。米国有権者も湾岸の同盟諸国も、いっせいにホワイトハウスを非難し、オバマ大統領は政治生命を断たれるだろう。

　ペンタゴンとしても、イランとはこれから直接戦争するケースもあれこれ考えているところであるから、いろいろな理由をつけてイラン人部隊へのCAS提供を封じている。

　たとえば、スンニ派住民が多い特定の都市を、イラン兵が先導するシーア派イラク政府軍が奪回した場合に、奪回の直後に市内で懲罰的な住民虐殺が起きるかもしれない。そのときイラン政府は、虐殺死体の映像を、米軍機の爆弾によって殺されたものだ、とでっちあげた宣伝をするかもしれない。だからCASは提供できないのだ……等々。

　しかしイラン兵は有能さも一枚上で、イラクのティクリト市を、米軍機のCAS無しで、ISから奪回してみせた（そのユニークな戦法については後述）。

　シリア解説の途中なのだが、CAS問題はイラク戦線で表面化し

たものなので、いましばらくイラクの話を続けよう。

　米国は、イラク内でISが支配中の戦略的最重要拠点であるモスル市（大油田と闇の金融システムも存在する）を、ティクリトと同じパターンでイラン軍将兵に奪回させるのはまずいと判断している。同様、クルド人にモスル市を攻撃させ占領させるのも、政治的・外交的にいろいろまずいだろうと判断している。モスルはなんとしても、新生イラク政府軍（プラス、米軍機のCAS）だけで奪回させるべきだ——と、米国（オバマ氏の側近たち）は念願している。

　そこで、イラク政府軍の将校を選抜し、何ヵ月もかけて、所要人数の爆撃誘導員を育成した。もちろん、爆撃誘導員以外の歩兵や特科兵もたくさん訓練してやったのである。

　ところが、それらが物の見事に、ぜんぜん役に立たなかったのだ。

　爆撃誘導員は、陸上の最前線でまさに敵と味方が互いに現陣地に釘付けになって近い距離から銃火を交換している、という命懸けの状況下からCASの要請を出した場合に、最大の戦果（敵の精鋭戦士のその場での爆死）を引き出すことができる。

　ということは、味方の歩兵たちは、その爆撃誘導員が敵兵の射撃等によって殺されてしまわないように、終始、手を尽くして護衛してやらねばならない。

　しかるに、国家のために身体生命を差し出す気などさらさらないイラクのシーア派政府軍将兵は、ISの戦意が旺盛で、付近の住民もスンニ派が多いと見るや、そんなところで命をかける価値はないと思い、さっさと戦場から離脱してしまうのだ（その最悪のケースが、ラマディ市の陥落）。爆撃誘導員を守ってやろうなどと考える殊勝な者も一人もいない。

　これでは爆撃誘導員は落ち着いて仕事ができない。彼は、最初から、前線に行かないように気をつけるであろう。そして遥か後方から爆撃要請を出そうとするであろう。それでは、誤爆だらけの

CASにしかならない。だから米軍機は、その要請には応じられない。
　もし住民を誤爆すれば、ISの政治宣伝にますますネタを提供するだけで、米国の中東での評判は失墜する。
　米軍から米軍人のエア・コントローラーを派遣してやっても、イラク兵はそのエア・コントローラーを最前線で護衛せずに勝手に後退してしまうであろうから、できない（シリアのコバニ市防禦では、米軍は隠密裡に爆撃誘導員の特殊部隊員を同市に送り込んでいた可能性があるが）。
　というわけで、イラク内戦の先行きは、まっ暗だ。

クルド人には爆撃誘導の適性があった
　CASによる対ISの劇的な一勝をあげたのは、トルコ国境に近いシリアのコバニ市を防衛したクルド人の自警民兵たちであった。
　クルド人は、言語系統上はイラン人の親戚（つまりアラブ系ではなくアーリア系）だが、居住域はむしろ旧オスマントルコの版図内に散らばっていた。トルコの心臓部にまでも分布していたがために、第1次大戦後のトルコ帝国分解のさいにも、クルド人たちには独立国は与えられずじまいであった。国家をもてない民族集団としては、現在でも世界最大である。
　先述したように、ISのテロ組織としての特徴は、その最優先のテーマを〈イスラム世界の異端者を根絶やしにする〉——要するにシーア派絶滅に、置いていることである。これに対してアルカイダは、米国を攻撃することに組織目的のプライオリティを置き、シーア派攻撃は二の次だ。またタリバンは、スンニ派のパシュトゥーン族によるアフガニスタン支配が目的なので、アフガン中部のハザラ族（モンゴル人の後裔で、アフガンの中では珍しくシーア派）とはとうぜん相容れぬものの、棲み分けもしている。

ISはクルド族を「イスラム教スンニ派内の異端者」もしくは、それよりもなお悪い「無神論者（隠れ共産主義者）」だとみなしている。それは根拠がないわけでもなく、ロシアがグルジアへ侵攻する直前、トルコ国内でクルド人がロシアのスペツナズの手先となってパイプラインを破壊している。旧ソ連いらいの闇のコネクションが、トルコ国内のクルド運動に関しては、確かにあるのだ。

ともかく、ほぼ全員がクルド人であるところのシリア北部のコバニ市民（平時市街地人口4万人＋周辺町村4万人）は、2014年9月に急に同市に迫ったIS軍によって包囲を受け、皆殺しにされる可能性に直面した。

このコバニ市のクルド人は2012年に「アラブの春」の波及でシリア国内が不安定化したときから小火器で武装自衛していたのだけれども、べつだん、戦争が上手であったわけではない。ただ、ISが攻めてきたとき、同胞のクルド人の市民を虐殺から守るために、一歩も退かずに抗戦しようとした。これが地上から要請する精密CASの実現のために必要な条件を満たしたのだ。

クルド兵士が市街防衛の外縁部の最前線から一歩も退かずに防衛する覚悟をもっていたからこそ、俄か養成の（あるいは米軍からこっそり派遣された米軍人の教官であるところの）「爆撃誘導員」は、常に最前線において継続して活躍できたのだ。

クルド人たちは2014年の危機の初期に、携帯電話からの英文ツイッター投稿によって公開的に米軍に航空支援を要請するという、爆撃誘導員としての適性を見せていた。米軍としても、稽古のし甲斐があったであろう。

2014年の10月頃以降、米軍機が提供したCASによって、コバニ周辺だけでもISは3000名以上もの優秀戦闘員（元プロ軍人たち）を爆殺された。クルド部隊がISを陸戦で負かしたわけではない。クルド部隊は、IS部隊が爆弾落下のその瞬間まで、陣地から動け

ぬようにしていたのである。

　この一方的な CAS があまりに有効だったため、2014 年末には、同市を囲む IS 軍には動きの鈍いアマチュア（実戦歴が無い応募兵）しかいなくなり、とうとう 2015 年 1 月には解囲して去った。IS の国際宣伝の勢いも、ここでいったん躓(つまず)かされた。

「近代指向」なので爆撃誘導任務もこなせる

　シリア国境近くのクルド人は、トルコ国内で独立運動を続けてきたクルド人の政治グループと近い関係にある。その運動の性格を一言で表現すれば「近代」の肯定だ。ながらくクルド人もトルコ人も、ほぼイスラム教スンニ派ではあるのだけれども、トルコ人の中に吸収されてしまうことをいさぎよしとしないクルド人は、反発心・反抗心から、いつしか共産主義（無神論）を対抗理論として導入し始めたように思われる。ソ連も、トルコを弱めてやるために、トルコ国内のクルドに秋波を送ったのだ。

　もちろんトルコ国外のクルド人たちは、表立って一神教の神の否定を標榜したりはしていない。が、伝統的な拘束力の強すぎるイスラム教権威と拮抗のできそうな理論体系として、たしかにマルクシズムに勝る「擬似宗教」は無いだろう。また共産主義や社会主義は、西洋近代主義の一分派でもある。たとえば女子戦闘員がいきなり堂々と登場するといったクルド人の特色も、この「親近代」性によって説明され得るのだろう。

　米国として残念なことに、シリア内戦が始まった時点でクルド人がもう長いこと勢力圏にしていたシリアの特定都市やイラクの特定都市ではない他の場所で、クルド部隊を米国が後援して活躍させることは、政治的に難しい。

　したがって、IS が奇麗に消えてなくなるという中東未来図も、想像し難い。

ISに未来はない。しかし……

　ISは、国連援助物資にISのマークをつけて、じぶんたちからのプレゼントであるように装うというセコい真似もしている。ISの支配区を通過しないと国連援助品は届かないから、通行査証の代わりにマーキングをしてやるのだ。ISは、その国連援助品を奪って市場で換金もしている。

　ISは、じぶんたちで使用する車両をできるだけ住民用らしく見せかけたり、武器倉庫も上空からはそれと分からぬように念を入れて偽装に努めている。

　だが、米軍のISR（諜報・監視・偵察）のソフトは遥かに進化している。常在型の無人偵察機の定点観測によってゲリラたちひとりひとりの動線を解析すれば、どれが武器倉庫なのかは分かってしまうのだ。そこは空爆され、放棄のやむなきに至るが、ISは、ローカル住民が携帯電話で米軍に通諜しているのではないかと疑って、中継塔を倒したりするようになる。それでますます、「魚＝ゲリラ」は「水＝人民」から離れてしまうことになる。

　ラッカ市その他の住民は、住民被害があってもいいので、米軍が空爆してくれ、と願っている。アラブ空軍は住民誤爆にはそれほど神経質ではないから、CASではない単純な対IS空襲には、適任だ。

　ところで、ISがもしも本当の国をつくったとしよう。本当の国には、軍隊の訓練基地や、いろいろな貯蔵場、宿陣地、固定的な司令部（行政ビル）などが必要になる。それらは、米軍やアラブ連合軍の精密誘導爆弾の空襲で片端からやられずには済むまい。

　だからISには未来展望など無い。本当の国としてまだとりこまれていない都市をあらたに占領し、その都市住民に逃散を禁じて、「人間の防空シールド」として利用できている間だけの存在だ。

　しかし長期的にISが衰亡することは確実であるからといって、世界は少しも安堵などゆるされない。なんとならば、ISが消滅し

たその暁(あかつき)には、げんざい中立もしくは親米のゲリラが、すぐ寝返って同じパターンの広域騒動をひきおこすからである。

イスラエルのよろこび

ハッキリ言うと、イスラエルはそのような中東地域の無限紛乱を希望している。できればそのカオス状態がイランにまでも波及して欲しいと念じている。

理由は明快だ。政府軍と反政府ゲリラが恒常的に互角の内戦状態にあるような「失敗国家」や、米軍機から空襲され通しの「射爆場国家」からは、逐次に優秀な頭脳は流出し去る。したがって、その国はまず永久に「原爆」を完成できなくなるからだ。

ぎゃくに、シリアやイラクやイランがもし原爆の国産化に成功すれば、間もなくしてイスラエルから最優秀の頭脳が脱出し始め、イスラエルという現代国家は維持できなくなってしまう。

シリアに内戦が始まったのも、2011年の「アラブの春」の拡張をイスラエルがひそかに煽動したからだった。たしかに人々はアサド体制には飽きていた。だが外部から武装のための資金が補給されなかったならば、おいそれと反体制ゲリラ集団など、できあがるものではない。初期のISは、複数の外国人勢力がスポンサーになっていたが、そのうちのひとつとしてイスラエルも一枚嚙んでいたと疑うことができる。

シリアは半永久に復興しない

シリアでは2011年からこのかた、内戦で25万人前後が死んでいる。

内戦前のシリア人口は2200万人だった。その半数が家を捨てて流浪している。

国外まで逃げたシリア国民は400万人を数える（うち100万人は

2014年に出国)。

シリアでは、児童に予防接種ができなくなったために、2013年にポリオが発生した。90年代に世界から撲滅したはずだったのに、ワジリスタン(タリバンの聖域のため、パキスタン政府の医療行政が及ばない)から来た保菌者がシリアに持ち込んでくれたらしい。

ポリオは、追加抗原の注射(ブースター・ショット)を受けていない成人にも伝染するから、これからたいへんである。

ポリオの予防接種すらできないほどなので、シリアでは小学校教育も消滅状態だ。IS支配区では特にそれは著しい(携帯電話によって被支配区から外部の親戚に実情が伝えられてくる)。

シリアの頭脳エリートはもう全員、国を棄てた。「脱国」「棄国」である。これが現代式の「国家消亡」のパターンのようだ(ロシアにもその兆しはある)。彼らはもうシリアに戻ることはない(ちなみにスティーヴ・ジョブズの実父もシリアからの留学生で、モスレムながらシリアへは戻らなかったといわれる)。したがって、シリアが将来核武装する可能性もほとんどなくなった。イスラエルは、シリアにおいては、まず勝利したのであろう。

だがイランはシーア派政権をまだ見捨てていない。イラン軍将兵が数千人、「義勇兵」としてシリア内にも送り込まれている。

レバノン人はシリアなど好きではないが、内戦がレバノン国内に波及してもらっては困るので、同じシーア派のよしみでヒズボラが、厭々ながら、アサドを助けている。

またイランは、アサド寄りのスンニ派民兵を助けることを、ガザ地区のハマスにも許可した。ハマスはスンニ派ながら、いまではすっかりイランの手下となって反イスラエル闘争を続けている。イランのアラブ人支配テクニックは宗派を超えられるのだ。狭量なISやタリバンにはこの真似は無理であろう。

かたやイスラエルは、反アサドのゲリラを、ほどほどに支援中で

ある。彼らは「雑草は根こそぎにするな」という、温帯地方で広い庭園を管理するためのコツが分かっているようにも見える。雑草を地際から5cmくらい残すように定期的に刈り込み続ければ、あらたな雑草種子は発芽しないし、生き残った株も、再生力を爆発的に発揮できず、常に消耗気味の状態が保たれる。だから、アサド政権をすっかり除去・廓清(かくせい)してはいけないのだ。弱った非力な勢力として、永続してISその他と内戦を続けてもらうのが、イスラエルの国益になる。

イランからの飛行機プレゼント

米空軍は冷戦末期、西ドイツ戦線におけるCAS専用の「A‐10」という対地攻撃機をこしらえた。そのコンセプトに旧ソ連でも対抗して作ったのが「スホイ17」対地攻撃機で、その輸出バージョンを「スホイ22」と呼ぶ。じつはイランはこの機体を多少もっており、シリア政府軍やイエメンの寝返りシーア派空軍部隊のために、プレゼントしてやろうという気前の良さも発揮している。

なぜイランが「スホイ22」を持っているのか？ 1991年の湾岸戦争のときに、サダム・フセインの空軍所属機が40機もイランに逃亡してきた。その一部がまだ使えるのだ。

ただしスペアパーツの国外調達は金銭面からも無理だったので、カニバリズム整備(状態の悪い機体から部品を取り外して、それを状態の良い機体へ取り付ける)を施した模様である。

シリア空軍は、イスラエルとの短期決戦ばかりを想定してきた。ゲリラとの長期消耗戦などまったく顧慮すらしてこなかった。だから対ゲリラ戦ではいちばん重宝する「スホイ22」が、整備支援能力の欠如のため動かなくなってしまった。ロシアはアサドのパトロンの一人ながら、シリア空軍に消耗機の代わりを援助してやる力がもうない。そこでイランが10機の整備済みの「スホイ22」を大き

く分解して、「イリューシン76」という大型輸送機で、アサドに届けてやったわけである。シリア空軍は、2015年3月9日にさっそくその機体で反政府ゲリラを空爆した。

アサド政権は、砲爆撃の逸れ弾によるコラテラル・ダメージ（側杖被害）が自国民の上に生ずることなど気にもかけない。それどころか致死性の塩素ガスすら、ためらわずに使用できる。ゆえにISは、シリア政府軍に対しては「住民の盾」も使えない。

イスラエルの懸念はロシア製地対空ミサイル

イスラエル空軍は、シリア領内のロシア製兵器に対して、2013年には3回、2014年にはさらに多くの空爆を実施した。

シリアがロシアから2013年に高性能地対空ミサイル「S-300」を受領したときには、それが野外に展開される前に、イスラエル空軍がそのミサイルの貯蔵倉庫を吹き飛ばしている。「S-300」は、水平射距離が200kmもあるので、イスラエル機がイスラエル領空にあるうちから照準し、ミサイル陣地に接近してくる前に撃墜できるだけのポテンシャルがある。

しかし概してアラブ人は、ロシア製兵器をすぐには運用できない。売り手としては、技師や操作手本兵員の派遣が必要になる。イスラエル機は、それらの支援員（ロシア人）も同時に死傷させるように見計らって空襲しているようだ。

暗殺用ミサイル

長年イスラエルは、ハマスのテロに報復するのに、155ミリ砲で榴弾を撃ち込むという荒業を使ってきた。だがこれは必然的に住民の側杖死傷が予期できるものなので、国外から非難を受けてきた。

仕方なくイスラエルは、「タムズ」という特定個人殺害用ミサイルを開発した。「スパイク」という短射程の対戦車ミサイルをベー

スに、その射程をなんと25 kmにまで延伸し（そのため弾薬コンテナの重さは70 kg以上になった）、無線テレビ画像誘導、もしくは、敵から数km以内に潜んだレーザー誘導員と連携して、たとえばビルの特定の窓へ正確に飛び込ますことができるようだ。この兵器の存在についてイスラエルが認めるようになったのは2011年だった。

155ミリ砲弾1発の値段は1200ドルなのに、タムズは1発20万ドルもする。しかし、国際非難には勝てない。2014年末までに、これを250発以上使っているというから、イスラエルの予算はすごいものである。

トルコとドローン

2015年3月17日に、アサド派がシリア北東部のラタキア市上空で無人機のプレデターを撃墜している。このプレデターは米空軍の運用なのかCIAの運用なのか不明だが、アサド本人を見張っていた可能性がある。そして地図を見れば、シリア北東部にプレデターやリーパー（プレデターの拡大強化版）が到達するためには、その発進基地として、トルコ領内以外には考え難いことがわかる。NATO加盟国ながらトルコは、米国が対IS爆撃作戦やシリア内戦干渉のために国内のインシルリク航空基地を使うことを許していない。が、無人機の運用だけは、こっそりと許していたのだ。

それに続いてイエメンでもリーパーが墜落した。米政府はイエメンでの無人機作戦についてはほとんど情報を公表しない。

イエメンの現住部族の言うところだと、過去15ヵ月で、米軍の中型ドローンは3機、墜ちているそうである。

墜落して200万ドル以上の損害が出た事故については米国に統計がある。米空軍所属のプレデター／リーパーに関しては2014年1月以来、14件。うち3件がアフガンにおいてで、9件は場所が非公開だ。

2010年以降、陸自が無人機というものに習熟するために少数装備している「遠隔操縦観測システム」。回転翼式では滞空時間は短いであろう。センサー類を見るに、これは砲兵隊のための「空飛ぶJTAC／FAC」の機能を狙っている。とすれば、これと組み合わせる火砲は「GMLRS」でなくば意味はない。おそらく陸自は、155ミリ自走砲や、203ミリ自走砲がお払い箱になると困る関係者に配慮して、中～小型無人機の本格導入を、牛歩ペースで遅くしている。

2014年の初頭、リビア偵察をしていたらしいプレデターが地中海に墜ちている。また11月には、ニジェールの基地へ戻る途中のリーパーがサハラ砂漠に墜落している。
　過去20年以上にわたり米空軍は269機のプレデターやリーパーを買ってきたが、そのうち半分以上は墜落している。
　高度6000m以上を旋回するプレデター／リーパーを、ゲリラが小火器や肩射ち式の小型ミサイルで落とすことはできない。30ミリ機関砲でも、射高は4000mにすぎない。しかし中型以上の地対空ミサイルを装備する正規軍にとっては、非ステルスの低速機を撃墜することなど、易々たる仕事だ。
　米軍は、中東作戦用のドローン（無人機、UAVとも）の基地を、トルコ、イタリア、エチオピア、クウェート、カタール、UAEそしてジブチに持つ。それとは別にCIAが、サウジとアフガン内に持っている。イエメンにもあったのだが、その基地は、ゲリラのため使用不能にされてしまった。
　プレデター／リーパーのトータルの飛行時間をくらべると、2014年は、2006年の6倍に増えた。その2014年において、米空軍の中で、総計飛行時間の最も長かった機種は、F‐16戦闘機とKC‐135空中給油機であった。なんとプレデターは、それにつぐ活動量だったという。
　じつは2014年に米軍のアフガン撤収が進んで、これでドローンも倉庫行きだとメーカーでは思っていた。
　逆だった。ISが登場したために、米国はますますドローンを必要とするようになっている。
　ドローン偵察情報を欲する地上指揮官たちからの要望も、天井しらずだ。これは、携帯電話用の周波数帯や、インターネット回線の容量と同じことで、ちょっと便利になるや、たちまち満杯となり、パンクまたは渋滞する運命なのだ。

ペンタゴンは2016年度にはリーパー29機を買いたいと言っている。リーパーの前身の旧型プレデターは、どんどん姿を消す予定だ。
　リーパーへのリクエストが急増しているのに操縦手の養成は追いついていない。プレデター／リーパーの「地乗員」たちは今や果てしのない繁忙状態で、週休1日のシフトを強いられているという。ますます成り手もみつからないという悪循環に、米軍上層は悩んでいる。（特別編の「無人機」特集も読んで欲しい。）

トルコ帝国は死んでいない
　トルコは、シリアの反政府民兵を訓練する施設を国内で提供するとアメリカに約束した。じつはその合意が発表されるより前に、米国は、トルコとサウジとカタール内に訓練施設等を置いて、総勢2000人を常駐させていた。トルコはその実態を公式に追認しただけだ。
　反政府ゲリラのうち、素性の良いものと悪いものの見分けは、有能なサウジ警察がやってくれているという。
　2015年の2月時点で、トルコにはシリアからの難民300万人が流入している。トルコは旧帝国宗主国として、あるていど鷹揚にそれを保護する。
　トルコ軍はISなど少しも恐れていない。マルクシズムで理論武装した国内のクルド族の方が、はるかに脅威なのだ。
　トルコ軍がいざとなればシリアやイラクなどの「旧支配地」のアラブ地域に進入することも朝飯前だと考えていることは、はしなくも2015年2月に実証された。
　トルコ国境よりシリア領内に20マイルほど入ったところには、オスマン帝国の創立者の祖父にあたるスレイマン・シャー（当地のユーフラテス川にて溺死したとされる）の廟墓があった。その廟墓は、トルコが第1次大戦で負け組となり、シリアがトルコから分離独立

したあとも、1921年の条約によって、トルコが管理主権を握ることが保証されていた。それで、霊場衛兵としてトルコの小部隊も駐留していたのだ。

だがシリア内戦が進展し、そこがクルド族やIS、その他ゲリラ集団に包摂されるような形勢となってきたので、廟墓と衛兵に毀害が加えられるという不祥事が起きる前に、トルコ政府は全関係者に事前に通知した上で、深夜に地上軍を派遣。廟墓のトルコ国旗を降ろし、墓および施設を爆破して、別な土地への「墓の引越し」を、整斉と実行してしまった。それを敢えて妨害しようという外国軍やゲリラは、皆無だったという。

アサド政権が、〈トルコ軍はわが政府の公式許可の前に行動した。しかも無損害で任務達成しているのは、トルコこそがISの黒幕であることを示している〉とヤケクソ気味に声明して、この問題は終了した。

シリアとレバノン

レバノンには、シリア難民が160万人も流れ込んでいる。レバノン人口が500万人だから、これは宗教勢力比を変えるに十分な数だ。もともと国民の4割はクリスチャン、そして27％ずつのシーア派とスンニ派であったのに、難民のほとんどがスンニ派のため、スンニ派がレバノン最大の宗教に昇格してしまいそうである。

これはイランから後援されているシーア派のヒズボラにとっては都合が悪い。じっさいスンニ派ゲリラは、レバノン内でヒズボラを攻撃したがっているのだ。

レバノンの政府と軍はヒズボラの味方である。シーアの味方である。だから国境を封鎖し、難民にまぎれてスンニ・ゲリラが浸透するのを防ごうとしている。

イラク情勢

「もと、イラクと呼ばれていた場所」

　イラクはもう「失敗国家」の淵に立っており、先行きは真っ暗だ。

　イラクでもっとも大きいアンバル県の首府がラマディ市である。ラマディはバグダッドの 120 km 西にある。スンニ派のテロ組織「IS」は、2015 年 5 月 15 日に、たった数千人（ただしほぼ全員が地元出身）で、そこを占領した。

　米国が 250 億ドルと 8 年間をかけて養成した数万の新生イラク政府軍部隊（対テロのエリート特殊部隊や、装備優良な陸軍歩兵師団、そして地元出身者を充てる地方警察軍部隊）は、IS と本格交戦する前に、持ち場と武器を捨てて溶解した。

　守備隊は、「弾薬が補給されなかったので戦えなかった」と言っているが、IS は同市占領後に、多数の弾薬箱があちこちに隠蔽されているのを発掘した。つまり、イラク政府軍じしんが腐っており、支給された弾薬を将校たちが私的な商売資産として大量に横領し、いざというときに使わせなかったのだ。

　イラクが国家として再生できそうな条件は、もう無いのではないか？

　シーア派のイラク人が軍人としてどのくらい役に立たないかというと、まず決められた時刻を守れない。

　イラン人将校たちも、ほとんどアラブ語は話せぬながら、同じシーア派のよしみで軍隊教育をしてやっているのだが、イラク人はまず言われた時刻に訓練場にやって来ぬそうである。

　ところが、軍事教育の成果が上がらないことについて、イラク人は、おのれらのナマケ癖を棚に上げ、外人教官のせいにする。

イラクの兵隊がダメなのは、イラクの将校が腐っているからだ。

将校の仕事とは何か？　兵隊を組織して、効率的に戦わせることである。これができる人材は多くはおらず、教育するにも速成は不可能だ。

兵隊は速成しようがある。だが将校は、速成しようはない。

イラク政府軍には兵隊は十分にある。しかしイラク政府軍には、まともな将校がいない。また、育つ気配も無い。

戦車の時代は終わったか？

米国が2010年以降、イラク政府に売った140両のM1A1「エイブラムズ」主力戦車のうち、2014年末には、3分の1近くがオシャカになっていた。

その多くは、政府軍がその戦車も遺棄して逃亡し、ISが遺棄戦車を捕獲したので、しかたなく米軍機が空から誘導弾によって破壊したものであるという。

このことは、米国のハイテク装甲技術が注ぎ込まれている70トン以上ある重戦車ですら、上方からのアタックにはやっぱり脆弱なのだというリアルな証明になってしまっている。

米軍は、主力戦車は歩兵部隊に分属させてはいけない、とイラク兵を教育していたそうである（今はその方針は変更した）。しかしイラク軍はエイブラムズ戦車を「動く歩兵砲」として使いたがり、歩兵部隊に1両ずつ分属させて、歩兵の移動速度で移動させた。そのため反政府ゲリラはこの戦車に側背から近寄るチャンスを与えられるという。

ロシア製の「コルネットE」とよばれる対戦車ミサイルをゲリラが持っていた場合、その射程である5km以内にこっそり近寄られた段階で、M1戦車はおしまいである。

コルネット・ミサイルは、レーザー誘導方式で、2003年時点で早くもサダム・フセインのイラク兵が4両の米軍のM1戦車を仕留めてみせた。側面を狙うと、特に有効だという。

だが、ISがコルネット・ミサイルでM1戦車を擱坐（かくざ）させたという情報は、まだ無い。

このようなイラク政府軍に、いくら米軍の余ったM1戦車を何百両も買わせたところで、すべて無駄である。長年、第三世界の軍隊を教育してきたベテランの特殊部隊員なら、このことはわかっている。しかしそれは米国中央の政界では歓迎されない事実なので、ペンタゴンの内部で、現実を高度に粉飾した報告書がこねあげられ、オバマ大統領の安保政策面の側近（中心人物はスーザン・ライス）たちをひたすら自己満足させてきたのだ。嘆かわしいことに、米国防総省の内部でも、「嘘の報告書を作ってでも出世せよ」という、破廉恥な競争文化が瀰漫して久しい。

イラクのスンニ派とは？

　イラク領土に住む住民の6割はシーア派アラブ人である。スンニ派アラブ人は、人数ではたった2割だ（他にクルド族15%を筆頭に、少数セクトが散在）。

　しかしトルコ帝国は16世紀から1918年まで、スンニ派のアラブ人にバグダッドを運営させてきた。バグダッドの支配圏に染み付くそのヒエラルキーの伝統は、一夕にして拭われるようなものではない。

　1918年にトルコ（帝政ドイツの同盟国）を駆逐して今のイラク一帯を占領したイギリス軍も、その民政をスンニ派アラブ人に任せることにした。数で少数のスンニ派が、3倍も人数の多いシーア派住民の上に立つというのは、ラディカルな民主主義の理念にはマッチしないけれども、行政経験の無い集団に急に統治権をくれてやっても社会が混乱するだけだ。現実政治である。

　英軍は、第2次大戦中の1941年にまたしても、3個師団も出してこのイラクを占領し直さねばならなかった。スンニ派のバグダッド政府がナチス・ドイツと組もうとしたためだ。

　ふたたび英軍が去ると、押し付けの立憲君主制なんかイスラム圏

ではダメだとイラク人は考え、英国が連れてきた王様一族（ハシム家）を追放した。

こうして1959年にイラクは共和制になり、やがてバース党が支配勢力となり、1979年にサダムが大統領になり、2003年までも独裁を維持していたわけである。

1959年以降、サダム支配期も含め、スンニ派アラブ人たるイラク住民は、「専制」こそこの地域にふさわしいと立証した。今でもイラクのスンニ派は、サダム時代がまだましだったと思っているし、シーア派住民の国家運営能力は見下している。これが、サダム時代のプロ軍人たちを中核とするスンニ派アラブ人による「異端」排撃運動＝IS（イスラム国）の強さの背景だ。

ISについてのおさらい

中東のイスラム教徒たちはISのことを「Daish／Da'esh（ダイシュ）」と略称する。「イスラミック・ステイト」というのはあくまで英語表記だ。アラブ語ではステイトがダイシュになる。

南アジアのイスラム教国である「Bangladesh（バングラデシュ）」は、直訳すると「ベンガルの国」だ。後半の「デシュ」が「土地」

テロリストの埋葬問題

IS憎しのあまりの、埋葬拒否。これが問題になっている。

いくつかの欧州政府も、ISに投じて死んだと認定した者からは市民権を剥奪している。そうなるといかなる死後待遇も期待できない。

イラク政府も国内埋葬を拒否している。そこが将来の聖地神宮になってしまうから。

米国政府はイラク政府に、だったら海に水葬しろ、と助言している。もちろん、イスラム聖職者を同席させて、あくまで、おごそかに……。

とか「国」の意味なのだそうで、少し似ているだろう。

　ISの前身団体は2004年から存在したという。それもそのはず。2003年の米軍によるイラク占領作戦で放逐されてしまったサダム・フセイン麾下のプロ将校たち（多くはスンニ派）の収容先だったのだ。

　これらサダムの残党に対する米国の鎮定策は2010年時点ではすっかり成功しているように見えていた。米軍の軍政当局者は、シーア派のバグダッド政権に対し、けっしてスンニ派住民たちを冷遇するなよ、と指導し続けた。だからスンニ派の住民も、一部の反政府テロ活動には背を向けていた。

　ところがながらく駐留していた米軍が2010年に公式にイラクから立ち去ってしまうと、新イラク政府軍の将校たち（ほぼすべてシーア派）が、失敗国家に通有の腐敗堕落的な性向を顕(あら)わす。

　せっかく、テロ活動を探知しそのゲリラ軍化の芽をこまめに摘むための各種高度訓練を米軍から受けたシーア派将校たちは、そうしたスキルや地位を、みずからのポケットマネーや金儲けのためにせっせと役立て始めた。

　政府の公務員から福利厚生をまったく顧みられなくなったばかりか、私財を不正に毟(むし)られるようになったスンニ派住民が、スンニ派過激集団の登場を冀(こいねが)うようになったのは自然だ。こうしてのちのISの大拡張に道が啓(ひら)かれた。すべては新イラク政府みずからが招いているのだ。

焦点の都市・モスル

　2014年6月10日にISはイラク第2の都市モスルを占拠した。モスル占領時のIS軍は中東全体で11万人に膨らんでいた。イラク政府軍（将校ポストをシーア派が独占）は、ISが攻勢に出る前には40万人を数えていた。が、モスル陥落前後、みるみるうちに数個

師団が「蒸発」。一説では4万8000人にまで減ったという。そしてISは6月末にカリフ体制国家の樹立を声明した。

　モスルはひとつの小国家を支えるに足る大油田の町である。しかも、まだイラクのテロ集団としてはアルカイダが筆頭株であった頃から、モスルは、金満GCC諸国内からのテロ義捐金がイラク内のスンニ派組織に流入する、金融ハブであった。

　昔から、モスルを誰が支配するかで、中近東の権力地図が変わると考えられた。

　第1次大戦が終わったとき、英国は、今のイラク北部（それ全体がモスルと呼ばれていた）を、トルコ帝国から切り離すことに注力した。英仏は、トルコ帝国が石油支配によって復活したりできぬようにしたかったのだ。モスルは既に知られた産油地帯であった。

　トルコがもしも第1次大戦中にドイツ側につかず、連合国から海上封鎖を受けていたドイツのために石油を供給してやるようなことをしなければ、英仏もトルコに言いがかりをつけて石油利権を奪う口実はなかったので、今でもトルコが「産油強国」として中東の秩序を容赦なく仕切っていたかもしれない。その場合、今の中東には「イスラエル」などなく、「アラブ」はすかんぴんで無教養な少数民族を指す、どうでもいい名詞にすぎなかったであろう。

　トルコ人は、ときどきこの「もしも」を思い出して、残念なことだと思っている。アラブ人も、トルコ人から何世紀も仮借の無い支配を受けていた歴史を忘れることはない。それゆえ「トルコ領内に向けたアラブ発のテロ」というものは、今でも絶無である。トルコ人とトルコ軍は公然とアラブ人を見下しており、いつでも、アラブのどの国であろうと「膺懲」してやるという気概を維持しているのだ。それがこの「元宗主国」のとうぜんの矜特だということを、アラブ人も十分に認めているのである。

　さて米国は、ISに占領されてしまったモスル市を奪還する2015

年の作戦を、クルド人部隊に頼らずにイラク政府軍が主体となって4月中にもやりなさいと指導した。モスルを守備する IS はせいぜい 2000 人で、それをイラク兵 2 万 5000 人で攻めるのだから、5 月にも奪回できるというのがセントコム（米軍の地域総司令部のひとつであるセントラル・コマンド。イラク戦区とアフガン戦区を管轄する）の見立てである。だが新生イラク政府は公然と拒否した。

　2015 年は、西暦 6 月 18 日に、ほとんどのイスラム教徒にとっての義務である断食月間「ラマダン」が始まってしまう。大作戦は是非その前にケリをつけたいところであった。ラマダンが 7 月 16 日に了(おわ)ったときにはもう盛夏である。無気力なイラク政府軍が夏に戦争するとは思えないのだ。

CAS を正しく指示できない無能イラク兵

　米軍は、地上から爆撃目標を指示する FAC（フォワード・エア・コントローラー）を、2003 年からは JTAC と呼ぶようにしている。

　イラク軍将校からなる JTAC は、米軍機と暗号でデータ通信できる特別な無線機その他を積んだピックアップトラックを米軍から供与される。そして、その将校の土地勘が働く、故郷に近い戦線へ派遣される。彼がきちんと役目を果たすなら、IS は分隊単位で 500 ポンド爆弾や 2000 ポンド爆弾の餌食(えじき)となり、2014 年末にシリアのコバニ市で起きたことが、2015 年のモスル市やラマディ市でも再現されるはずであった。

　コバニ市で IS を撃退するためには、米軍機は毎日 12 回の CAS 攻撃を提供した。モスルに籠る IS は、コバニのときの 5 倍はいるというので、CAS も 1 日 12 回では足りるまいと計算されている。

　しかし能力に余裕がある米軍機にとって、1 日に数十回の投弾ができるかできないかは、ひとえに、地上からまともな爆撃誘導がなされるかどうかにかかっているはずだ。

ざんねんながら、シーア派イラク軍将校の素質は、クルド人民兵よりもはるかに劣悪だ。

　新生イラク軍は、クルド軍にはできるJTACの真似事ができない。だから、どこであれ、ISは追い払えない。

　爆撃誘導員は最前線まで進出しないと、正確な（すなわち味方や一般住民を誤爆させないような）爆撃指示を出せない。その誘導将校は、小火器で武装した勇敢な戦友に常に護衛されている必要がある。しかし新生イラク軍には、勇敢な戦友などいない。だからいきおい、爆撃誘導は敵からものすごく離隔した地点から、へっぴり腰であてずっぽうになされることになる。友軍爆殺あるいは住民爆殺あるいは無効弾という、米国にとっては甚だおもしろくない結果が予期されるときに、米空軍はイラク将校の爆撃要請を無視する。

　JTACの現在地がちっとも最前線でないことは、専用通信機を立ち上げた瞬間、米空軍にもすぐにGPS座標として把握され得る。

　2015年3月時点で、イラクには3000人の米軍アドバイザーが駐在しているが、すべて司令部勤務、もしくは訓練キャンプの勤務者である。その訓練キャンプで、JTAC班も特訓された。それが、ことごとく無駄におわっている。

　米軍は、シーア派のイラク人たちに、師団単位の普通の陸軍をつくらせようとしたのが間違っていたのだと反省し、これからは旅団単位として編成させ、総勢も4万5000人に抑制しよう、などと考えている。それもまた、無駄であろう。

なぜイラクでクルド人を使えないか

　クルド人戦士は、イラクでも有能である。

　2014年6月にISがモスルを占拠した直後、クルド人も油田の町キルクークを奪還した。そして、その後のISによるキルクーク攻撃はぜんぶ撃退し続けている。

キルクーク市は、モスルとバグダッドのほぼ中間にあり、イラン国境にも近い。もともとキルクークのあたりはクルド人が多かったのだが、サダム・フセインが町からクルド人を追い出して、スンニ派のアラブ人を「入植」させてきた。

しかし米英軍がイラクを占領した2003年以降、クルド人はキルクークに戻り、こんどはスンニ派アラブ人を追い出したのだ。

イラク内のクルド族は、トルコ内のクルド族とほぼ親戚関係にある。イラクのクルドにとって、交易路はトルコ国境しかないためだ。シリア内やイラン内のクルド族は、トルコ以外にも交易路があるので、トルコ内のクルドとの縁は比較的に薄い。

クルド族もイスラム教徒（多くはスンニ派）である以上、トルコ領土内に住む国民として包摂してしまうのは当然であると、近代トルコ政府はずっと考えてきた（もし昔のアルメニア人のようにキリスト教を信ずる大集団だったならば、国土から拋（ほう）り出すことが国家の団結力維持の上で望ましいと考えたであろう）。

そしてトルコはこれまで国内のクルドに有効な反乱活動を許してこなかった。しかしシリア領内のクルド族がトルコ領内の反政府クルド集団の分離独立運動のスポンサーとなっていることから、今ではクルド族全般を好きではない。

正直、トルコ軍にとって、アラブ人が構成するISなど撃滅するのはお茶の子だと思われている。トルコから見れば、アラブ人より始末が悪いのは、理論武装した有能なクルドであり、対IS戦争などよりも、クルドを沈静化させることに力を揮（ふる）いたいのだ。

アラブ諸国もトルコ以上にクルドを嫌い、その全滅を望んでいる。だから、トルコ政府がアメリカ製の武器などをクルドに渡す手伝いをしないように、水面下でトルコに求めている。

MLRSは強力なロケット砲なるも、これで25トンは重過ぎる。おいそれと遠隔の島嶼へ運んで行けないということは、敵がわが国の島嶼を侵略しようかすまいかと考えるときに、その装備の有無が、敵の心には何の影響も及ぼさないということだ。

イラン軍の援兵がティクリトで IS に大勝利

　内戦前は 20 万人都市であったイラクのティクリト（Tikrit）市は、2014 年 6 月に IS の部隊（おそらく多くが地元出身者）によって征服された。

　今もイラクのスンニ派住民にとっては英雄であり、イラン人にとっては憎しみの対象であるサダム・フセインは、この町で生まれた。住民はほとんど全員がスンニ派だから、今のイラク政府には不満しかない。かつてのサダムのイラク軍のプロ軍人たちであった IS の中枢勢力も、この町にはこだわるわけである。

　IS が占領したティクリト市を奪回しようとするイラク政府軍の作戦は 2015 年 3 月 1 日に 2 万 7000 人で発起された。

　ただしその作戦の指揮は、イランの海外軍事工作機関クッズ（Quds）の将校が執った。兵卒も、シーア派イラク人の臨時雇い兵たちを多数混ぜた。クッズは、ロシアのスペツナズのように、外国人を味方ゲリラとして育成する仕事に長けているのだ（ただ、アラブ語はうまくないという）。

　ティクリト市は、バグダッドとモスルを結ぶ主幹線道の中間にあり、また、大油田のキルクークへの分岐点でもある。イラクの北部と南部をつなぐ大補給ルートにあたっているため、イラク政府軍がモスルを攻略しようと思ったら、まずその前にティクリトを片付けなくてはならなかった。

　そしてイラン人義勇兵たちは、米軍機からの CAS をまったく受けずに、この都市を 3 月 31 日に奪回してみせた。これは今の中東では、すごいことだ。CAS 無しではクルド人もコバニは守れなかったのだから。イラン兵は確かに恐るべきファイターであり、クルド兵よりも強いと考えられる。

　米軍は、イランの前線部隊からは CAS を要求されなかった、といっているが、真の理由はもちろん別だ。シーア派政府軍がティク

リト市を奪回した直後には、必然的に、ISに協力したスンニ派住民に対する報復殺害がおこなわれるはずだと米国政府は考えた。そしてイランは、その死体の山が、アメリカ軍機の爆弾によるものだ、という宣伝を打つかもしれない。シーア派のバグダッド政権としては、ティクリトのスンニ派住民が何千人、戦闘の巻き添えで惨死しようとも、小気味が良いだけの話だが、米国務省は、国際宣伝戦上の不利益を警戒して米空軍機に手を引かせたのだ。

　ただ、米軍偵察機が得た情報だけは、イラン軍指揮官には渡されていた模様である。

　イラン軍将校には、虐殺趣味はなかった。彼らはティクリトをゆっくり攻めた。それは、スンニ派住民に逃げ出す時間を十分に与えるためであった。

　それでも市内に残って抵抗するのは、筋金入りのISか反政府ゲリラと思っていいだろう。建物1棟1棟の掃討を容赦なく進めるのに、もはや遠慮も要らぬわけだ。

　イラン軍は、ベイジ市（Beijiバグダッドの北200kmの精油都市）をめぐるISとの戦闘では、独自の火力支援方法を発明しているという。すなわち、国産の無人機で敵の頭上から観測をさせつつ、トラックから発射するロケット砲弾で、ISの陣地をひとつひとつ潰しているという。およそロケット砲弾の命中精度は大砲よりもよくないものだけれども、至近距離から発射すれば、なんとかなるのかもしれない。

　ともあれ、ティクリトはイラン軍のおかげでイラク政府の支配下に復した。だがモスルは、依然としてISが占領中だ。

　ティクリト市は油田はあっても裏金融のセンター機能は無かった。それゆえISも頑強に抵抗しないで放棄した。モスルは別格である。ISはモスルだけは死守したい。政府軍が奪回できれば、誰の目にも、ISのピークは過ぎたと映るだろう。

米国の方針としては、モスル市の攻略は、あくまで新生イラク政府軍の仕事にしてもらいたい。イラン兵やクルド兵を投入させれば、大虐殺が起きたり、彼らがその油田の権利を主張し、実力で占有しようと図って、あらたな政治的混乱を増やすかもしれない。

しかしシーア派政権の新生イラク軍は、見込みが無い。まともな爆撃誘導員も育たない。もしいいかげんな爆撃誘導に随って米空軍機が投弾すると、それは間違いなく住民や味方軍隊の頭上に落ちて、むごたらしい写真とともに米国を窮地に追い込む。かくしてモスル情勢は一歩も前進しない。

ベイジ精油所の運命

バグダッドから見てモスルの手前のチグリス河畔に前述のベイジという町がある。そこは、平時にはイラクの石油精製能力の四分の一（ガソリンの4割）を分担していた大精油所がある。もちろん、イラク政府の大きな収入源であった。イラク政府軍は2014年11月にベイジをISから奪回したものの、同市は同年末からまたISによる包囲攻撃を受けつつある。2015年4月にはベイジの一画をISが部分占領したが、イラン軍の活躍で2週間後に撃退された。

ISはしかし4月下旬にまた攻撃を再興し、攻防は5月現在でも続いている。やはりCASが無いと、決定打にならないのか？

幸か不幸か、ベイジの精油所は内戦のため長期間放置されていたから、ISのものとなってもすぐ機能させることは不可能だ。これはモスルの原油生産施設についても同じことが言える。それを動かせる専門技師たちが、空爆を恐れて施設には近寄らなくなったため、すっかり錆び付き、機能が止まっているのだ。

米空軍は、もしISがベイジを完全支配するような事態となれば、もはや精油施設ごと猛爆撃して吹っ飛ばすことを、ためらわぬであろう。

ベイジから完全に IS を追い払わぬうちは、イラク政府軍によるモスル攻めもますます遠い話となるだろう。
　イラクがこれから IS の支配を免れ得たとしても、おそらく「レバノン化」には直面するだろう。すなわちイランによる間接支配だ。
　レバノンでは政府が弱体のため、イランが後援するヒズボラが勝手をやっている。これと同じことがイラクでも起きるかもしれない。すでにイラクの多くの都市に、ホメイニ師とハメネイ師の巨大看板が立っている。

パンクしつつある空撮ビデオ情報の処理能力

　もっか、シリアやイラクで、IS などのゲリラの動静を四六時中、上空から見張っているのは、「ゴルゴンステア」と呼ぶ、多数の蛇の頭のような特殊カメラを搭載した、無人機の MQ‐9「リーパー」である。
　ゴルゴンステアは、リーパーの左右の翼下にペアで吊るす「戦術ポッド」の形態で、システムがまとめられている。1 個の重さは 250 kg ある。
　昼光用ビデオカメラ 5 個、夜間用ビデオカメラ 4 個が、自在に視線を動かして、必要に応じて、広角画像でも、あるいは左右ステレオ撮影による「3D」映像でも、鮮明な動画を味方基地に届けてくれる（通信衛星経由）。その基地内の大型モニターの前には、ゲリラの顔を知っている現地協力員や、現地語の分かる特殊部隊員（または CIA 職員）がずっと待機している。複数のカメラは分担でそれぞれ 1 人の男だけを追い続けるように設定できる。同時に多数人に対する「張り込み監視」を、7000 m の上空から何十時間も継続し得るのだ。それによって村落内での男たちの「動線」パターンを見極めると、どこにキーパーソン（爆弾を作る男や、資金を管理している男）がいるのかも、だいたい読めてくる。

そしてゴルゴンステアのズームレンズは、ある匿れ家に入って行った男が、爆殺対象リストに載っている本人であるかどうか、録画で確認ができるくらいの解像度がある。あとは、許可命令が下され次第、別なリーパーから、重さ50 kgのヘルファイア・ミサイルを発射させるか、重さ500ポンドのレーザー誘導爆弾を投下させるだけだ。
　誤爆や住民被害を抑制する決め手として開発されたこのゴルゴンステアも、最初から絶好調だったわけではなかった。アフガニスタンに持ち込まれた当初は、ターゲットにした人物の顔の解像度が悪く、果たしてそいつをお尋ね者のテロリスト幹部だと認定してすぐに頭上に精密誘導兵器を指向させてよいものかどうか、判断に苦しんだという。しかし3年越しで改善に改善を重ねた結果、ようやく

偽預言者に気をつけなさい

　回顧すれば、2003年の米軍によるイラク占領作戦の前に、イスラエルのネタニヤフ首相は米国要路に対して専門家としてのアドバイスをしたものだ。〈サダムを追放すれば中東に民主主義が拡がる〉と。そんなことになるわけがないことは、彼自身は重々承知であった。イスラエルにとっては、イラクやシリアに決してまともな政府が成立しなくなる「永遠のカオス」だけが、許容できる安全な事態なのだ。カオスからは決して原爆は生まれないからだ。そのカオスは、ほぼ理想に近い形で実現された。あとはイランだけが、イスラエルを「未来の核」で亡ぼすことのできる脅威である。
　これから中共帝国も崩壊するのだけれども、同じように、西側世界の有権者たちは「偽預言者」のささやきにはよく注意しなくてはならない。シナ大陸には、未来永劫、民主主義政体が成立することはない。軍閥の割拠状態になるか、隣国にとって危険ではない専制主義政体ができるか、隣国にとって危険な専制主義政体ができるか、結局その3つに1つなのだ。

2013年からは満足に近い威力を発揮するようになった。

　2014年時点、ゴルゴンステアは初期型の4倍の面積を2倍の解像度（1km四方を18億ピクセル）で監視できるようになっている。

　リーパーやプレデターを運用するのは、かつてはCIAか米空軍だけだったが、今や米陸軍も、プレデターから発展させた攻撃型無人機「グレイ・イーグル」に、3台のカメラを載せるようになった。マルチプルカメラはUAV（無人機）のトレンドなのである。

　問題は、これだけおびただしいビデオ動画が送信されてくるのを、地上で解析する人手が足りぬことだという。

　これは、民間の無線データ通信サービスが高速化すると、すぐに利用客が増えて、たちまち個々の通信速度はまた低下してしまうという現象と類似している。

　専門係の採用方針や軍隊内の人員の配置割合のドラスティックな見直しをしないかぎり、情報分析者不足や無線回線容量不足が、せっかく冠絶している米軍のISRアセットの優越を、とことん勝利のために利用することを妨げるであろう。

サウジアラビアおよびイエメンの情勢

宗教警察国家サウジアラビア

　サウジアラビア政府は過去3年ほど、テロリスト容疑の国内の係累を数千人も逮捕し、うち数百人を訴追し、数十人を公開斬首刑に処している。

　サウジ警察によるまなじりを決した国内取締りは、今のところ成功しているようだ。

　サウジアラビアの指導者階級は、公共活動に熱心でなく無為徒食する国民の人口と、生産と無関係なエネルギー消費（特にクーラー用電力）だけが異常に増えていくこの国の未来に、おそれおののいている。いくら石油収入があっても、政府のカネというものは、無駄に使うとすぐになくなってしまうものなのだ（特に公務員への給与が無駄になりがち）。その石油も、いつ、採掘コストが急上昇するようになるか、知れたものではない。

　サウジアラビアは、アラビア半島内陸でオアシスを支配する部族のひとつだったサウド家が20世紀の前半に樹てた。

　オスマントルコに対抗し、メッカの守護者としても地域で認められ、かつ広範囲の首長・族長たちを糾合して領土を拡げるのに役に立ったのは、サウド家が18世紀からアラビア半島発祥の復古イスラム主義運動（ワッハービズム）のパトロンとして公認されている家柄であったことと、トルコ帝国が滅亡するきっかけになった第1次大戦において勝ち組の大英帝国と緊密に安全保障問題で談合する関係を築いたことであった。

　両大戦間期にサウジアラビア国内で大油田が発見され、国家財政上の不安がなくなった。第2次大戦以後は、その大油田を反米勢力

に奪われないことを殊に重視するアメリカ合衆国と、サウド家は外交問題で政策連携を取るようになった。

おかげで、1948年のパレスチナ戦争でアラブ連合軍がイスラエルに惨敗した後の、各国陸軍将校団（現代的テクノクラート）による王制廃止運動（社会主義専制国家化）の嵐も、サウド家は免れることができた。イラクはそのときの嵐で王制が打倒されたのだが。

トルコが第1次大戦後に油田をすべて剝奪されて弱められた結果、サウジアラビアにとっての最大の外敵は、同じ産油国で宗派的にも人種的にも異質であるところの、対岸の大国イランとなった。

イランは人口が多い。国民の教育程度もアラブ世界をはるかに凌いでいる。したがって軍隊も近代的で強い。しかも古代から広域帝国を建設・運営してきたから、アラビア人一般に対しては自然な優越感を抱いている。だからこそ、本流のスンニ派ではなく、独自のシーア派を尊んで、イスラムの教義上においてまで対抗してきた。裏を返せば、その劣ったアラブ人（サウド家）がメッカを擁してイスラム教の本家顔をするのが、イラン人には不愉快でたまらない。

つまりイランには、サウジの首都リヤドに軍隊を進めてサウド家など放逐し、メッカへの巡礼者のアクセスもコントロールして、いずれはイスラム世界をシーア派一色に塗り変えたいという動機が十分にあるのだ。

このイラン軍の侵略をもしも受けてしまった場合、アラビア半島諸国は、兵力差だけ考えても、束になっても敵いそうにはない。だからサウド家は外交面で米国と緊密に連絡するだけでなく、内政面でも、あり余る石油収入を、国民の生活福祉用にふんだんにバラ撒くことにより、国内のいかなる辺境少数部族や都市失業者といえども決してサウド家の退場を願ったりすることがないように気を配っているのである。

ただし人間は貰うことに慣れるとじきにそれを有り難いとも思わ

なくなる。とうぜんに統治というものも飴だけでは成り立たない。それでサウジ政府は、他国に類例を見ない「宗教警察」に大きな権限を持たせて、庶民の生活が公然とワッハーブ主義に背いていないか、楽な生活に感謝せずにサウド家の悪口を言う不埒な者がいないか、市中を見回らせてビシビシ取り締まらせている。「宗教警察」はサウド家と歴史的同盟関係にあった特定部族から隊員をリクルートするので、その力を反政府クーデターに悪用するおそれはないのだと考えられている。

イエメン情勢はなぜ世界的な関心事であるか

イエメンは、英国が紅海の入口を管制するために殖民地にしていた港町の「アデン」を核とし、1967年に英国人が去った後に、地域合併して生まれた国家である。（ちなみに紅海の対岸にあたる北アフリカの港町ジブチは、フランスがおさえるところであった。）

アラビア半島の住民7700万人の8割以上はスンニ派だ。イエメンでも2400万人の国民のうちシーア派は3割のみ。

イエメンの北部（すなわちサウジアラビアのメッカに近い側の地域）ではながらく、スンニ派とシーア派は同じモスクを使うという間柄であった。

ところが2011年の「アラブの春」の余波でシーア派が北部に集まってきたことで、スンニ派の指導者が「シーア派をモスクから追い出せ」という過激運動を開始した。

この騒ぎにより、それまでシーア派ながらスンニ派もうまくまとめていたサレ大統領が2012年に下野を余儀なくされる（取引により、国内には残留）。その後、スンニ派のハディ副大統領が大統領になったが、国内のシーア派は不満を募らせた。

背後にはイランのクッズ（イラン版のスペツナズ）による工作があったのだろう。イランはフーシ・ゲリラ（シーア派）を軍資金で

も後援し、それが 2014 年に一大勢力になった。サレに密かな忠誠を誓う国軍将校たちを多数吸収し、イエメン空軍をもまるごと掌握。2015 年 1 月には首都サヌアの要点を支配するに至った。そして、シーア支配区をだんだんイエメンの南部へ広げつつある。

　要するに、イランはイエメン内のシーア派をけしかけてメッカを脅威せしめており、それに反応したサウジその他スンニ派の近隣政府との間で、代理戦争が始まっているのだ。

　サウジを盟主とする有志連合のイエメン領内に対する本格的空襲については、後述しよう。

　イランは、できればサウジのそう多くない陸軍を、裏手のイエメン国境やメッカ方面へ引きつけてやりたい。さすればペルシャ湾岸方面は兵力が足りなくなるので、やすやすとペルシャ湾全域を支配できそうなのだ。

アラビア半島のアルカイダ

　しかしイエメン南部の油田地帯はスンニ派の牙城で、アルカイダ一派もそこを拠点にしている。今後のなりゆきによっては、陸軍の兵数が足りないサウジアラビアは、イエメン内のアルカイダ軍を事実上の海外臨時傭兵として頼みに思うことになるかもしれない。

　なぜアルカイダがイエメン南部にいるのか？　彼らは 2008 年にイラクから追い出されてここに移ってきたのだ。

　2014 年 10 月には彼らは IS を支持すると声明した。が、翌月、そのスタンスを翻している。

　2015 年にパリの出版社を襲撃したイスラム・テロリストのうち 2 人は、イエメンのアルカイダが資金を出し、同地で訓練されていた。あの事件は確かにアルカイダの流儀であって、IS の路線ではない。IS の悲願はシーア派を絶滅することであって、マンガ雑誌に特攻することではないのだ。

中共は、インド洋に派遣する艦隊の水兵をどの陸地にも上陸させたくないので、「浮かぶリゾートホテル」式に改造した巨大「病院船」を随伴させる。将来、海自艦隊が尋常ならざる遠隔地で上陸休暇もなく長期作戦せねばならなくなった場合、この『いずも』のようなフラットデッキ艦は、水兵にローテーション上陸をさせるための「浮かぶ空港」になれるであろう。

米空母は、艦内火災のリスクを極力抑制するために「JP-5」という最も引火しにくい特別ブレンド灯油しか艦上機には給油せず、したがって艦内にも貯蔵しない。海自は米空軍＆陸軍の「JP-8」よりもっと引火しやすい「JP-4」を給油する気だろうか？ ミッドウェー海戦を思い出して欲しい。

©Kei. I

©Kei. I

イエメンは平常なら、1日に27万バレルの原油を産する。それに天然ガスを加えたものが、イエメンからの輸出の9割を占める。

イエメンの大油田は、南部のシャブワ州にある。パイプラインは紅海に面する輸出港のマリブ（Marib）へ通じているが、地元のスンニ派部族は、政府に怒ったときにはパイプラインを破壊してしまう。

イエメンのアルカイダは、もしわれわれが権力を握ったならもっと石油利権の分け前をやろう、と地元部族を宣撫している。

西側の関心は、紅海の入口であるバブエルマンデブ海峡を、フーシ・ゲリラが制圧してしまうかどうかである。たとえば日本から欧州へ商品を運ぶ貨物船や、サウジの紅海寄りの積み出し港から日本へ行く原油タンカーは、この海峡を通る。イランが国際的な物流危機を、ここにおいても演出できることになるかもしれない。またそうなると、ジブチ駐在の自衛隊も、対地攻撃力のないP‐3C（対潜哨戒機）部隊だけでは済まなくなるかもしれない。

アデン港はまだゲリラの占領地ではないが、シーアのゲリラが多数浸透していて、いつどうなるかわからない。外国船も入らなくなり、食糧を海外からの輸入に頼っているイエメン国民は、食品価格の暴騰にも苦しめられている。

陸軍将兵のなり手がいないサウジの弱み

サウジアラビアの油田は、クウェートの油田とともに、「油田の維持費」がものすごく安くて済む、超優良油田である。

増産したければ、いくらでも安価に増産できる。イラクやイランなど、他の産油国ではそうはいかない（維持にも増産にも多額の資金を投入しなければならぬ）。だから、サウジアラビアとクウェートは、産油国の中からも嫉（ねた）まれてしまう存在なのだ。

そのくらいに財政には余裕のあるサウジアラビアだが、大蔵大臣

も国防大臣も、これからの同国の存続について心配で、夜は安眠できていないはずである。

そのわけは、「国民のなまけ癖」が底止するところを知らぬためだ。

サウジアラビアの庶民は、政府が潤沢な石油輸出収益を社会福祉費として気前よく還元しているので、税金も納めずに楽に生活できる。「国民皆生活保護」みたいなユートピアが実現しているのだ。

しかし失業率というものは、サウジにおいてもなかなかゼロにできない。失業率は、国民の教育水準が高かろうと、けっしてゼロになるものでないが、それでも、起業機会は増えるだろう。しかし、サウジアラビアの一般の若者は、もはやいっしょうけんめいに勉強して職業スキルを身につけよう――などという殊勝なモチベーションを持たない。このため、社会の風紀がどんどん不健全化する。

たとえばサウジ政府が「国境線にテロ警備用のフェンスを建設しよう。ついでに若年層をその建設現場で雇用してやろう」と思いついても、サウジの若者には、パキスタンやアフリカから出稼ぎにやって来る建設労務者レベルの工事スキルすらないために、使いようがないそうである。それで、せっかくの政府による国内土建事業も、ほとんど外国人労働者に頼らざるを得ず、支払った人件費はサウジ国内では再投資されない。

このような若者たちであるから、サウジ陸軍の「兵隊」が最も不人気な就職先であっても不思議ではない。働かなくとも毎日遊んで暮らせるのに、どうして兵隊などになって上官からガミガミ命令されたり、辺境でゲリラを追いかけて危険な目に遭わなくてはならないのか――というわけだ。

ちなみに、有事には「準軍隊」となる警察官も、やはりサウジでは一般の志願者が少ないという。

プロ兵隊のなり手がないということは、有能な「下士官」も軍隊

内から育たないことを意味する。これは近代陸軍を機能させる上では、致命的だ。

　ならば、同じ陸軍でも、将校なら、いかがか？　あいにくこれも敬遠されている。なぜなら、もしサウド家ではない部族の出身者が陸軍将校として有能であれば、自動的に「こいつはやがてクーデターでも起こすのではないか」と猜疑されて、警戒されるだけだからだ。

　そして、もしサウド家の出身者で軍隊の将校になるのならば、空軍のパイロットになるのが一番愉快であろう。じっさい、GCC諸国の空軍パイロットの席は、たいがいが、その王族の子弟のために（空中勤務適性とはほぼ無関係に）用意されているのである。

　というわけで、サウジアラビアには、兵器ばかりがピカピカな、精神的には臆病な陸軍しかない。そのかわり空軍は、カネにあかせて西側でも最優秀の機体をふんだんに揃え、スペアパーツも十二分にストックしてあるから、イエメン空襲に連日数十機を送り出すなどという、今では西欧の空軍にも不可能な贅沢戦争ができる。

　陸軍とは別建てで、幹部をサウド家関係者だけで固めた「国王親衛隊」的なものはある。それはエリート部隊であるけれども、まさか近衛兵をはるばるイエメンくんだりへ送り出してしまうことはできない。近衛兵は首都に居続けてもらわないと、クーデター抑止力にならぬからだ。

　そんなわけで、もしも外敵がリヤドに向けて陸上を進撃してきたという暁には、体を張ってサウド家を守ろうなどと思っている殊勝な国民はほとんどいないであろうと、サウド家は今から予期しなくてはならないわけだ。これが、サウジの国防大臣が安眠できぬ理由である。

　イランは敵国のこの弱みを知り抜いている。だからまず、イエメンのシーア派ゲリラを使い、サウジアラビアの搦手から騒がせて、

地上戦にひきずりこんでやろうとしているのである。

国境戦争の苦い記憶

今のサウジ＝イエメン国境は、1930年代にサウド家と英国が引いたようなものである。

サウジアラビアの建国にあたっては、当時のアブドゥル・アズィズ・イブン・サウド王の卓越した政治手腕ならびに宗教的権威により、沙漠の多数の部族が糾合されている。いらい、イエメン国境のサウジ側には、シーア派の部族すら暮らす。

中央政府が彼らの生活水準を高く保証してくれるから、サウジ領内のシーア派部族は、けっして反政府的にはならない。しかしその部族と親戚であるところのイエメン側のシーア派住民は貧乏である。そして、その貧しさの原因が、サウド家が引いた国境線にあるのだと彼らは考え、ときどき国境付近で騒動を起こしてきた。

2009年の後半にはイエメン国境で小競り合いが生じ、サウジ軍はみっともない敗退を喫した。もちろん国内的には「大勝利」と宣伝したが、少なくともサウジ将兵109人が埋葬された事実を隠すことはできなかった。

いらい同国境ではサウジ軍は攻勢はとらず、火力で守備に徹する方針に転じた。

人的資源の質の悪さをおぎなうためにも、サウジは、兵器そのものにはカネを惜しまない。陸軍では、砲兵や重火器支援部隊については、このやり方でなんとかなる。空軍も同様だ。しかし歩兵となると、いくらカネがあっても、ダメだ。

そこで考えつくのは、「傭兵」である。

パキスタンが「お断り」した事情

サウジアラビアは、パキスタン陸軍がアラビア半島のイエメン国

境に来て、対イエメンの干渉戦争を担任してくれないかと、2015年の3月前半に要望した。むろん、費用は全額サウジが出し、報酬ははずむ気だった。

しかるにパキスタン政府は4月初めにこれを断った。サウド家の感情を害さないよう、「国会が反対決議をしたので」という形にしたが……。

じつはサウド家は、イランのホメイニ革命が起きた1979年からしばらく、貧乏なパキスタン軍を傭兵のようにして自国内に何年も駐屯させていた。もちろん、対イランの備えとしてである。

今でもパキスタン政府は、もしどこかの国（イラン）がじっさいにアラビア半島に侵攻するような事態になれば、パキスタン兵をアラビア半島に送る——と、サウド家には約束している。

けれども、イエメンに派兵することでシーア派のイランと敵対することは、スンニ派のパキスタンの国益にならぬと判断した。

なぜなら、将来、パキスタンがインドと戦争になったときに、背後（西方）の安全が気にかかるからである。もし宿敵インドとイランが同盟関係を深め、パキスタンを挟撃する態勢となったら、パキスタンはおしまいなのだ。

じっさいインドは、イランのチャバハール港を近代化する工事に1億ドルを出している。インドは2004年から09年にかけては、7000万ドルを投じてカンダハルからイラン国境までの218kmの道路を新設してやった。その国境終点からチャバハール港までは、こんどはイランの道路と鉄道が通じている。つまりインドは大戦略として、イランやアフガニスタンまで味方にして、宿敵パキスタンを全周から包囲してやろうと着々と手を打っているのだ。

パキスタン国内にもシーア派住民が2割いる。2015年1月には、そのシーア派のモスクでいちどに69人が虐殺されるテロがあった。とうぜん、イランはそうしたニュースに嫌悪感を抱く。イランをこ

れ以上刺激することは、パキスタン政府にはできぬ。

　サウジは、同様な「傭兵」の打診をエジプト政府にもしてみた。エジプトとしては、石油でリッチなGCC諸国から巨額のローンを受けたいという気持ちはやまやまなれど、陸兵の派遣は断った。じつはエジプトは、1962年から67年にかけてイエメン戦線へ派兵したことがあった。そのさいエジプト兵は1万人も戦死してしまったという。その前例に懲りているのだ。

　しかしカネの力は偉大である。2015年5月、セネガルが2100名の陸兵をサウジに送ったと報じられている。

サウジはアルカイダを「傭兵」に使うしかない？

　イエメンのアルカイダは「反腐敗」を標榜し、サウド家も腐敗しているから打倒してアラビア半島に純粋な宗教国家を創るとか叫んでいた。

　しかし、パキスタン軍もエジプト軍も、優勢なイエメンのシーア派武装勢力と地上で戦うための兵力は拠出してくれないと判明したからには、サウド家としては、イエメンのアルカイダに水面下で資金を渡してシーア派と地上で交戦してくれることを期待するしかないかもしれない。

　サウジは、対テロの国際戦略として、先進国をも「傭兵化」しようと図っている。2013年に、サウジが金を出して、フランス製の武器をレバノンに買い与えるとともに、その訓練もフランス兵がやるという一括契約を、フランスと交わしている。レバノンのヒズボラが弱まることは、パトロンのイランを弱めることだから、サウジの国益になるわけだ。

　他方のフランスにも、アラブ圏内のキリスト教徒住民に対する影響力を保ちたいという欲望があるので、この取引は成立した。フランスは第2次大戦前は、シリアとレバノンを統治していた。

そして空爆戦争開始——対イランの予行練習?

　陸上から干渉戦争を仕掛けられない事情のあるサウジアラビアは2015年3月26日から、同国空軍を主力とするアラブ有志国の航空機によるイエメン爆撃を開始した。

　イエメンでも、シーア派ゲリラたちは、征服した政府の軍事基地などにいつまでもとどまってはいない。略奪したら、すぐに立ち去る。なぜなら、最も安全な場所は軍事施設の内部等ではなく、一般住民の真ん中だということを学習しているからである。だから米軍も、ISが「首都」としているシリアのラッカ市のどこにIS司令部があるのかは承知しているけれども、そこは一般住民の真ん中であるがゆえに、爆撃はできないのだ。

　ところがイスラム教国同士の戦争では、住民被害はほとんど一顧だにされない。シーア派ゲリラを狙った爆弾が、ゲリラと同数くらいの無辜のイエメン住民を殺傷してしまっても、大問題とはならないようだ。

　空爆の主力であるサウジ機は、高度6000m以上からGPS誘導爆弾を投下しているので、6月までの時点では、1機も撃墜されていない。シーア派ゲリラは、高度6000mまで届く対空兵器を持っていない(イランから供与されていない)ようである。

　イエメンとサウジを結ぶ道路は北部に集中する。サウジは国境を閉鎖し、その道路上を動く者はシーア派ゲリラだと看做して空から攻撃する。

　だがもっと重要な幹線道路は、オマーンから海岸沿いに走る道だという。しかしGCC6ヵ国のうち、オマーン(サウジともイエメンとも接壌している)はイエメン空襲には加わっていない。

　サウジは、対イエメン干渉に、カタール、UAE、クウェート、エジプト、スーダン、バーレーン、モロッコ、ヨルダン等を糾合した。このうちスーダンの加入は、イランには痛かったという。なぜ

ならイランは長年、メッカの対岸に位置するスーダンを籠絡することに大金を使ってきたからだ（ただし、スーダンも原油収入がある。そしてスーダン政府はスンニ派）。

アラブ連合空軍は、イエメン政府軍や、スンニ派のゲリラ部隊に対する、空からの物料投下もしてやっている。武器弾薬を、空から補給するのだ。

しかしアラブ連合空軍がいくら空爆をしてもシーア・ゲリラの勢力は弱まらない。やはり地上で交戦するのを厭がる陣営に、すみやかな勝利はもたらされないようだ。

これほど優越した空軍を擁するサウジアラビアが、どうしてイランを恐れなければならないか。

イラン軍の装備は、特に空軍関係は、過去10年の国連の経済制裁で劣化している。おそらくイラン空軍は、サウジ空軍にも UAE 空軍にも勝てないだろう。

しかし、戦争は空軍では決まらない。イランは、その軍隊指揮官たちが、アラブ諸国の将校たちのように、腐っていない。そこを、GCC は恐怖する。

イエメンのシーア派ゲリラも同様だ。イエメンの政府軍よりも腐っておらず、目的意識が旺盛である。そして指揮官が優っているのだ。

イエメンの問題は腐敗なのだと、イエメン人は皆知っていた。だが国内ではシーア派だけが、腐敗を最優先の打破目標として掲げた。それで、一定の支持も得ている。

ともかくサウジとしては、陸軍を強化できない事情があるために、今のところは航空機などの装備の優越で対イラン戦争を組み立てるしかない。

スウェーデンのストックホルム国際平和研究所（SIPRI）が 2015 年4月に公表した統計によると、サウジアラビアは 2014 年度に、

前年より17％多く国防費を支出しており、支出額上位国の中でもこれは最高の伸び率だということである。

SIPRIによれば、サウジの2014年度の軍事費は808億ドル。GDPの10％を超えており、金額では米支露に次いで世界4位だ。

サウジアラビア政府は、自国に体力があるうちに、間に合ううちに、本気でイランを打倒する気である。イエメン空爆は、その予行演習なのであろう。

GCC諸国がイラン本土を爆撃するようになれば（そのきっかけは、イスラエルのモサドが作ってくれるかもしれない。イランにも8000人のユダヤ人がいる。またイスラエルに住んでいるイスラエル国民のうち15万人はイラン系である）、米軍がイラン本土に介入をしやすい環境も整う。

英国空軍より巨大なサウジアラビア空軍

イエメン空襲においてサウジ空軍は連日50機もの英国製戦闘機を飛ばしている。すなわちトーネイド対地攻撃機と、ユーロファイター・タイフーン戦闘機だ。トーネイドをサウジは80機保有しており、タイフーンは現有48機にくわえて72機をさらに発注中である。

連日50機という出撃の頻度は、今の英空軍には実行は不可能だという。機数はあるが（タイフーン125機＋トーネイド98機）、ソ連崩壊以降、国防予算を絞ってきたために、整備員とスペアパーツがないためだ。

まさにここが素人の理解しないところである。機数ばかり多くても連続して多数機を出撃させ続けられない空軍より、機数は少なくとも連日全力出撃できる空軍の方が、威力を発揮できるのである。

2011年のリビア干渉戦争でNATO空軍には痛感されたことだが、対ゲリラ戦では、戦闘機の制空任務になど用はなく、CASとISRだけが必要なのだ。今や英国にはユーロファイター（CASもできるが本来は制空戦闘機）はお荷物になってしまった。それで24機の最新ロットをサウジアラビアに転売している。

米軍が、イランの沙漠の地下にある複数の原爆工場を、核弾頭によらずして破壊するためには、特殊部隊がその坑道入口を制圧したあと、大型輸送機が着陸して「気化爆薬」の液体を搬入し、坑口からそれを大量に流し込んで、坑内を吹き飛ばしてやる必要がある。
　これができないとすれば、サウジアラビアは、イランに対抗して核武装するしかない。かつてパキスタンに資金を提供して開発させてやった原爆を、パキスタンから買い取ろうとするだろう。
　またイスラエルも、イランの核武装を座視できないので、イランの原爆工場に対し、先制核奇襲（米国製戦闘機で核爆弾を投下する。これ以外の運搬手段は信頼性が低いため採用されない）することを考えざるを得なくなる。
　そのどちらの事態も、戦後世界における核使用の敷居をガックリと下げてしまって、アメリカの国益に反する。だからアメリカも、GCCとイランが早目に戦争状態に入ってくれるのを、内心で期待して待っているはずである。

人権軽視国への武器輸出をどう考えるか

　イスラム教圏では、シャリア（イスラム宗教法）が世俗法の上にあり、しかも、その宗教法を解釈する権力も乱立する。けっきょく武器で他を征服した者が、宗教と世俗の権力を握るから、世俗法を守っていても人々は安全にはならぬ。誰であれ、力のない者はいつ罪人とされるかわからない。
　たとえばコーランにはアルコールを〈飲むな〉とは書いてなくて、〈使うな〉と書いてあるので、ガソリンの中にメチルアルコールを混ぜる行為もイスラムの教えに背く──とイスラム宗教学者が主張することは可能である。彼が権力を握れば、それを他者にも強制できるであろう。その場合、世俗法を遵守していた人々は、とつじょとして「罪人」にされるわけである。

西側自由主義国内では、イスラム教徒にも宗教行為が認められている。

　しかしサウジアラビア国内には、いかなる非イスラムの宗教関連の建造物も存在することが許されない。

　サウジアラビアやパキスタンでは、イスラム教が国教であるばかりか、イスラム教から他教へ改宗することは、死刑相当の犯罪だと法定されている。

　イスラム教徒は、他教徒に対してはイスラムに寛容になれと言いつつ、みずからは他宗教・他宗派を尊重しない。

　1980年代以降、パキスタン国内で、宗教的不寛容を動機とする殺人が5000件以上も起きている。被害者は、シーア派信徒、キリスト教徒、ヒンズー教徒、シーク教徒、ユダヤ教徒などである。

　2001年9月11日以降は、イスラム教徒同士が「真のイスラムではない」という言いがかりをつけて殺し合うことがパキスタン内で増えて、それら広義の宗教テロによって2万人以上が死んでいる。

　それよりも多い宗派間闘争の死者が、イラクやアフガニスタンでは生じている。ソマリアの内ゲバ死者も、パキスタンの次に多い。

　ドゥルーズ教徒やアラウィテ教徒は、イスラム多数派からは、イスラムもどきの異端だとされ、人権も何も考慮されない（イスラエルではドゥルーズ教徒だけは非ユダヤ教徒なのに徴兵応召義務あり。つまり、うまくやっている）。

　エジプトにはイスラムへの改宗を拒んだ600万人のコプト教徒（古い宗派のキリスト教徒）がいる。彼らも、宗教の違いだけを理由に、テロリストから斬首される危険と日々隣り合わせである。

　スウェーデン政府は2005年から5年単位でサウジアラビアに軍事協力を続けてきたが、あまりにサウジの人権弾圧が酷いので2016年以降はその協力の延長をしないことを決めたと報じられている。同国の与党の一翼である「緑の党」の意向が反映されたそう

だ。
　スウェーデン製兵器の欧米圏以外の買い手としては、サウジは第3番目の上客だったのだが……。

その他の中東諸国の情勢

対イラン戦の準備を進めている UAE

　UAE 内にあたらしい空軍基地が建設されていることを、2015 年 3 月にグーグルアースが教えてくれた。

　それは 3000 m 滑走路を備え、大型機が 40 機以上も駐機できるスペースと、戦闘攻撃機 20 機分のシェルターが付随する、かなり本格的なものである。米軍の対イラン戦争用であることは疑いがない。

　UAE は、フランス製の「ミラージュ 2000」を 60 機持っている他に、買ってまだ 20 年経っていないアメリカ製の F‑16E 戦闘機を 80 機も持っており、じつはこれだけでもイラン空軍を全滅させられるが、さらに E 型を 30 機、買い増しているさいちゅうだ。F‑16 の E 型は、空戦スペシャル・バージョンで、最新式の（機械的な首振りをしない）AESA レーダー等、電子装備が充実している。しかも、米軍がずっとそのパイロットに稽古をつけてやってきている。

　中東では UAE は異例に腐敗の少ない国として知られ、そこを米国人は好感もしている。

　2014 年 8 月にリビア国内の民兵を空爆したのも、エジプトの飛行場を飛び立った UAE 空軍の F‑16E であった。すでにこのとき、ペイヴウェイというレーザー誘導爆弾を駆使している。最新の F‑16E は、胴体周りに増設した大容量燃料タンクによって、レーザー爆弾を吊るした状態でも UAE から飛び立ってイラン全域を爆撃して帰ってくることが可能である。

　イランの軍用機はボロボロの古式機が 200 機で、質的に誇れる要

素は無い。

　既述のように、サウジアラビアも、UEA以上の最新式の大空軍をもっている。まず間違いなくイランは、これら敵空軍を出し抜いて無意味化する妙手を考えるはずである。イラン人には新しい戦法を考え出すイマジネーションがあり、それが近隣アラブを怯(ひる)ませてきた。地対地ミサイル等によってGCC諸国の空軍基地を緒戦で奇襲するという策は、とうぜん立てているであろう。だからUAEも、基地を分散しておく必要を感るのだ。

　UAEは、イラン陸軍が高速ボート多数で一斉にペルシャ湾を横断して上陸してくることも恐れている。UAEの人口は僅か300万人。したがって陸軍をたったの6万5000人しか動員できない。対するイランは、7000万人の人口から50万の兵隊を繰り出せるのだ。

　さらにイランには、対外工作特殊部隊「クッズ」もある。2011年に、ペルシャ湾岸のバーレーンで、スンニ派王族に反対するシーア派の大デモを起こさせたのもクッズだった。このときはサウジアラビアが、この騒ぎがリヤドの政権転覆の端緒ともなりかねないと危機意識を抱き、他のGCC諸国も誘って派兵。この隣国のデモを鎮定している。

　1971年に成立したUAEとサウジアラビアの間には、じつは、まだ境界線をめぐり紛争がある。もともと、ペルシャ湾に面した商業港に発達している首長国群と、内陸オアシスを本拠地とするサウド家とは、宗教観も文化も異なっているのだ。だからUAEは、できればサウジアラビアとは独立に湾岸諸国を領導してイランに対抗したいと念願する。

　ペルシャ湾岸の小国の生き残り政策は、かならずしも一枚岩ではない。たとえばカタールの首長は、ISなどの国際的テロ組織や、イランなどの問題国に、資金面の便宜を提供している黒幕として、しばしば噂される。善悪すべての勢力と顔をつないでおくことで、

将来の国体のサバイバルを期すという選択は、ペルシャ湾岸の金満小国には、合理的かもしれないのだ。もともと沿岸貿易船の寄港地に成立した都市国家は、トルコ軍、ペルシャ軍、内陸沙漠のベドウィン族から常に脅威を受け、19世紀から20世紀はじめまでは、英国などに保護を依存するしかなかったのである。

ヨルダン軍──精強さの理由

　中東地域で、アラブの精兵といえば、それはヨルダン軍であろう。

　じつはヨルダン軍は、イラクからパレスチナまで統治していた旧宗主国の英国が、アラブの中でも文化程度が低いと蔑視されていたベドウィン族からピックアップしてつくりあげたものだという。

　ヨルダンは、中東諸国の中でも抜群に早く、西洋式の軍隊文化をモノにした。1967年6月の第3次中東戦争でも、このヨルダン軍が最もイスラエル軍を苦しめた。

　逆に「アラブ最弱」だという評判を取ったのは、イラク兵だった。イラク西部のスンニ派は、ヨルダンの部族と親戚関係なのだが……。

　イスラエルの成立後は、アメリカがヨルダンの最重要パートナーになった。やがてヨルダンは、隣国のイスラエルとは血闘を避けるという智恵に到達した。

　今のヨルダンの悩みは、国民の数的なマジョリティが、外来のパレスチナ人であることだ。彼らはヨルダン王室など尊重しない。

　1970年にはこのパレスチナ人たちは反王室暴動を起こした。そのような非常事態に備えるために、ヨルダンは特殊部隊を近衛兵として育成する必要があった。

　ヨルダン王が英国の特殊部隊の訓練コースを修了し、おんみずからヘリコプターを操縦できるというのも、最悪の場合の国外脱出まで考えているからであろう。

　有能なヨルダン軍特殊部隊は2001年から国外各地へ出張してい

る。2010年のアフガン南部のCIA基地爆破事件でひとりのヨルダン人も巻き添えをくらっている。おそらく特殊部隊員だろう。ヨルダン国内では、アフガニスタン政府軍に稽古をつけてもやっている。

　ヨルダンは今のところ内戦が起きていない数少ない中東国家だ。しかし同国には、シリアから150万人、イラクから45万人もの難民が流れ込んだ。だから米国も2015年1月時点で13億ドルの資金をヨルダンに援助している。

難民と民主主義の動揺

　トルコやヨルダンは、同じイスラム教圏からの難民を受け入れているのだが、これが欧州だとどうだろう？　西欧に、北アフリカや中東からのイスラム教徒の難民がとめどなく流入するようになると、何が変わるのだろうか？

　彼らの票がやがて選挙に無視できぬ影響を及ぼすことになると、政治家は外交問題でイスラエル支持などは口にできなくなり、さらには反ユダヤ言動にも寛大とならざるを得ない。イスラエルはこのような予測を立てて、今からやきもきしている。

　米国の市町村でも、そこが特異的にシナ人や韓国人の多い住民構成になれば、地方政府や地方議会が彼らの反日宣伝活動を制止できなくなる。それと同じ「民主主義」メカニズムが働くであろう。

　近代自由社会では、人々の信教に対して皮肉を言ったり批評を加えたり、真正面から否定をしたりする、意見表明の自由が保証されている。事実に反する嘘を用いた悪宣伝には、裁判で対抗する方法があるけれども、何ぴとにも、物理的な殺傷力をほしいままに行使して他者の意見表明の自由を破壊する権利など、与えられない。

　ところがイスラム教圏人は、そのようには考えない。そのように考えない有権者が西欧のコミュニティで数的多数を占めるに至った場合、「近代自由主義」と「民主主義」はどちらも破壊され、法の

支配も、法の下の平等もなくなって、欧州こそが今のシリアやナイジェリアのような修羅の巷になりかねない。

　移民や難民は、その人数がある一線を越えれば、受け入れ国やコミュニティの近代的健全性の価値観を揺るがし、不可逆的に国民の不幸を増してしまう。「人道主義」だけ念頭して対応することは、決して責任ある政治家には許されないであろう。

イスラエルの悩み──ロケット弾をミサイルで迎撃するとコストは？

　敵が発射してくる地対地弾道ミサイル（SSM）または地対地ロケット弾を、味方の艦対空ミサイルや地対空ミサイル（SAM）によって着弾前に迎撃してやろうというMD（ミサイル・ディフェンス）は、「予算戦争」となりがちである。見本は、もっかのイスラエルにある。

　陸上国境を接するレバノンやシリアやエジプト領内から、ゲリラ（ヒズボラやハマス）は執拗にイスラエル領に向けて長距離ロケット弾を発射する。ロケット弾は、発射装置が大砲よりも軽便で済むため、ゲリラは都市の片隅でそれを組み立てて、数ヵ所の秘密射点（市街区内で、上空からは目立たぬ場所）から、タイミングをしめしあわせて同時に何発か発射し、イスラエルの反撃を受ける前に、ただちに現場から去ってしまう。

　正規軍のシリア軍も、いつ本格的なSSM（スカッド級）をイスラエルに向けて発射するか知れたものではない。

　そこで、こうした、SSMや長射程ロケット弾の危険からイスラエルの都市住民を守るために、米国がカネを出して開発させたのが「アイアンドーム（鉄桶）」という機動的なMDシステムである。

　ガザ地区からイスラエルに向けて発射され得るロケット弾のうち、高性能なものは、弾頭重量が200ポンド、飛翔最高スピードがマッハ2.8で、射程が50マイルある。中共製の長射程ロケット弾をイ

ランがコピーしたものだが、イランはそれをハマス（ガザ地区居住のパレスチナ人からなる武装集団）に渡し、2012年12月17日にハマスがイスラエルに向けて初使用した。イスラエルは、その2発をアイアンドームでいきなり空中撃破することに成功した。

　アイアンドームは車載の移動システムである。その数は限られていて、全国境を常時警備させるにはとても足りない。イスラエル軍は直前に察知してアイアンドームをそこへ移動させて待っていたのだ。

　車載レーダーと連動するソフトウェアは、遠くから飛来するロケット弾が、自国の人口密集地に向かっているかどうかを瞬時に判定する。そして、大都市もしくはイスラエル国軍の基地に落ちそうだと推定された場合にのみ、迎撃ミサイル（ペトリオットを小さくしたようなもの）を射つ。公表はされていないが、西側のドクトリンでは、飛来する目標に対しては2発の迎撃ミサイルをつるべ射ちするはずだ。ただしその発射は全自動ではない。スイッチを入れる人間が介在している。

　射程が長くて弾頭の重いロケット弾は、ゲリラとしてもそうたくさんは持ち合わせていない。だから、しばしば使われるのは、もっと安価な、したがって短射程のロケット弾である。

　だがその場合、ゲリラが消費するロケット弾の単価よりも、イスラエル軍が発射する迎撃ミサイルの方がずっと高額になる──という悩ましい予算問題に、イスラエル政府は直面せざるをえない。

　短射程ロケット弾の毀害力が小さい（第2次大戦中の50kgの小型航空爆弾よりもずっと低威力である）ために、堅牢な建物からなる市街地に落下しても大被害は生じないことと、射点が近ければイスラエル空軍による反撃空襲も迅速なので、ゲリラも延々と長時間の砲撃を続けられぬという制約が、かろうじてこのジレンマを抑え込んでいる。

イランは、南部レバノンを拠点とするヒズボラに対して、2015年5月に、口径107ミリと122ミリの地対地ロケット弾を計8万発も補給したという。アイアンドームでその全部を防げるだろうとは、イスラエル国民も考えていない。

　ところで、飛来する弾道弾を空中で爆破する手法を「積極防衛」と呼ぶとすれば、イスラエル政府は「消極防衛」にもぬかりがない。「レッドアラート」と英語で呼ばれるシステムが構築されている。特定の都市にロケット弾などの着弾が予測されるや、自動的に当該市中でのテレビ放送・ラジオ放送は中断されて警報が流される。もちろんサイレンも鳴り響く。

　ゲリラの狙いは、突然のロケット弾の爆発によってイスラエル住民のモラール（士気）を挫く、というところにある。しかし、念入りに構築された「レッドアラート」のような緊急避難誘導システムは、AESAレーダーによってたった10秒程度の行動余裕を市民に与えるにすぎないとしても、その敵の狙いを無効化してくれるそうだ。

　またイスラエル政府は、国内の民間企業が同国の地政学的リスクに嫌気をもよおさぬように、もし政府が公式に「これは戦争だ」と宣言した暁には、政府および保険会社が民間会社を特別に補償することにもしている。

　だから、ハマスの脅威に直面しているイスラエル南部地区の企業は、いっそ政府が戦争を宣言してハマスを撃滅して欲しいものだと願っている。

　しかし他の地区の企業は、それを歓迎できない。政府が公式に「戦争」を宣言すると、政府の民間に対する統制力も格段に強化されて、自由な企業活動が軒並み停止させられてしまうからだ。

　またイスラエルの政治家も、戦争宣言を嫌う。それは、今日の政治家のキャリアにとってはマイナスだと思われているのだ。

イスラエルの対テロ諜報

 イスラエルの「8200部隊」は、米国のNSA（国家の盗聴機関）のような仕事を1952年から続けている。彼らの使命は、イスラエルがテロ攻撃される前に敵の企図を潰すことにある。

 その手段として彼らは、ヨルダン川西岸、ガザ地区、さらには近隣アラブ諸国内にもネットワークを張って、彼らの間での通信の傍受、その暗号解読と、意味情報の分析・評価までせねばならない。さいわいに、1940年代にイスラエルには50万人ものアラブ系ユダヤ教徒が引っ越してきているから、バイリンガルには不自由せずに済んだ。

 近年では、パレスチナ人の中から協力者をリクルートするというきわどい業務でも成功をおさめているという。もちろん、利益供与とブラックメイル（脅迫）とを組み合わせて、逆らえないように追い込むのである。

「選別殺法」vs.「無差別テロ」

 イスラエルや欧米軍が採用して成功している対テロ戦法が「ターゲテド・キリング」（Targeted killing 選別殺法）である。

 Kill（殺）という言葉が露骨に響くため、偽善者は顔をしかめてみせる。けれども、これほど人道的な対テロ戦法はない。

 どんな集団にもキーパーソンがいる。そいつだけを殺るのだ。

 中世の英国弓兵は、距離50mくらいの近距離戦になったときは、とにかく敵の隊長を射殺せよと教えられていた。指揮官が取り除かれることで、残りの敵の兵卒は、役立たずな烏合の衆と化してくれるからだ。

 実戦が続くと、この真理をどの軍隊もすぐに会得する。だから、第2次大戦中の米軍の将校や下士官も、前線では目立つ階級章をはずす必要があった。

湾岸戦争直後にイラク市民にアンケートしてわかったことだが、軍隊の司令部だけが奇麗にふっとばされて、周りの住民が無被害だったときに、イラク国民は、むしろ讃嘆したという。住民が米軍に腹を立てるのは、爆弾の狙いが甘く、軍隊と関係ない住民のコラテラル被害（炸裂の側杖を食うこと）が酷いと感じられた場合であった。

　テロリストの自爆攻撃は、このコラテラル被害だけを追求するような戦法で、まさにターゲテド・キリングとはさかさまの考え方だ。彼らもできれば価値ある個人を狙いたいのだろうが、それが不可能なときには、すぐに標的を一般人に変更し、無関係の人々をできるだけたくさん巻き込んで、それによってとにかく「話題」にだけは、なろうとするのだ。「人民の海」から浮いてしまうのも当然だといえよう。

　「雑踏の中心部での自爆」というおそろしいテロリズムを1984年にやってみせたのは、スリランカのタミル分離派（仏教徒）であった。インドに操られた政府も軍も皆、気に喰わない——というのが動機で、群衆をも憎んでいた。その目的と手段とは、整合していたのかもしれない。

　次にヒズボラ（レバノン内でマイノリティのシーア派）が自爆テロを始めた。結果は、ますますマジョリティのスンニ派住民から嫌われるだけだったので、ヒズボラはこの戦術を2001年に中止した。

　パレスチナ人は2000年から群衆内自爆戦法をスタートしている。

　タリバンに身を寄せたアルカイダは、2003年からパキスタン内で自爆テロを始めた。アフガン人は誰も自爆志願なんかしないので、パキスタン人がリクルートされ、ほとんど常にパキスタン住民ばかりが爆発の犠牲になった（技術力の低いタリバンがこしらえた爆弾の威力が低くて失敗することもあった）。さすがにパキスタン国民は怒り、結果として過激テロリストはアフガン国境（その手前をワジリ

スタンという）に逼塞(ひっそく)するしかなくなった。

イスラエルの焦燥

　イスラエル空軍は2014年から、同国空軍の中央指揮所を耐核化する地下拡張工事を進めている。これは、いつのまにか核武装してしまったイランからイスラエルが先制攻撃を受けることを予期した措置である。約1000万ドルの工費は米国が出している。

　イランに核開発を止めさせる交渉をイスラエルは米国に任せているところである。が、そんな話が速やかに進捗するとはとても考えられないから、米国としては、イスラエル軍の不満と焦燥を宥める手も並行して打っておく必要があるわけだ。いわば「事前補償」に近いであろう。

アフリカ諸国の情勢

スーダンとイスラエルの戦争

　イスラエルにいわせると、スーダンはアフリカの兵器補給廠になっている。小銃弾、手榴弾、RPG（ロケット擲弾）……そして中共やイランが輸出する武器も、まずスーダンに荷揚げされ、ガザのゲリラもそれらを受け取っているのだという。

　スーダンは2002年から5年以上にわたり、政府が積極的にイスラム武装集団（スンニ派）を後援して、国内の非アラブ系住民を18万人以上殺し（ダルフール虐殺）、それを国連も指をくわえて見ているだけだったというおぞましい土地柄である。

　カタールからこのスーダンに裏金が流れて、スーダンが武器弾薬を中共やイランから買い付け、それがシリアの反政府ゲリラ等へも渡されていると睨んでいるイスラエルは、過去にたびたび、スーダン領内を直接空襲している（ちなみにスーダンの首相官邸は中共が建設してやったものだ）。

　2012年には、空対地ミサイルによってイラン人が運営する弾薬工場群を爆砕した。イランから陸揚げされたコンテナを狙って、クレーターが残るほどの威力ある爆弾が投下されている。

　その少し前にはモサド（ヘブライ語で「機関」）が、エジプトとガザに武器を流していた男を、港町のポートスーダンで自動車ごと吹っ飛ばした。このようなイスラエルの直接行動は2008年に始まっているという。

　イスラエルは2009年1月には、紅海に戦闘機を飛ばし、スーダンからエジプト経由でガザに搬入されんとしていたイラン製の地対地ミサイルを爆破した。エジプトはイランの友だちではないが、国

境警察は常に買収可能なのである。

2011年には、攻撃ヘリの「アパッチ」を飛ばして、スーダンからエジプトへ向かって走っていたハマス幹部の自動車にヘルファイア・ミサイルを命中させて爆殺した。

しかし、航続距離が短いこの重武装ヘリは、いったいどこから飛来したのだろうか？

イスラエルは2011年に分離独立した南スーダンと同盟関係を構築している。その前にはケニアに拠点を確保していて、もし南スーダンが危機に直面すれば、軍事的に支援ができるのだ。非イスラム国の南スーダンは、イスラエルと組むのに何の問題もない。他のアフリカの非イスラム諸政府にとっても、イスラエルがいろいろと頼りになっているようである。

ソマリアとアルシャバーブ

典型的な「失敗国家」のソマリアには、「ひとつの政府」など存在しない。数十の部族がそれぞれ勝手な自己主張をし続け、法律の代わりにカラシニコフ自動小銃にモノを言わす。政府は形ばかりあるにはあるが、その公務員たちは外国援助団体からの支援金を私的に着服することしか考えてない。ゆえに外国の援助機関も、ソマリアのためのカネや物資をけっしてソマリア役人には使わせないような工夫にまず知恵を絞るという。

ソマリアのGDPの3分の1は、海外からの「送金」である。旱魃が起きた年など、送金はソマリア住民の生死を分ける命綱だ。同地のイスラム主義テロ集団アルシャバーブは、そこに「私税」をかける。先進国ならふつうに存在するまともな銀行間決済システムがないために、庶民は原始的な送金方法に依拠せざるを得ない。そこがゲリラの財源として目をつけられるのだ。

アルシャバーブは前はアルカイダからカネをもらっていたが、路

線対立があって今は支援を受けていない。国内犯罪だけで資金を稼ぎ出さねばならぬという苦しい立場で、こういう金欠のテロ集団は、戦闘員の募集をしても人気がないものだから、国連としてはそれで少し助かっている。

なお米国FBIは、米国内でアルシャバーブなどのためのリクルート活動をしている人物については、「飛行機搭乗禁止リスト」に登載するようにしている。

隣国のキリスト教国であるケニアにとっては、アルシャバーブは本物の脅威だ。常習的な襲撃を受けていて、2014年11月には、ソマリア国境近くの学校（非イスラム教系）が越境ゲリラに襲われ、ケニア人教師22人などが殺された。2015年4月には、4人のゲリラが夜間にケニアの大学を襲い、13時間にわたってキリスト教徒の学生・スタッフだけを殺した。

これに対してケニア軍もゲリラ狩りをしている。国内では自警団がゲリラを殺している。ついでに、無辜のソマリア人も殺してしまう。

米軍はソマリア上空に無人機「リーパー」を飛ばしてアルシャバーブの拠点を攻撃中である他、近隣国に対アルシャバーブの連合軍を組織させて、そこにMRAP（アフガンからの撤収で不用装備となった耐地雷装甲トラック）なども供与中である。米国の分析ではアルシャバーブはアルカイダのような国際組織ではないので、米軍が直接出て行って相手をすることはしないつもりだ。その代わり、現地軍や現地警察はいくらでもトレーニングしてやる。装備も供給する。

エチオピア軍はアルシャバーブの進出に対抗して国境を越えて兵力を出している。ソマリア内の少数派宗教集団スフィ（神秘主義の教団で、主流のイスラム諸派からは異端視される。イスラム世界では「異端」だとされれば人権もなにもなくなるから、武装自衛するしかない）とも連携をとっている。

ジブチもソマリアへ派兵している。その兵力はこれから倍増するであろう。

ジブチには、米軍が基地を置いている（リース契約）だけでなく、旧宗主国として仏軍の特殊部隊も2002年から常駐している。日本の海上自衛隊は2011年6月からジブチにP‐3C部隊を派遣して海賊に対処させている。ここに2015年からは中共軍も割り込むことになった。中共はジブチにとって、多額投資国なので、ジブチ政府は拒まない。

2014年末時点で、ジブチの基地からは、高度2万1500ｍを巡航して通信衛星の代役を果たすことのできる旧式の双発爆撃機B‐57（英国のキャンベラ重爆を米空軍が採用したもの）が飛び、米仏共同作戦を支援しているという。同機は3人乗りで、6時間滞空できる。

内蔵爆弾庫の容量が2.7トンあるので、そこにカメラやセンサーなどを詰め込めば、偵察機にもなる。

わが国で独自開発したものの、その前途はあやぶまれているP‐1哨戒機（詳しくは266ページを見よ）は、このような用途に転用するべきなのかもしれない。軍用通信衛星の代わりとして、無人機と『いずも』級の島嶼作戦艦隊旗艦の間の通信を、中継してくれるはずだ。

2015年3月には、ひさびさにソマリア海賊が外国船を捕獲した。それはなんとイランの冷凍トロール漁船で、違法操業中であったという。他に韓国のトロール船も2隻、襲われた。

トロール漁船などを拉致しても、海賊はせいぜい50万ドルくらいしか身代金をせしめることはできない。しかし、この種の船舶には別な使い道があるのだ。

じつは冷凍トロール船は、海賊の小型スピードボートの「母船」として、うってつけなのである。拉致した漁民をひきつづき操舵員として乗り組ませたまま、怪しまれずに貨物船に接近し、そこから

スピードボートを発進させることができる。

過去には、全長95mくらいの小型タンカーを、海賊母船に仕立てていたこともある。世界の船員たちは、既にこうした海賊の手口を承知している。

マリと南米産のコカイン

一国の南部にキリスト教徒が暮らし、北部に住むイスラム教徒と常に対立しているという構図は、ナイジェリア、エジプト、スーダン等で見られる。

マリも同様で、マリ北部にはイスラム教徒であるアラブ人と、トゥアレグ（Tuaregs）とよばれる、あまり黒くないアフリカンが住んでいる。そして南部は、黒人の天下だ。

その黒人たちが、第2次大戦後にフランスから独立したマリ政府を仕切った。アラブ人やトゥアレグ人は、自治を認められないことが不満であり、ついにはフランスにまでやって来てテロを働くようになった。

2年前、マリのトゥアレグ人はアルカイダに乗っ取られた。それ

シナ人クーリーの大活躍

マリ政府は、海無し国として、海岸までの鉄道を持っている。このたび、それを改築する工事の契約を中共と結んだ。

中共が請け負うプロジェクトの特徴は、下級労働者までぜんぶ、シナ人だけで工事すること。現地人は雇ってはもらえない。

そしてそのシナ人土工員は、そのままアフリカ大陸に居残って、近隣地区で別のプロジェクトが中共政府によって受注されるのを待つのだ。

シナ大陸内の失業者をこのようにして「棄民」化することで、中共政府は本土での失業率を下げることができる。そしてアフリカ全体には、シナ棄民による北京の影響力が、扶植されるのだ。

でフランス軍はマリに乗り込み、武装反乱を鎮定せねばならなかった（その後、アフリカ諸国から抽出された国連軍が治安維持を引き継ぐ）。

あらゆる住民グループの自治要求をもしも満たしてやろうとすれば、アフリカでは、近代的行政能力をほとんど欠いた無数の〈勝手主義王国〉が乱立して、武力強盗や実力攻伐を互いに繰り返すばかりであることは目に見えている。広範囲の住民にとって長期のおそろしい無秩序がもたらされるに違いないので、国連も支持しない。

マリのゲリラ鎮圧は基本的に成功しているものの、リビア国境がゲリラの聖域になっているために、住民の疲弊は軽減されていない。

マリ北部では、テロリストとギャング団は融合し、アフリカじゅうから集まってきたギャング団が、南米産のコカインを欧州へ北送する闇ビジネスに精を出しているそうである。

南米のコカインは、まずギニア湾に揚陸され、陸路、地中海に至り、欧州に密輸出される。既に10年以上、経路にあるアフリカ諸国は、ゲリラに牛耳られている。

アフリカの地元では、ハシシュとマリワナ、合成麻薬が製造・販売されている。

アフリカ大陸の西端であるギニアビサウからは、アルカイダが、ペルシャ湾まで麻薬をつないでいる。アルカイダはそこで、欧州人誘拐だけでなく、コカイン密輸に励んでいるのだ。

コロンビア産のコカインは最も高値で取引される。それをペルシャ湾の金持ち消費者が買う。アルカイダは、麻薬商売について、タリバンから学んだようである。

旧宗主国の責任

かつてイラクやアフガニスタンを支配していた英国は、イラクやアフガンが国際テロリズムの温床になる20世紀末以降の事態にも

責任を自覚し、それらの地域の管理を米国だけに丸投げしないで、自国軍の兵士を地上パトロールのために送り出す。

　もちろん多数の戦死傷者が出てしまうのだが、そのぐらいのこともせぬようでは、国連の常任安保理事国（米露英仏支）の一員でございと、大きな顔はしていられぬ次第だ。

　同じ責任感はフランスも持つ。サハラ砂漠の南縁に広がる「サヘル」地域は、元フランス殖民地が多い。いやしくもフランス語が通用している地域で、現地政府の手におえないようなテロリスト集団が跋扈していたなら、フランス本国から軍隊（特殊部隊）を派遣するのは今でも義務のようなものであると、パリ政府は考える。

　サヘル地域は、東はソマリア海岸から、西はギニア湾沿岸諸国に至るあたりまで帯状に連続する。概ね、そこより北はアラブ人（ほとんどがスンニ派のイスラム教徒）が優勢であり、そこより南は黒人（しばしば旧宗主国のキリスト教派信徒）が優勢となっているため、「人種抗争」「宗教抗争」の火種が消えることがない。

　2014年のサヘル地域におけるフランス軍特殊部隊員の成績は、米軍から羨まれるレベルであった。たかだか4000人規模だったのだが、現地政府軍将兵7000人と協働して、ミッションごとに小部隊を編成しては、柔軟的・機動的に出撃。移動手段は軽車両を使い、米軍のように鈍重な装甲車などに防護されていないにもかかわらず、損害はほとんど受けなかった。一定数の隊員あたりの戦死傷者数の比率で比較すると、アフガニスタンやイラクの米軍の半分以下におさまっていたという。コスト・パフォーマンスが注目された。

　都市化が進んでいない地方におけるゲリラというのは、最初は大勢でも、追いかけるやすぐに少数グループに分散してどこまででも逃げる。それをあくまで追跡するには、討伐軍の側でもどんどん小グループ化して行く必要がある。その部隊分割を機敏にいとも簡単にやってのけるのが、フランス軍特殊部隊の特長だ。

米軍特殊部隊には、しかしその理由はわかっている。特殊作戦の決め手になるのは、一にも二にも「言語」だということだ。フランス軍特殊部隊は、サヘル地域に限定するなら、この言語の問題で、何一つ苦労はしないで済んでいる。
　単純に言うなら、特殊部隊員が敵兵や現地住民と同じ言語を解さないようでは、その特殊作戦は最初から失敗なのだ。
　2014年9月2日に、サヘル地域で米軍の無人機がテロリスト幹部を爆殺することに成功した。幹部が乗っていた車両についての決定的な情報をアメリカに提供したのは、やはり仏軍特殊部隊であった。この幹部のために2人の仏人工作員が拉致され、1人が死んでいたので、仏軍には怨みがあったのだ。

ナイジェリアとボコハラム
　ナイジェリア政府軍では大佐以上はほとんど腐っており、制服の強盗団と変わるところがないという。そのため米国は隣のカメルーン軍には武器を補給しているが、ナイジェリアには武器支援ができない。与えた装備や需品は、どうせ良民陵虐に用いられるか、反政府ゲリラの手におちるか、どちらかであって、却って米国が地域人民から恨まれてしまうからである。
　現地のスンニ派テロ集団「ボコハラム」（もともとワッハーブ主義のタリバン運動に刺激を受けて結成された）は、形勢が不利になると難民を装い、難民キャンプにまぎれこもうとする。ゆえに、ボコハラムを討伐する過程で大量の婦女子を含む「被害住民」が解放されたときにも、その成人に対しては、いちいち、「お前はボコハラムじゃないのか？」という訊問をする必要がある。
　この難民が国境を越えるからまた厄介だ。ニジェールにはナイジェリアから既に10万人以上が逃げてきている。その中にボコハラムのサポーターがいたりする。ニジェール政府は訊問によってその

良否を分別し、悪党の疑いある者は、拘束しておかなければならない。

ボコハラムは、政府軍部隊や村落に対して奇襲をしかけるときには、自動二輪車を好んで使用する。米軍は無人機でその動静を監視して、情報はナイジェリア陸軍等に伝えている。

密林でもちゃんと無人機のカメラが役に立っているということは、将来、フィリピンや南西諸島で自衛隊が中共系の匪賊等を討伐しなくてはならなくなったときのことを考えると、心強い話であろう。

ボコハラムの長年の根城は、チャド湖やニジェール国境に接した、数百kmにわたって山がちな密林が広がる過疎地帯だ。そのへんには都市が発達していないから、大軍が行動するにはまったく不便で、政府軍も足を踏み入れたがらない。

およそ世界のどこであれ、陸上で3ヵ国の国境が重なっているような土地は、いかにもゲリラの巣窟になりそうな自然地形を示しているものだ。また、シナの『水滸伝』が「水際に暮らす脱法無頼の男たちの物語」という意味であったように、広い湿地帯も、政府の官憲は敢えて巡回したがらない。アウトローが隠れ潜むには好適なのだ。

漁労の可能なチャド湖には4ヵ国（ナイジェリア、ニジェール、チャド、カメルーン）もの国境線が重なる。無法者が集まる条件は、昔から揃いすぎていた。

こうした、3〜4ヵ国の国境が重なっているような地区でのアウトロー集団の掃滅は、互いの国軍に越境追跡権を認め合わないと、なかなか徹底しない。

さいしょ、ナイジェリア政府が、隣国のチャドとカメルーンに、越境作戦を許可したところ、うまくいったので、その後、ベニン、カメルーン、ニジェール、ナイジェリア、チャドによる対ボコハラムのアフリカ連合軍が結成されたのである。

国連が泣いて喜ぶ新時代の「傭兵」が出現！

　2015年の初め、ナイジェリア政府がボコハラム討伐のために、南アフリカの傭兵隊を使っている……という噂が洩れた。

　それは本当だった。

　2014年末にナイジェリアは、隣国のチャド、ニジェール、カメルーンの軍隊を招き入れて国内で自由に作戦させ、ボコハラムを追い詰めた。しかしとどめの掃蕩に任じようというナイジェリア将校は誰もいなかった。そこで彼らは南アに傭兵を雇いにでかけたのだ。名目は「ナイジェリアの特殊部隊を訓練してもらう」ということにして。

　南アフリカに本拠のあるSTTEPというPMC（私営軍隊会社）は、400万ドルを支払ってもらえるなら、アフリカのどこへなりとも3ヵ月間出張して、ダメな軍隊の鍛えなおし（という建て前での戦闘活動）を請け負う。

　同社の前身は「エグゼキュティヴ・アウトカムズ」社といい、露骨にPMCだったので南ア政府が行政指導によって1998年に禁止しようとしたので、改名した。

　STTEPの「教官」たちは白人と黒人の混合。全員、実戦経験者だ。ナミビア人も多く、また、アフリカ以外の出身者も混じる。

　彼らはいったいどんな「手本」を現地で示してやるのか。まず「スポッター」とよばれる将校が、軽飛行機に乗って山地ジャングル内の敵ゲリラの集結地を空から偵察して、地上から近付く味方の300人弱の討伐隊（それもSTTEPがナイジェリア兵の中から選抜した）を誘導するのだ。

　討伐隊は、非装甲のトラックで俊敏に機動する。ゲリラが頑強だった場合に備えて、火力支援用の装甲車もごく少数、随伴する。そのトラックにも、南アの傭兵が小隊長や分隊長として複数人、同乗している。そうやって、ボコハラムの残党を、ひとつひとつ潰して

いく。

　STTEP にいわせると、ゲリラを始末するにも正しい順番というものがある。まず初めに、いちばん有能な、カリスマをまとったリーダーに率いられている敵の小集団をめがけ、追跡し、それを完全に撃滅せねばならない。そのようにして「討伐隊」の恐ろしさを地域に知らしめることによって、他の雑魚(ざこ)集団などは萎縮し、意気消沈するから、爾後の討伐が楽になるのだ。

　おかげで 2015 年 2 月後半には、ボコハラムは青息吐息の逼塞(ひっそく)状態になったそうだ。

　ナイジェリア政府は、STTEP を契約の 3 ヵ月を超えては引き留めなかった。しばらくの間、残されたナイジェリア軍の専門討伐隊は、ボコハラムが捕らえていた良民子女の解放等に良い成果をあげた。が、最近では、またボコハラムが復活してきたようだ。そういう土壌なのだ。

　いずれにしても STTEP は、腐敗国家でも PMC を適価で雇って「3 ヵ月掃蕩」を頼むことで、自国内の反政府ゲリラを暫時だがキッチリと黙らせてやれることを証明した。

　そして国連すらも、アフリカのような残念国家ばかりの地域では、高度なスキルをもった傭兵集団が、秩序回復のエース・カードになるという可能性に、注目するようになった。

　かつて傭兵会社は、彼ら自身がどこかの地域で「軍閥王国」を築いてしまうのではないかと猜疑されたものだった。しかし STEEP 社は、そのイメージも変えた。プロ意識に満ちた一般の民間専門サービス会社と同じような、近代ビジネスとして運営されているのである。ゲリラ討伐の依頼がないときは、彼らは油井警備などをして稼いでいる。

　兵頭おもうに、彼らこそ現代の「国連軍事力」に成長するのではないだろうか？　常備軍ではないから、それじたいが腐敗するおそ

れはない。3ヵ月契約が終わったら、企業の都合で自主的に離脱もできる。『孫子』の「拙速の原則」(遠征攻撃戦争では戦場離脱のイニシアチブは我にあるので、成果があろうとなかろうと、前もって決めたタイミングで必ず撤退せよ) にピタリと嵌まっている。

　これにくらべると、米国の第三世界への関与スタイルは、現地軍の訓練はしてやるが実戦までは手伝いたがらない。加勢するときも、できれば空撮情報か、空爆ぐらいで済ませたがる。地上で腰が引けているから、戦争をしているのに何も解決しない。さりとて、「ここから先は関与しない」と見切って立ち去ることもできず、ダラダラと増派したりして、泥沼にのめりこんでしまう。

　STEEPのような、そこまでしてくれるユニットをこそ、世界は必要としているのではないか。

　国連は過去に1回、臨時編成部隊に「殺しのライセンス」を与えている。2014年に、コンゴの国連平和維持軍の活動を十年来おびやかしてきたゲリラ集団の討滅を、急設の戦闘旅団に命じたときだ。それは成功した。

国家や政府と関係を断たれた現代の「棄民」

　おそらくこれから諸国家や国連を悩ます問題は、どの政府からもロクに面倒を見てもらえない大集団の「無所属難民」の増加であろう。現在のところ1000万人ほどいる。

　アルジェリア北部に住んでいたイスラム教徒で、ボコハラムをおそれて隣国へ逃亡した住民は、もう村へは戻れない。というのは、やむなく村落単位で自衛力を備えてサバイバルしてきた近隣キリスト教徒の住民から、ボコハラムの仲間だと疑われて問答無用で射殺されるだろうからである。

　アフリカや中東を中心に、根っから腐った国家や政府が、このような「無所属難民」を続々と作り出すであろう。

腐敗国家では、次の３条件が同時に欠如しているのが一般だという。すなわち、「声明の自由」「メディアの自由」「公正な裁判」。この３点を欠く政体が日本のすぐ隣にあるというのは不気味である。近未来の韓国からも「無所属難民」が大量に送り出される日が来ないとは言い切れない。

　欧州にはジプシーが５万人いる。なんと出生届をどの政府にも出さないので、どこの政府からも保護は受けられない。みずから「無所属難民」の道を選んでいるのだ。

　低廉な労働者を大量に近隣から招いておいて、そのくせ市民権を与えないので、内戦になってしまった国もある。象牙海岸国(コートジボワール)は、ブルキナファソなどからコーヒー園や綿畑の労働力を70万人も呼び集めておいて、その福祉については顧みなかったことのツケを、これから支払うであろう。

アフガニスタン情勢

完全撤退も不可能。増派も不可能

多国籍軍は 2014 後半にアフガンでの戦争をやめた。

オバマ大統領は、最盛期には 10 万人置いていたアフガンの米兵を 1 万人前後にまで減らした。

2015 年 3 月時点で、米軍人は 1 万 600 人、米国籍民間人が 4 万人いる。オバマ政権の側近の「癖」として、とにかく名目的にも米軍人を 9000 人台にして、「有権者のみなさん、こんなに減らしましたよ」と印象づけたいことであろう。だが「民間人」の多くも、私設戦争会社的な支援をしているのである。

米空軍は、CAS 協力は低調ながら続けている。1 日に 2 ソーティ（離陸から着陸まで）。2014 年には 10 ソーティだった。

米軍はアフガニスタン政府軍に、ヘルファイアを発射できるプロペラ駆動の固定翼機（第 2 次大戦中の P-51 のコンセプトで、ブラジルで設計しなおしたもの。エンジンはターボプロップ）と、ロケット弾を発射できるヘリも供与している。こうした軽戦闘機による「自前の CAS」ができるようになった時点で、米空軍にも足抜けをさせたいところだ。

しかし、完全撤退はずいぶん先の話になってしまうだろう。さりとて米国には、この地域にまた大兵力を送り込むような「気力」が、もう残っていない。

2015 年中にアフガンから米軍は全員撤収するという予定は、とうてい実行不可能である。オバマ大統領は前言を撤回する責任を、カーター国防長官に被せるつもりだろう。

タリバンは反米ではなかった

　タリバンと米国が、カタールにおいて密かに会談してるんじゃないかという噂が 2015 年 2 月に伝わった。

　それは事実であることが 5 月には推断可能になった。米政府はカタールにタリバンの使節を招致し、現アフガン政府や米軍と「手打ち」をさせる終戦の交渉を進めている。

　タリバンの使節はまた、イランをも訪問しているという。議題は、共通の敵である IS 対策だという。

　ホワイトハウスも、タリバンのことを、テロリスト機関と呼んだり呼ばなかったり、姿勢のふらつきを示すようになった。

　タリバンは北部（タジク、ウズベク、トルクメン系が住む）では他部族懐柔のための穏健路線に努め、女子の通学を認めるまでに「世俗化」もしている。

　南隣のパキスタンで宗教過激派による学校襲撃がときおりあることと比べて不思議な気がするが、アフガニスタン国内での米軍（女子教育推進）や IS 運動（児童教育などすべて破壊）との人気取り競争に迫られた結果だと考えれば腑に落ちる。

　米軍の特殊部隊は、確かにアフガン庶民の人心を収攬（しゅうらん）したようである。彼らはパシュトゥーン人の地区ではパシュトゥーン人の言葉を学び、現地語で現地人と交わった。その地道な努力は無駄ではなかったのだ。

　今のカブール政権を、タリバンは少しもリスペクトしていない。最初から腐敗・堕落している「いつもの政府」のひとつだからだ。しかし米軍については、その道徳性も併せてリスペクトするようになった。アフガニスタンの長い歴史を通じ、こんなことをなしとげたのは米軍特殊部隊だけである。

　じつは、タリバンの 2001 年以前の運動には、今のように地元のドラッグ・ギャング（芥子（けし）栽培、アヘン精製、ヘロイン精製およびそ

の密輸出で多額の外貨を稼いでいる）たちと結託するような汚れた志向性は無かった。むしろ、清貧を追求した復古運動であった。だからこそ初期にはイスラム教圏人すべてに斬新な衝撃を与えて、ボコハラムなどの模倣グループを簇生(そうせい)させる影響力も発揮できたのだ。

タリバンは、1995年にパキスタン内で、サウジアラビアの資金によって結成されている。

がんらい「部族」しか安全保障を委ね得るものがないような地域で、腐敗した、または敵対的な世俗政権（カブールおよびイスラマバード）や他部族から、パシュトゥーン族（アフガン南部からパキスタン北部にかけて住む）の古い生活スタイルを防護したいという成人男子住民のモチベーションに、宗教（スンニ派イスラム教聖職者）が応えようとした「攘夷鎖国＆宗教復興」運動であったろう。

彼らは、2001年以降、アラブ人のスンニ派のテロ組織・アルカイダの最高幹部（ビンラディン等）をかくまってしまったがために、米国政府からはアルカイダとまるで一緒くたの扱いを受けて来た。ビンラディン等、アルカイダの古参幹部は、アフガニスタンがソ連から侵略されていた1980年代に、CIAの手伝いとしてパキスタンを拠点にアフガン難民に武器を与えて、そのうえで一緒にアフガン領まで入ってソ連軍と戦ってくれたのである。アフガン人として、どうしてその恩義を忘れてよかっただろうか？

もちろんタリバンは、運動開始の時点では、世界中に迷惑をかけようなどという志向を持っていない。たとえばアラブ人やイラン人やアルカイダ系テロリストのような「反ユダヤ主義」は、アフガン人には無いのである。イスラム教圏で反ユダヤでないということは、ほぼそのまま、反米でもないことを意味する。

こうした事実を、米国の軍事国策を日々立案しているオバマ大統領の側近たちに苦労して教えてやったのも、米軍の特殊部隊員たちだった。説得には、かなりの年月を要したが、ようやく、かたくな

なエリート側近たちが、聴く耳を持つようになったようだ。

米国は現代の豊臣秀吉か

　2001年のアフガン戡定作戦では、ラムズフェルド国防長官の先端的戦術があざやかに図に当たった。米軍が濃密なCASを上空から提供し、地上軍はごく少数の米軍特殊部隊員とCIA職員が導く軽装備の現地人歩兵部隊だけで、速やかにカタをつけたのだ。

　では、非パシュトゥーン族（すなわち非タリバン）の北部部族長たちは、どうして米軍に積極協力する気になったのだろうか？　じつは、米国は彼らに大金を与えて、対タリバンの武装蹶起を促していた。対テロ戦争では、札束もまた、勝利を呼び寄せる流れをつくるようである。

　その前の1980年代にソ連軍に対する抵抗戦争を続けたアフガニスタンのムジャヒディン運動（そこでビンラディンらアルカイダ幹部が育った）も、アメリカ政府が部族長らにまんべんなくカネを掴ませたから持続が可能だった。

　おそらく、カタールでのタリバンとの協議においても、アメリカの一つの有力な切り札は、「カネ」であろう。

ドラッグ・ギャングと携帯電話

　もし米軍がアフガニスタンから完全撤退し、もはやカブール政権をCASによっても後援しないとなったなら、アフガニスタンは即日に、「麻薬まみれの失敗国家」に堕すであろうことは、大方の関係者が予測できているところだ。

　アフガニスタンは、古代から芥子の大産地である。しかるにアラビア半島で成立したイスラムの経典には、〈アヘンを吸引してはならぬ〉とは書いてない。そこで、聖職者が説教によってその禁止を促さねばならなかった。

げんざい、シリアの「IS」や、ナイジェリアの「ボコハラム」や、イエメンの「フーシ」は、いずれも巨大な産油利権をめがけて、現地政府軍や他ゲリラ集団との抗争にあけくれている。
　しかし南部アフガンの「タリバン」には、獲得可能な手近な利権としては、ただ、「麻薬産業」あるのみなのだ。
　アフガニスタンには石油は出ない。天然ガスは、今日の技術ならば掘ればどこでも必ず少しは出てくるものであるが、アフガンの場合、損益分岐点を上回る採掘事業には、とうていならぬであろう。
　アフガニスタンの南部に割拠するドラッグ・ギャングの頭目たちは、タリバンよりも資金力がある。
　さすがに武力ではタリバンの全国組織に敵わないので、タリバンをその資金力で「手下」や「兄弟」に組み込もうとする。すでにその事態は進行しているようである。
　彼らにとって、カブール政府や、地方の役人に「ゴールドか鉛玉か（買収されるか、射殺されるか）」と迫って言うなりにさせることは、とてもたやすい。警察官だって、地元でメンが割れているし、家族も近くに住んでいるから、犯罪組織が文字どおり遍在しているアフガニスタンのような土地では、脅しや賄賂に抵抗できないのだ。
　アフガニスタンには有史いらい、「有力で機能的な中央政府」は、あったためしがない。伝統的に、軍閥やギャングのボスたちの天下だ。
　2002年以降、アフガンには西側諸国から多額の援助金が注ぎ込まれ、アフガン人たちは所得が増えた（インドも広義の対パキスタン政策と位置づけて、アフガンへは多額の支援を惜しんでいない）。それがすべて、アヘンやヘロインの購入に向かったそうである。
　いまやアフガンでは都市部中心に300万人近くもが、アヘンかヘロインの中毒者である。殊にアヘンは安く手に入るので、どんどん消費が増えているという。主産地は、南部ヘルムランド州とカンダ

ハル州だ。

　警察や軍隊でも、4割ほどの者は、ときどき麻薬をたしなむといわれるほどだ。

　タリバンに清新な指導力のあった1990年代後半には、タリバンはドラッグ・ギャングがその商品をアフガン内で捌(さば)くことを厳禁していた。そこでアフガン産のアヘンやヘロインは、全量が輸出された。アフガン産のヘロインは、東部国境からパキスタン領へ運ばれ、カラチ港から世界に卸されたのだ。

　しかし2001年末にタリバンが米軍によって逼塞させられてしまうと、麻薬に関する禁令も消滅した。たちまちアフガン国内が麻薬まみれになったという。

　ふたたびタリバンが地域の支配権力に昇格したところでは、こんどは聖職者たちまでが、栽培されている芥子(その実からアヘンが採れ、アヘンを精製するとヘロインになる)の不法輸出商権を、地方のボス(日本の荘園領主や小名のようなもの)と組んで握るようになって、堕落した。

　アフガニスタンの土地・気候で栽培可能な「農産品」で、芥子以上に儲かるものはない。地下資源を輸出するオプションが現実的ではない以上、芥子から他作目への転作は、農民の生活が今よりも苦しくなることしか意味しない。2001年以前、タリバンは芥子の栽培を禁じようとしていたのだったが、人々の経済慣行の実態をひっくり返すほどの力は、彼らにもなかった。

　そして米軍という強敵も国土から去った(特に空襲や村落強襲がなくなった)ことで、精神的な理想主義がすっかりどこかへ消え、いちばん儲かる商売としての芥子栽培とアヘン輸出に、ますますドライブがかかった。

　アフガンの「戦争季」は、冬と、播種時および収穫時を除いた期間である。タリバンは、そのシーズンだけ、麻薬を給料代わりにす

れば、若者を村から徴募できるという。

　タリバン内部で、現状のヒエラルキー（カネの分け前）に不満な子分が、タリバン組織から飛び出して（その口実には「IS入り」が使われている）、元タリバンのIS組系新参親分と、現タリバンの大親分たちの間で、麻薬権益をめぐる内戦が頻発している。

　アフガン内の「IS対タリバン」という報道は、ただのヤクザの広域シマ争いであって、もはや「教義」や「代紋」は何の関係もないのだ。

タリバンと抗争しているISとは？

　タリバン内部から、有能な指揮官が部下を連れて「IS組」へ逃亡するようになったのは2014年からである。ISの本領は「異端撲滅」だ。ただちに彼らはタリバンを偽のジハーディストだとして攻撃しはじめた。

　しかしそれらアフガンのISも、ドラッグ・ギャングとつるんでいることはタリバンと同じなのだ。というか、その利権をじぶんたちでいただこうとしているだけなのだ。

　中央アジアやチェチェンからタリバンに志願してアフガニスタンに入ってきた連中が「IS（イスラム国）」を名乗り、よくタリバンと抗争している。

　ISは、「タリバンはパキスタンの手先にすぎない」という。それは正しい。

　パキスタンの武装公安機関「ISI」は1970年代から、イスラムテロ・カードを対インドに使いはじめた（これで増長したテロリストたちが見境なくパキスタン内でもテロを働くようになった）。

「ISI」はついで80年代、アフガンからの避難民の宗教学生の中から、タリバンをつくりあげる。その目的は、パキスタンに親しい宗教独裁体制をアフガン全土に敷かせるためであった。ISIは有能で、

パキスタン内には麻薬禍を蔓延させていない。

　全体のスポンサーは、サウド家だった。サウジアラビアの資金で、バルチスタンの難民キャンプにワッハービズムを教える学校が建てられている。そして、もともとはラディカリストでもなかったアフガン人の中から、タリバンというラディカル運動を育て上げたのだ。

　ISIがワジリスタンで結成させたもうひとつのテロ・グループがハッカニである。ハッカニのトラックがワジリスタンから16トンもの爆薬をカブールへ運ぼうとしているのが2015年5月後半に警察にみつかった。アフガン市民はテロ・グループの動静を警察に通報するようになっている。テロリストはそれに報復したいのだ。

ゲリラと携帯電話の相性

　携帯電話は、有線電話網のインフラが未整備であったり、通信環境の遅れている国ほど、住民たちから歓迎されて急速に普及する。

　2003年のアフガニスタンには、携帯電話はほぼゼロであった。が、2009年には、成人の3人に1人が持つようになったという。そして今では、国土の9割で携帯電話が使える。国民の識字率36％といわれる同国で、これはたいへんな情報環境の変化であろう。

　しかしながら、世界各地のテロリスト集団にとっては、携帯電話はとても面白くないツールだ。

　なぜなら、住民がこっそりと国家機関に通報して警察軍等を呼び寄せるのに、必ず使われるからだ。だからISも、村落を襲ったときには1軒1軒家捜しをして住民の携帯電話をすべて没収しようとする。ボコハラムは、携帯電話の中継塔を倒してしまう。それによってますます住民から恨まれるだけなのだが……。

　アフガニスタンでは、タリバンが、「中継塔を倒さないでおいてやる代わりにカネをよこせ」と、電話会社を強請(ゆす)っているそうだ。

携帯電話会社は大金を持っているので、みかじめ料は払えるのである。

アフガンの未来は？

　中央政府による全国統制がうまくいっていたことがあったという過去の伝統や、その集団的な記憶の皆無な風土では、いずれすぐに部族間のゼロサム・ゲームのみが力学的に安定な常態となってしまう。

　そこでは、チャンスさえあれば「敵部族皆殺し」が選好される。妥協とか和解とかは、誰も信じないし期待もしていない。それこそが「智恵」なのだ。

　世界各地の後進国軍隊に稽古を付けに出張する米国の特殊部隊員は、こういう現実構造も皮膚感覚で把握できる。しかし、ペンタゴンの上層部に行けば行くほどに、その報告は無視されてしまう。首

陸封国家から軍用車両を撤収させる方法

　米国政府が頭を痛めている問題の一つが、総撤収で不要になるおびただしい軍用車両等を、どうやってアフガニスタン国外へ搬送すればいいのか、である。

　すべてヨルダンの港まで空輸して、そこから米本土まで海送するとなったら、費用は天文学的になる。さりとて、なにもかもをアフガン政府軍に寄贈してしまうのもためらわれる。どうせまたすぐに悪党どもの手に落ちることになるのではないか――という懸念が拭えないのだ。いっそ現地で爆破した方がいいのではないかという意見も出されており、真剣に検討されている。

　米軍が、輸送機で運搬するには重過ぎる装備や需品をアフガニスタンから引き揚げるためには、パキスタンのカラチ港まで陸送して貨物船で送り出す方法が、現実的であり、税金の節約になる。ただし理論上は「イラン・ルート」も考えられる。

都ワシントンで人々が心地よいと感ずる理想となじまないからだ。

　アフガンでは、他部族を裏切って蹂躙すること、自分たちに所有権のないものを略奪してしまうこと、ルールを無視して私益を追求すること等は、却って名誉とされるのだという逆転の価値観を、知らねばならない。要するに、「近代」の秩序観は存在しない。

　アフガン中部に分布するハザラ族（アフガン国民の19％）はモンゴルの末裔で、パシュトゥーン族（40％）とは不仲である。それもあってか、ハザラはシーア派を信仰し、イランとは親近だ。そのため、西へ巡礼に行こうとすると、タリバンに拉致される危険を冒さねばならないという。もちろん、ハザラ族にとって「反シーア」のISは、許せない敵である。

　イランは今のところアフガン領土に野心を持っていないけれども、その気になれば、アフガン情勢に干渉することもできる。そのさい、ハザラ族がイランにとっての「第五列」として働くことになるのだろう。

隣国パキスタンの辛い事情

　パキスタンのイランに近い南西地方を、バルチスタンという。ここにはパキスタン政府と敵対的な分離派（ただしスンニ派）がいて、2015年1月25日に彼らが2基の送電鉄塔を倒したところ、なんとパキスタンじゅうの8割もの地域で、大停電が起きてしまった。首都イスラマバードや、ラホール、カラチといった大都市が、軒並み機能麻痺したのである。

　2006年から07年にかけて、原油価格が高騰した。このときパキスタン政府は、電力料金をスライドで値上げさせぬよう、政策的に抑制した。ここからインフラの破綻が始まった。

　もともとパキスタンでは「盗電」があたりまえのため、収益の少ない電力会社に体力がつかない。ますます資金不足に陥って、グリ

ッドの新陳代謝ができなくなったのだ。

　中共は、イラン国境から72kmしか離れていないバルチスタンのガダール（Gwadar）港が、中東原油をシナ大陸まで陸路引き込むための良港になるとみて、その開発に意欲を示している。

　しかし、電力供給がこれほど不安定では、そこからパイプラインや鉄道を中共国境（カシミール地方）まで延ばそうとしても、機能するわけがない。

　ゆえに中共はパキスタン政府に電力インフラを改善しろと要求しているのだ。けれども、埒は明かないという。

　例によってバルチスタンの住民は、中共の土建プロジェクトから何の恩恵も受け取ることはできないので、今から不満である。

　イラン側では、インドが梃子入れをして、チャバハール港が開発されている。この港からアフガンに通ずる陸路は、カラチからパキスタン経由でアフガンに通ずるものより交通線として良好だという。

　ちなみにイラン国内にはスキャンダラスな大停電はない。インフラを正常に働かせるという事務能力においても、イラン人は、パキスタン人よりも遥かに優れている。イスラエル人から見れば、そん

パキスタン空軍の女性パイロット事情

　イラクとアフガニスタンへ出征した米軍の女性兵士は30万人を超え、うち700人以上が戦闘で死傷している。

　国を挙げてイスラム教を信奉するパキスタン軍も、将兵の0.7％に女子を混ぜている。

　おもしろいのは、パキスタン空軍が2009年から女子パイロットも採用するようになった事情だ。

　空軍のパイロットを1人育成するのには、後進国であっても年に5000万円ほどかかる。しかもそれを5年は続けないとモノにはならない。そんな男子パイロットたちが、パキスタンでは、もっと給与の高い民航の機長になるために、どんどん空軍を辞めてしまったのだ。

なパキスタンですら自力開発できた原爆を、有能なイラン人たちがいずれ開発できないはずはない。

頭の痛すぎるパキスタンの政治地図

　パキスタン人と他国人との間には、「合理主義の素養」においてギャップがある。それをはしなくも示した事件があった。

　2014年9月6日、パキスタン領内からアルカイダの分派が10人、複数の小型ボートに分乗してカラチ軍港に現れた。そしてドック内にあったパキスタン海軍のフリゲート艦に乗り移り、そこで水兵たちと6時間の銃撃戦になって、制圧された。

　彼らがやすやすと軍港の奥まで侵入できたのは、パキスタン海軍内に買収された者がいて、警備を緩めたからだった。別に8名の海軍将校が、事件後に逮捕された。

　しだいに驚くべき真相が明らかになる。彼らはフリゲート艦を乗っ取って、それでカラチ港内のアメリカ海軍の軍艦（真偽不明）を攻撃しに行こうと考えていたらしいのだ。そもそも、いかに4人の海軍将校が有能であったとしても、それだけで1隻のフリゲート艦を動かすことはできない。プロ将校なのに、そんなことも分からなかったのである。

　首謀者は、テロリズム支持を公然と表明してパキスタン海軍から追い出された元将校だという。そやつが3人の現役将校（パキスタン海軍の少尉～中尉）を誘い入れた。

　インドとパキスタンは、政府間では話し合いのチャンネルが機能している。たとえば毎年、両軍の核兵器の所在地を教えて、そこは互いに攻撃をしないでおこうという合意が更新されているのだ。

　カシミール地方の国境線紛争地についても、印パ両政府は銃撃や砲撃を止めるという協定をしている。しかしパキスタン軍はしばしば勝手にインド軍を射撃する。

このような行為にどんな意味があるかというと、パキスタンは文民統制の国ではなくて、パキスタン軍はパキスタン政府の意思とは無関係に行動ができるのだ。インド国境で緊張をつくりだすことで、パキスタン軍は政府から予算を削られないようになると信じているらしい。
　印パ国境の紛争では、被弾した者の２割は死亡しているという。

イランの情勢

恐れられるイランの底力

イランは今でも中東地域で恐れられる理由がある。

アラブ産油国は、過去半世紀、巨億の国家歳入がありながら、いまだに食糧は自給できておらず、労働力も移民だのみだ。

しかしイランは、国外から労働者を輸入する必要がないし、必要な技術者もほぼ自給できている。人工衛星も独自に軌道投入している。このうえイランに足りないのは、原爆だけなのである。

イランとパキスタンは、年額10億ドルの交易をしている。これをもっと増やすことで両国は合意している。パキスタンは、イランと仲良くしておくことで、もしインドと戦争になったときには、イランを仲裁人に頼めるかもしれないと考えている。

イラン軍の用意周到さ

イランは2015年2月にも国産のロケットで「偵察衛星」を打ち上げてみせた。ただしそのカメラの解像度は低く、周回寿命も18ヵ月程度だと見られている。

今日、その程度の空撮写真が必要なら、こっそりと外国人に「グーグルアース」を注文してもらえばよいだけである。イランの宇宙ロケット打ち上げは、写真偵察に目的があるのではなくて、長距離弾道弾を開発するためのステップなのであろう。

イランは、ほとんどの科学技術者を国内からまかなえるところが、「準先進国」の面目だ。最近では、イラン独自の航法信号システムの実験までしているという。つまりイラン軍は、有事には米国がGPSサービスをイラン上空でだけカットをしてくる事態を予期し、

それに備えようとしているのだ。

　果たして日本の自衛隊は、日本周辺で米国のGPSがまったく使えなくなったときでもなお粛々と戦闘を継続できるような「備え」を研究し、用意し、訓練までやっているだろうか？　疑問だ。ちなみに米軍は、GPSが使えなくなった状況下での演習というものも、ちゃんとやっている。

核交渉も巧みに乗り切り中

　イランがウランを地下工場で高度に濃縮してそこから原爆をつくろうとしているという理由で、国連はイランに経済制裁を加えている。制裁決議を主導したのはもちろん米国だ。

　制裁を解除するかどうかの、米国とイランの交渉は、延々と続いている。

　イスラエルは、外国が随意に「予告無し、場所制限無し」の徹底した査察をイラン国内の疑わしいすべての施設に対して実施できないような「イランとの合意」ならばそれは無意味であり、それでは早晩イランは核武装すると信じる。

　だが立場を逆にし、イスラエルが独立国としてそのような査察を受け入れられるかを考えたら、この交渉の多難さがわかるだろう。

　米国等が対イランのさらなる制裁をするかどうかは2015年7月頃に定まりそうだが、イラン国内では、〈その締め切りはどうせ延期される。しかも制裁は回避される〉と春からすでに予言されているという。

　GCC諸国は、いっそイスラエルがイランを核攻撃してくれないだろうかと、願うようになっている。

イランのスペツナズ

　2014年にドバイ（エミールが支配するアラビア半島北岸の7つの商

港都市国家で構成するUAEのひとつ）で警察官が逮捕された。彼は、イラン外交官に情報を提供し、見返りとして、イラン人が経営する病院で彼の妻を格安で診療してもらっていた。イランが求めた情報は、ドバイ警察内部にある、シーア教徒住民の名簿であったという。

　イランもまた、ロシアのスペツナズのような、近隣国内に第五列を組織させるための、専任の特殊工作部隊をもっている。それが前に述べた「クッズ」だ。

　彼らは、海外で情報を収集し、エージェント網を構築し、住民になりすましてデモを煽動したり、現地政権を動揺させるためのいろいろな工作をこなす。

　全世界のイスラム教徒のうち15％はシーア派であるから、クッズはたいていのスンニ派国家の中で、反政府運動をひそかに組織することが可能だ。

　国外各地の言語をあやつれるインテリからなるクッズ隊員は、世界をシーア派に変えるという最終目的のために挺身する。彼らは、シーアの聖職者が世界の独裁者になるべきだと心から信じているのだ。

　レバノンではシーア派はマジョリティではなかったのに、イランはそこを親イランに仕立てることができた。レバノン人口の3分の1を占めるシーア派の住民から、ヒズボラという組織をつくりあげたのも、クッズ部隊の手柄なのだ。

　クッズは、「レバノンの次はヨルダン工作だ」として、力を注いでいる。

　またイランは、イエメンでも工作を成功させつつある。サウジアラビア陸軍の防備努力がイエメン国境（メッカ方面）へひきつけられてしまえば、ペルシャ湾の対イラン正面は手薄となり、クッズの多角的な工作も、やりやすくなるであろう。

　クッズのイラク担当班は、サダム時代にイランに逃亡してきたシ

ーア住民を、イランの工作員に仕立ててまたイラクへ送り返していた。

しかしシリアで 2012 年に反アサド（反シーア）の武力運動が始まるのを、クッズは阻止できなかった。これはイランの大失点であり、イスラエルの得点であった。

イランにとって、ヒズボラとハマスを養うのは小さな金銭負担ではない。それにまた新たにイエメンが加わることについて、すでに生活苦を覚えているイランの納税者は、必ずしも喜んでいない。「革命を輸出する」というイランの理念と意気込みは、戦前のコミンテルン（ソ連）によく似ている。おそらくソ連崩壊前のロシア民衆も、対外援助工作などもう大概にしてくれ、と思っていたことだろう。

ただ、イエメンのシーア派ゲリラに直接に武器や軍需品を渡すことは、国連決議によって誰にもできなくなった。別にイランが国連決議を尊重するわけではない。その決議を錦の御旗とし、米海軍がイラン船を洋上でブロックするからである。

イランはバーレーン内のシーア派テロリストにも爆弾素材を提供している模様だ。2015 年 3 月に、イラクからクウェート、サウジを通ってバーレーンまで運行されるバスの途中臨検で、乗客の荷物の中から、雷管 141 個と数個の携帯電話（起爆信号送信機）が発見されたのである。

2014 年に米国西部の町ラスベガスのカジノにハッカー攻撃があった。米国 NSA は、これはイラン政府の仕業であると断定した。ただ、そのセクションがクッズなのかどうかは、はっきりしない。

イランは、国内治安維持用の武装公安機関としては「IRGC」をもっている。その中核隊員は 10 万人で、フルタイムで待機し、国内の反政府運動を即座に鎮圧する用意をしている。

もしも、もっと規模が大きい街頭デモが発生した場合には、臨時

雇いの「バセジ」という集団も動かすという。彼らの正体は、汚れ仕事を厭わない熱心なイスラム教徒の若者たちだ。ただし、武器を持たされることはない。素手か棍棒で任務を果たすのだという。

イランの機雷戦力を占う

1980年代の「イランvs.イラク戦争」のとき、イランは機雷を使用したくなかった。

当時、イラクは全アラブ諸国から資金や物資を援助されていたけれども、イランは自身で石油を売り続けて稼がぬかぎり、戦費を賄えなかった。だから「ホルムズ海峡に機雷を敷設する」というオプションは、イランにとって論外だった。イランに収入をもたらしてくれる原油タンカーも、動きを止められてしまうからだ。

しかしイラクが84年に先にタンカー攻撃を始めたので、双方でミサイルや機雷を使う泥試合になった。88年まで続いた「イランvs.イラク戦争」中、500隻以上の民間船舶が攻撃を受けている。被害商船のうち61％がタンカーで、その攻撃された全タンカーのうち、沈んだり航行不能になったのは23％であった。触雷は軍艦と商船あわせて12隻にのぼっている。

それにしても、ペルシャ湾を通航する全船舶のたった2％にしか害はおよばなかった——というのが「イランvs.イラク戦争」の総括である。ちなみに、げんざい、ホルムズ海峡を通過するタンカーは1日に20隻弱だという。

ペルシャ湾に本格的に機雷が仕掛けられた場合、どうなるのかは、誰にも予言はできない。

ペルシャ湾は、いちばん深いところでも90mしかない。平均は50mである。深さ30m以上の海面では沈底機雷はほぼ無効であろうが、繋維式機雷にとって90mくらいの深度は好都合であろう。

商船も軍艦も、いつも深いところだけを航行しているわけにはい

かない。港を利用するためには、商船は、沈底機雷が有効な水深26m未満の航路を厭でも進まなければならない。軍艦だって、陸上の軍事作戦と呼応するように命令されたなら、沖合の浅い海面に位置しなければならぬことは普通にある。そのため1991年の湾岸戦争では、イラク軍が仕掛けた沈底機雷（イタリア製）に米海軍の艦艇複数がひっかかってしまって、海兵隊をクウェートに上陸させようというプランが取り消された。機雷の脅威がある海面だというだけで、アメリカ海兵隊すら、もう近づけないのだ。

　しかし2003年に米軍がイラク本土に侵攻したときには、イラク軍は湾岸戦争のときと違い、機雷を敷設する時間的余裕を与えられていない。これは重要な教訓である。

　湾岸戦争のときは、米軍率いる多国籍地上軍が沙漠を攻め上る前に何週間もの準備が必要だった。その間、空からの爆撃だけが延々と続けられていたが、夜間の海面の監視は不徹底だったのだろう。イラク兵はその隙を利用したのか、あるいは、陸上からクウェートに攻め入るのと並行して、早々と海中にも機雷を撒き始めていたのかもしれない。

ペルシャ湾における米海軍の掃海体制

　米海軍の掃海艇は『アヴェンジャー』級といい、げんざい、ペルシャ湾のバーレーンに4隻、佐世保に3隻、サンディエゴに6隻を置いている。磁気機雷にひっかかりにくくするため、固定武装は重機関銃のみだ。

　木造に薄鋼板を張った、この1400トンの『アヴェンジャー』クラスに、米海軍は、対沈底機雷用の最新式ソナー「AN／SQQ-32（v）」を取り付けようとしている。海底のゴミや天然物体を、「機雷ではない」と識別することができるという。

　このソナーを小型化して、新鋭のLCS（浅海面を高速機動できるフ

大湊の乾ドックで整備中の掃海艇『ながしま』。設計上、高速を出せない掃海艇をペルシャ湾等まで素早く赴かせるには「重量物運搬船」という特殊な低甲板船に艇ごと掬い上げてもらって行くのが合理的だ。今後、海自は自前でそれを保有すべきであろう。

リゲート艦。米海軍はシンガポールに常駐させている）に搭載しようという目論見は、しかしすでに破綻した。せっかくのLCSが掃海艇代用とならないために、米海軍はこれから当分、旧くて数も不十分な『アヴェンジャー』級に頼るしかない。有力な掃海艦艇を擁する海上自衛隊がホルムズ海峡有事に呼ばれるであろうと考えられる理由は、ここにある。

 対潜用でも、掃海用でも、一定性能のソナー・システムを欲するのならば、軽量とかコンパクトとかの要求は、諦めるしかない。これが、米海軍の試行錯誤を外野から観測して得られる、最先端技術の実相である。

 ペルシャ湾に出向している『アヴェンジャー』級掃海艇は、使い捨て式掃海ロボットの「シーフォックス」を装備している。ソナーで見当をつけた沈底機雷まで、有線リモコンで航走して、カメラで本物の機雷かどうか確認した上で自爆。誘爆によって機雷を処理できる。

 米海軍の保有する大型の掃海用ヘリコプターである「MH‐53E」だけが曳航できるスレッド（繋維機雷のチェーンを切断するカッターを水中でひきずるもの）を、AMCMという。これを軽量化して、中型ヘリで曳航できないかという試みも、失敗している。LCSのヘリ甲板には中型ヘリしか降りられないから、ここでもLCSに掃海任務など務まりはしないことが確認されつつある。つまり、もはや海上自衛隊が助っ人に出るしかないのだ。

 ヘリコプターから、沈底機雷を探知するセンサーの格納体を水中で引きずるというシステムもある。やはり、MH‐53Eから引きずるものが、今のところ、最高性能だ。米海軍は、除籍間近だった旧い強襲揚陸艦を改装して、MH‐53Eの臨時母艦にして、ペルシャ湾上に浮かべている。

 テロリストが好みそうな「浮流機雷」を、中型ヘリコプターに搭

載できるセンサーで効率的に探索する新開発の装置が、「ブルーグリーンレーザー」だ。ただしその光は水面直下までしか透過しないので、沈底機雷や、大深度から上昇するタイプの機雷が敷設された場合は、どうしようもない。

　沿岸で掃海中の艦艇に向けて、陸上から地対艦ミサイルが発射されたらどうなるか？

　そのような戦例は、過去に一度もない。しかし今日のイラン軍は、中共製の地対艦ミサイル「C‐802」（射程120km、弾頭重量150kg）をコピー生産しつつある。

　掃海艇は駆逐艦と違って、飛んでくる敵のミサイルを叩き落とす自衛システムを何一つ備えていない。エンジンも（磁気を小さくするべく）小さなものだから高速は出せない。イランの得意とする、多数の小型高速艇をもってする「スウォーム（群集）攻撃」をしかけられた場合、逃げられないわけだ。そのリスクが予想されるだけでも、当該海面での非常な時間を要する沈底機雷の掃海は、諦めるしかないであろう。

イランの腐敗と麻薬

　シーア派の人々の生活のなかには、7世紀から始まるイスラム教より以前の土着宗教であったゾロアスター（拝火教）的なものがまだ残っているという。

　イランで旧暦の新年を火で祭る「ノウルズ」という奇習がそれだ。4000年前の拝火教徒の伝統行事だという。

　拝火教は、地面の穴から噴き出す天然ガスに火がついて、それがいつまでも燃えているという風景のある土地柄（つまり大昔のペルシャ）で、自然に発生した。

　イランの聖職者たちは、この古い土俗を禁じようと過去20年いろいろやってきた。が、効き目はないそうだ。民間習俗がそんなに

簡単に抹消可能なものならば、シーア派がスンニ派へ宗旨変えしたり、イスラム教徒が棄教することだって可能になるだろう。人間社会は、合理主義だけでできてはいない。

今日、政府（大統領）が決定したことを、そのあとから教会（○○師と呼ばれる上級聖職者の集まり）が拒否権を行使して覆すことができるという政体は、イスラム教圏の中でもイランだけだ。

そのイランでも、大衆が聖職者階級にうんざりするようになってきた。多くの聖職者が既得権亡者になり果てているのだ。絶対権力は、ここでも絶対的に腐敗したのである。

すでにイランでは出生率は急落。逆に麻薬中毒者は漸増し、あちこちで、イスラム教会支配政体に対するプロテスト表現も顕在化するようになった。

若い国民の士気も低下している。彼らは経済を知らない腐敗した聖職者の国政指導にうんざりしているのだ。

イラン政府は、国内の携帯電話とインターネットも厳しく規制したいところなのだが、石油の国際取引で立国してきたイランにとって、通信規制など不可能に近いようだ。

国連の経済制裁を受けているイランは、インドとのバーター貿易でかなり助かっている。インドは、パキスタンを牽制するために、アフガニスタン政府だけでなくイラン政府も堂々と支援するつもりである。インド自身、国内に住むイスラム教徒の数が、世界で3番目に多いのだ。

ロシアもインド同様に、イランとの非公式の通貨組合を結成している。

2015年3月時点では、イラン政府は月に14億ドルの原油輸出収入を得ている。だがそれは、イラン政府の毎月の支出金額よりも少ない。

そこでイランは、油井の更新や維持のための積み立て資金を、取

り崩しつつあるという。2016年用としては620億ドルを分けて置いてあったが、すでに8％は使い込んだという。

イラン政府による石油の密輸出の努力は必死だ。というのは、油田の経営というものは、毎年あらたに井戸を掘り続けることによって維持ができるからである。その継続投資のためには莫大な政府資金が要る。そのカネは天から降って来ない。

ちなみに、この油井更新のコストの低さでサウジとクウェートは断然に優越しているので、世界の原油市況が上がろうが下がろうが、他の産油国よりも不安なく泰然としていられる。すぐ北隣で苦労して油田を経営していたサダム・フセインは、それも許せなかったのだろう。

イランでは、既存の油井も、設備の新陳代謝ができないために機能が麻痺しつつある。核ミサイル開発を疑われて国連から経済制裁を受けているイランは、これら掘削用の器材までも、中共企業からこっそりと調達するしかない。中共は、核兵器が中東で拡散することは、米国を間違いなく弱めることになるので、大いに歓迎だと思っている。外相までがイランを訪問して公然と協力関係を構築している。とっくに核武装しているパキスタンがますます中共の子分のようになっていることが、こうした北京の政策を助長している。

イランは50万人ものアフガン難民を自国内に受け入れている。かつてペルシャ帝国は、今のアフガニスタン東部を領有していた。イラン人の気位は周辺国よりも高く、帝国的である。米軍のプレゼ

イランの酒事情

初期のイスラム教がアルコールを禁じたのは、当時の中東ではワインによる酔っ払いが社会問題となっていたからだという。イランは、イスラム教がやって来るより数千年も前から、ワインの名産地であった。とうぜん、今でも地酒が密造されて地元で消費されているのだ。

ンスが消えれば、アフガンにもイランの力が及ぶだろう。
　イラクにシーア派政権が樹ったあと、イランはイラク政府に武器を売るようになり、2014年にはその額は1000万ドルであった。またイランはイラク内にフロント企業を自由に設立し、そこで闇商売を展開してハードカレンシーのドルを稼ぐようにもなった。そのドルで、イラン軍の欲しいモノをせっせと密輸入している。
　イラクの南部には「シーア派の聖地」がいくつかある。例年、その祭礼の期間（40日ほど）には100万人以上のイラン人もやって来るという。それに関してイラク政府は入国査証を求めない。
　イラン政府は、もしこのシーア聖地をISが破壊しようとすれば、イラン国軍を出すと以前から声明している。
　ちなみに、イラン人がサウジアラビアのメッカに巡礼することは可能であるが、そのさいサウジ警察はイラン人巡礼たちに非常なイヤガラセを加えるそうである。

Military Report
米軍編

この地域の概況

　米国は、2015年以降にアフガニスタンに駐留させるのは、1万人未満の米兵と、3000人程度のNATO兵にしたい。
　そしてアフガン正規軍に対する支援は、CASの他、負傷兵のエバキュエーション（総撤収）だけに限りたい。しかし現地の実情は、これをゆるさないと思われる。
　次の合衆国大統領選挙は、2016年11月に全国投票がおこなわれる。有力政治家たちの関心は、すっかりそこに集中している。

ワシントンの動向

二重規準

　近代法治国家の指導者として、法解釈や法適用にダブル・スタンダードを露骨に採っては、非難を蒙ることは免れない。米国には愛国者法（Patriot Act）という連邦法があり、テロ・グループの収入になってしまうような身代金の支払いは違法である。人質の家族には常に政府からそのことが警告されるのである。

　しかるにオバマ政権は何をやらかしたか。脱走兵となってタリバンにわざと捕まった疑いが濃厚なバーグダール陸軍軍曹（Sgt. Bowe Bergdahl、白人）を取り戻すために、アフガン人の使者とやらに大金を手渡し、それを持ち逃げされてしまい、さらにキューバのグァンタナモ拘置所から、タリバンの指揮官級のテロ容疑者５人を釈放してやったのである（2014年5月31日）。

　バーグダール軍曹は、ほぼ間違いなく脱走兵だ。2009年6月30日に、じぶんからタリバンに捕まった。その捜索に出た仲間は大きな危険にさらされた。しかるにオバマ大統領は、解放されたバーグダールの両親を訪問してマスコミ向けに祝福した。これに対してミリー陸軍大将は、バーグダールを軍規違反でただちに処分した。おそらくヘーゲル長官も、内心では不愉快でたまらなかったろう。

　こんなことをやっていながら、日本人が2015年にIS（イスラム国）に捕らえられて騒ぎになった折には、米国務省が「テロリストとは捕虜交換や身代金支払いの取引をするな」と日本政府に向かって指図してきた。共和党がオバマ大統領をいろいろ攻撃するのにも、理由があるのだろう。

　ちなみにバーグダール軍曹と交換されたタリバン指揮官５人は、

1年間の禁足を解かれ、現在、完全に自由の身である。

　大勢の命を1人の命より優先しないということは、責任ある政府にできることじゃない。しかしオバマ政権は、それを敢えてするのが有権者向けの人気取りになると錯覚したようであった。

米軍の脱走兵事情

　米軍は大所帯だけあって、脱走・逃亡は日常茶飯事である。

　2001年からこのかた、数万人が脱走している。2006年以降だと2万人だという。2005年から2007年にかけて米軍はイラクに大量増派する必要があって、予備役登録者が根こそぎ召集されたことが背景にある（新兵も募集に努めたが、質はガックリと落ちた）。

　そのうち2014年までに訴追されたのは1900人のみ。被告の半数以上は、罪を認めている。

　戦地における敵前逃亡は軍法上の重罪だが、ほとんどのケースは、本土や欧州の駐屯部隊が中東激戦地へ移駐する直前に姿をくらましてしまう脱営や、米本土在住の予備役兵が召集令状を受け取っても出頭しないで外国等へ逃亡してしまうというパターンだ。妻子の事情があって、軍営をこっそり抜けた兵もいる。

ヘーゲル長官の革職

　かつて選挙スタッフとして1980年の共和党ロナルド・レーガン候補の大統領当選を実現し、みずからもネブラスカ州選出の連邦上院議員を2期（1996〜2007）つとめているヘーゲル国防長官は、2014年11月16日、故・レーガン大統領の墓を詣でて、その場で記者たちに語った。

　〈米国はもはや、予算の規模で敵を圧倒することはできなくなった。予算を切り詰められた制約下で、ゲリラにも勝利できる大戦略・DII＝ディフェンス・イノベーション・イニシアチブを考えようで

はないか〉と。

　その8日後に、ヘーゲル氏は国防長官を辞任する意向を表明した。レーガン時代のSDI（戦略防衛イニシアチブ。宇宙軍拡にソ連を巻き込んで、予算の足りないソ連体制を倒した）をもじった「DII」が、彼の現職閣僚としての遺言だった。

　2013年2月に、オバマ政権の3人目の国防長官として指名されたチャールズ・ヘーゲル氏は、大統領（およびその有力側近たち）の忠実なイエスマンを演じてきた。

　しかしシリアのアサド大統領やISに対するオバマ大統領の方針がフラフラするので、フォローし切れなくなった。

　オバマ大統領は、シリア国民を奈落の底に突き落としているアサドがもし毒ガスを使ったらそれは「レッド・ラインだ」と大見得を切っていたのに、アサドがじっさいに毒ガスを自国民の上に使用するや、攻撃命令を下すでもなく、連邦議会が事前に空爆を承認すべきだと逃げを打った。ついでISがシリア国内の異民族等を虐殺し始めるや、やはり米軍をISにぶつけるのをためらい、ISに比べればアサドの方がマシではないかと考えているかのようだった。

　ヘーゲル氏や高級軍人たちは、「反アサドで反ISのシリアのゲリラ・グループを米軍が本腰を入れて後援するべきだ」と信じていた。マケイン氏ら共和党の外交通も概ねそうだ。

　腰の引けていたオバマ氏はとうとう、みずからの本心からの理想（米軍は中東からはぜんぶ去らせるべし）を捨て、現実的な新路線（中東に米軍は干渉し続けねばならない）を、厭々ながら採用せねばならなくなった。

　そこで、このさいヘーゲル氏を解任することで、中近東の悲惨な情勢が改善されていないように見えるのは大統領が臆病で無定見だったからではない、という体裁を、世間向けに取り繕った。

マイクロ・マネジメント

　ヘーゲル氏とは親しい、連邦上院軍事委員会の長老・マケイン議員（共和党・アリゾナ州選出）は、〈大統領の側近どもが、国防長官に何ひとつ任せないで、海外軍事政策を四六時中こと細かに管理しようとするのに、長官が嫌気がさしてしまうのだ〉と説明している。

　その話は、ゲイツ元国防長官（ブッシュ政権からオバマ政権へ居続け留任）やパネッタ元国防長官（オバマ政権の第2代国防長官。在任2011年7月1日〜2013年2月27日）も、講演や回顧録で一致して指弾しているところだ。

　オバマ氏が大統領として初めてアフガニスタンを訪問したとき、ゲイツ長官はカブール市である発見をして驚いた。ホワイトハウスの安全保障補佐官からの直通の電話回線が、現地の特殊部隊作戦の司令部に引き込まれていたのだ。

　ただちにゲイツ氏はその回線を切断させた。そして指揮官たちに申し渡した。もしキミのところにホワイトハウスから電話がかかってきたなら、キミは「死ね（go to hell）」と返事をして、すぐにわたしを電話で呼び出しなさい、と。

　そもそもオバマ氏は2008年の大統領選挙中の公約で、就任してから1年4ヵ月で米軍をイラクから完全撤退させると言っていた。その指揮は、前の政権でイラクに最後の米兵大増援をさせている政策責任者であるゲイツ国防長官にとらせるのがよさそうであった。ところがオバマ氏が驚いたのは、ゲイツ氏が、アフガニスタンにも米軍をむしろ大増強しなければなりません、と説いたことだ。オバマ大統領は渋々承知し、おそらくゲイツ氏に続投を頼んだことを後悔し始めた。

　2011年5月のビンラディン殺害作戦をパネッタCIA長官（当時）が仕切って大成功させたことで、オバマ氏はゲイツ氏に訣別を申し渡せる好機を摑んだ。ゲイツ長官は事前の作戦会議で、特殊部隊の

長駆突入作戦はうまくいくものではないから、むしろＢ-２戦略爆撃機から１トン爆弾多数を叩き込んでアジトごと吹き飛ばしてはどうかと反論していたのだ。

　後任に指名されたパネッタ長官（CIA長官から国防長官へ横滑り）は、2011年末に米軍のイラクからの完全撤退を実現した。が、2012年には、ヒラリー・クリントン国務長官（当時）とともに、シリアの反アサド派のゲリラに武器を渡すべきです、と大統領に進言する。それはしかしイスラエルの希望そのまんまのように思えたのでオバマ氏は拒否し、「イスラエルに批判的」だとの評判のあったヘーゲル氏を、パネッタ氏に代えて国防長官に抜擢した。アサドによる毒ガス使用（「レッド・ライン」越え）事件は、その後である。

　がんらいオバマ氏はイスラエルには冷たい。ミドルネームが「フセイン」であるオバマ氏の選挙運動にユダヤ人団体が冷たかったことへの意趣返しかもしれないが、おそらくは信念だろう。

　大統領に就任直後、アラブに関した演説の中で、〈イスラエルの建国は法的に疑問があるけれども、ホロコーストがそれを正当化した〉と言った。聞いたイスラエル人たちはかんかんに怒った。イスラエル政府の理屈では、もともとじぶんたちの土地だから権利があるのだと世界に認めさせたいのである。

　2014年にはオバマ氏はフランス大統領に向かい、「ネタニヤフにはうんざりしますよね。オレなんか毎日あいつと仕事をしなきゃならないんだ」と私語したのをマイクで拾われてしまっている。

　パネッタ氏は、シリアの人民の惨状を放置できないと思った。イタリア移民の子として若いときから人道的公正の政治実現に情熱を燃やし、70年代に共和党から民主党へ政党を変えているパネッタ氏が見るところ、オバマ氏は政敵と正面から戦うことにはしり込みをするタイプである。自分自身の思う正義のためにあらゆる味方を糾合するんだという意欲が足りない。そして大国の指導者として

のあるべき情念を忘れて、1人の法律専門家の理屈の範囲内にひきこもってしまうのだ、という。

オバマ氏は2014年8月8日にイラク内のIS拠点に対する空爆を開始させた。しかしシリア内への空爆は依然としてためらい続けた。イスラエルは米国とは無関係にシリア国内のアサド政府軍の兵器庫（ロシア製の高性能地対空ミサイルやイラン製の地対地ミサイル）を独自判断で空爆している。2007年には北朝鮮からシリアが輸入した原子炉（核爆弾工場）も空から爆砕している。

2014年9月、やっとオバマ大統領がシリアを空爆するという重大決定を下したのは、側近のデニス・マクドノーと歩いているときであった。ヘーゲル長官は、事後にそれを伝えられただけだった。

大統領の側近（補佐官等）は、安全保障関係だけでも270人もいる（ブッシュ政権時代よりも70人増えたと）。閣僚たちには省務があるが、側近は常に大統領に寄り添って、臨機随時に助言し得る。影響力はとうぜんに圧倒的だ。

ヘーゲル長官とオバマ大統領が面談して決めた話を、直後に側近が変更させてしまうことなどザラであり、それを心配したヘーゲル氏は、大統領に念押しの電話を必ずかけていたという。

また安全保障会議の席上で、国防長官の意見を側近がピシャリと斥けることもよくあったという（そんなマネができるのは、スーザン・ライスかマクドノーのどちらかだろうが）。

こんな政権でお飾りの閣僚となって職務をこなし続けられるのは、生まれついての「政策オタク」だけだ。それは、アシュトン・カーター氏の身上であった。

4人目の新国防長官

ヘーゲル長官の後任として指名されたカーター氏は、2015年2月17日に就任宣誓した。その時点で60歳。初めて、ポスト・ベト

ナム世代といえるアメリカ人が、国防長官になったのだ。

　フィラデルフィア生まれのカーター氏の亡父は神経科の医師で、海軍で診療したこともある。当時、いくら神童でも、マサチューセッツ州のグロトン高校（寄宿制）へ行かなければ、東部の地方のコネなし少年は天下を狙えないと言われていたのに、アシュトンは身をもってそのジンクスを打破してみせた。ヒッピー全盛の1970年代を、ベルボトムとも長髪とも無縁に過ごしていたという。

　大学はむろんハーバードだが、イエール大学で中世史と物理学も取っている。理論物理学の博士課程はオクスフォードで。軍歴こそ無いけれども、MITの軍事実験委員会の顧問などになっている。

　第1期クリントン政権でカーター氏は国防副長官に就任した。旧ソ連の核弾頭を流出させない手立てを、彼が講じた。

　1999年に当時のウィリアム・ペリー国防長官と共同で著わした『予防防衛（*Preventive Defense*）』（未訳）という本の中ではカーター氏は、北朝鮮が米国を攻撃できる核ミサイルを保有することは許さぬと断言し、米軍は潜水艦から発射する通常弾頭付きの巡航ミサイルによって、北朝鮮の核ミサイルを先制破壊してしまうのがよい、とも主張している。

　2009年にはハイテク系の調達担当次官を引き受け、ゲイツ長官の下で難問山積のF‐35戦闘機計画をマネージした。

　2011年10月にカーター氏は再び国防副長官に就任したが、パネッタ長官からヘーゲル長官に交代した後に何か心境の変化があり、2013年12月に辞任していた。

　2015年4月に国防長官として日本を訪問する直前のアリゾナ州立大学での講演では、今後15年間で全世界の中流層の消費の6割をアジアが占めるとカーター氏は強調した。これは、中共と戦争することをまったく考えていないスーザン・ライス氏の大方針に賛意を表したものである。

側近政治スタイルを確立しているオバマ大統領は、国防長官に重量級の閣僚経験者を据える気などないのはもちろん、ペンタゴンの強力な代弁者となるおそれのある人物でも困ると思っている。
　オバマ大統領の望みは、とにかくイラクからもアフガニスタンからも米軍を引き払ってしまうことだ。その大統領の悲願を理解し、忠実にそれを実現してくれる人物だけが欲しい。
　しかるに、目下の課題は「IS対策」。シリアとイラクにおけるあたらしい地上戦も、議会で多数の共和党からは求められるであろう。
　今のところオバマ氏は、IS対策としてはイラクを中心に3450人の顧問教官団と、航空機による空爆支援だけを許可している（2015年6月に450人の追加を決めるまでは3000人。要するに3500という大きな数字になるのを、イメージ担当側近が嫌っている）。

軍事予算
　世界の軍事費の3分の1以上は、米国が1国で支出しているといわれる。
　だが、この数値はミスリーディングであるという異説もある。
　すなわち、各国の消費力を比べるときに使う購買力平価（PPP）の補正を、「戦力の調達」についても施すことで、違った真相が見えてくる、というのだ。
　兵隊に支払わねばならぬ給与や、軍隊の育成や維持にかかるコストは、国によってまるで違っている。だったら軍事費も、PPP補正すべきではないか？
　このようにして〈戦力調達力平価〉を算出すると、シナやインドは額面の軍事費以上の巨大なパワーであることがわかってくる。
　すなわちPPP補正抜きでは、軍事費ランキングは、米支露英日……という順番になる。
　しかしPPP補正を加えると、インドはトップ5に入り、日本は

トップ５から脱落するのだ。

　そしてアメリカの軍事費はPPP補正すれば世界の２割弱にすぎなくなる。

　中共の額面の軍事費はアメリカの４分の１だが、PPP補正をかければ、アメリカの７割までに迫っていることも分かるだろう。

　ただ、シナ軍の予算は、広範な汚職体質のために、資金のざっと２割はまったく無駄な使途に消えているとみなすことが可能だ。

　その軍隊でどこまで遠征する気かによっても、各国の必要とする軍事予算は変わってくる。

　真の戦力は、「政治指導者が外国からの脅しに強く、外国政府との瀬戸際外交の駆け引きに慣れているかどうか」「国民が政治家の有事外交戦の能力について信頼しているかどうか」「一定数の戦死者が発生した場合の国内輿論（よろん）が強靭であるかどうか」にも左右されるだろう。指揮官の実力や、兵隊の訓練の程度、スペアパーツや弾薬の準備量も、平時にはなかなか分からないものである。

　米国の影の大将軍ともいうべきスーザン・ライス氏を筆頭とするオバマ大統領側近グループの考えでは、米国がいちばん心配しなければならない脅威はISではなくて、依然としてロシアだ。NATOの尻を叩いてロシアに対抗させ、ロシアを軟化させるというのが大戦略だろう。

　ライス氏は、アジアについてはこれから数十年間、アメリカが金儲けをする場所だという認識しかないようである。

II 米軍編

サイバー、イスラム・テロ対策

対北鮮のサイバー・カウンター攻撃

2014年に米国は初めて他国を公然とサイバー攻撃した。

事の始まりは、韓国人が中心になって英語でシナリオを書き、米国人役者を使って製作させた『ズィ・インタビュー』という、金正恩をおちょくった低予算パロディ映画だった。この作品の公開ならびにコンテンツ市販を、金正恩の側近たちは、何としてでも阻止しようと思いつめたのだ。

じつは、韓国内で評判になった映画やテレビなどの映像コンテンツは、すぐに必ず、大容量のUSBチップに勝手にダウンロードされて、中共経由で北朝鮮内に「輸入」されるのである。中流以上の北鮮国民は、それをひそかに視聴するのが楽しみなのだ。『ズィ・インタビュー』も、ひとたび公開されれば、大勢の北鮮国民が視聴するはずであった。平壌政権が、そうなるのを座視できるわけはなかった。

2014年前半に北朝鮮は国連事務総長に書簡を送って、〈この映画はテロ映画だから公開させるな〉と要求した。たしかに金正恩が暗殺される描写があるようだが、事務総長はこの件で米国企業（ソニー・ピクチャーズ・エンタテインメント社。日本のソニーの子会社）に何かを要求することはできないと考えた。

そこで北朝鮮は、ソニー・ピクチャーズ社を直接脅迫することにした。2014年12月初め、同社が12月19日に全米公開する予定であった『新・アニー』を、北鮮の機関はインターネット上にアップロードした。ハッキングによって、映像データをまるごと盗取していたのである。また、10月から公開中であったブラッド・ピット

主演の『フューリー』も、同様に違法にアップロードし、こちらはまたたくまに 50 万人がダウンロードしたという。

　その上で北鮮は、「他にもハッキングで盗み取った秘密文書が多量にある。それらをネット公開されたくなくば、『ズィ・インタビュー』のリリースは中止しろ」とソニー・ピクチャーズ社に要求した。同作品の全米 3000 館での公開は、12 月 25 日が予定されていた。

　北鮮はまた、上映した映画館にもテロをしかけるとほのめかし、配給会社側ではこれを過剰に心配した。メジャーな配給会社と映画館団体が、上映をしないと決めたので、ソニーもやむなく公開を諦めることにした。17 日のことである。

　この決定の発表に米国の世論は何か不満を感じ、人々はむしろソニーに対して怒った。

　オバマ大統領も 19 日、ソニーはそんな決定をする前にまずわたしに相談して欲しかった、と語った。

　じつは会社は、発表の前にオバマ氏の側近に対し、情況を話していた。だが中止するという最終決定については、伝えなかったらしい。

　オバマ大統領は続けて、「我々の社会を、どこぞの専制支配者が作品検閲を差し挟めるような社会にさせてはならない（we cannot have a society in which some dictatorship someplace can start imposing censorship……）」とも言ったが、これはハリウッドがすでに中共の検閲に屈服している現状を知らないのか、とぼけたのである。

『若き勇者たち』という前例

　その実態を説明しよう。

　米ソ冷戦が最後のピークを迎えようとする 1984 年に『Red Dawn（共産の曙）』という B 級映画が米国で公開された（日本では『若き勇者たち』の邦題で同年末に公開。ただし某市では映画館に爆破予

告電話があって公開が中止されたと記憶する)。

　その筋書きは、米ソ核戦争が始まって(中共はソ連の核で先に滅亡)、ソ連軍とキューバ軍がメキシコづたいに米国へ侵攻してきたのを、コロラド州の田舎町の高校生たちが反共ゲリラになって苦しめる——という他愛の無いものだ。ストーリーには山場も無い。が、「サバイバリスト」と呼ばれる、「アンチ民主党・プロ全米ライフル協会」の客層ならばきっと大満足したに違いない世界観であった(わたしはそれから約 20 年後に DVD にて初視聴した)。

　2010 年、米国映画産業は、この『Red Dawn』のリメイクを考えつく。ただしこんどはロシア人が敵ではない。シナ兵が米国を占領してしまうという新趣向にするのだ。1990 年に米ソ冷戦は終わっていて、次は中共がアメリカの敵ナンバーワンになりそうなことが米国指導者層の間では意識されてきた。こうした国家指導層の意識をハリウッドは敏感に採り入れる。たとえば「古代ペルシャ軍をギリシャ軍が迎え撃つ」というコスチューム・プレイの脚本が企画として通されるさいには、「これから米軍は、現代イラン軍(または古代的専制政体の中共軍)と戦わねばならぬ」というイメージが重ねられて、庶民を啓発することになるのだ。

　しかし監督による編集が終わって、映画会社幹部がその試写を観たところ、すぐに「こいつはマズいぞ」というダメ出しの声があがった。北京政府は、国内で買ったり観たりしてはならぬ外国製コンテンツというものを随意に指定ができるのだ。この内容では、それにひっかかること間違いなしであった。

　かつての冷戦中のソ連ならば、アメリカ映画の市場としてはゼロにも等しかったから、米国内でどんな反ソ映画を作ったところで、その表現趣向が映画会社の経営陣を悩ませたりしなかった。

　しかし今や中共は巨大なコンテンツ市場なのだ。米国映画会社にとって、その市場から締め出されるリスクは冒せない。

という次第で、リメイク作品の悪役を急遽、中共軍ではなくて「北朝鮮軍」に変更することが決められた。シナ人と、顔も軍服も似ているから……とはいっても、撮り直しには２年を要したのである（2012年11月に公開）。

　ハリウッドの映画事業幹部たちは、手痛い教訓を胸に刻んだ。以後は皆、中共が誘導するところの「見えない事前自己検閲」に精励するようになって、北朝鮮人はいくら悪役に描いてもよいけれども、シナ人を悪く見せることだけは御法度となったのだ。

　あたかも江戸時代の浄瑠璃作者が、徳川幕府をはばかり、元禄時代の事件の舞台を無理矢理に鎌倉時代に設定し直していた如くに、スクリーンの中の北鮮人は実はシナ人なんだと見立てるという高度な観劇技巧が、これからの米国映画鑑賞には必要であるのかもしれない。

　事実としてハリウッドは、オバマ氏が大統領になっていた2010年において、とっくに業界全体として中共様には屈服することを決めていた。

　この映像コンテンツ産業に限らず「貿易を許可してやるから（禁止しないでおいてやるから）」という餌で「プロ・チャイナ」集団を敵国内に育成する工作を、中共は大々的に展開している。これも「間接侵略」なのである。

　しかしみじめな北朝鮮は、中共のようにハリウッドを屈服させることには失敗した。

米国発のサイバー・アタック

　ホワイトハウスはソニー・ピクチャーズに決定を変更させ、『ズィ・インタビュー』を、全米の独立系の映画館500館と、有料のインターネット配信で、予定どおり、12月25日に公開させた。

　なんと、ソニーがインターネットで公式リリースした翌日には、

シナ人の手による違法無料ダウンロード・サービスも始まり、50万件近い利用のアクセスが殺到したという。おそるべき早業で、それにはシナ語の字幕までついていた。

　2015年1月中旬までに数百万人のシナ人が『ズィ・インタビュー』を違法に視聴し、しかも概ね好評であることが、中共内のSNSのモニターで判明した。中共内のネット警察である「金楯」チームは、この映画コンテンツの違法流通とコメントの拡散を、いっさい邪魔しなかった。

　NSAから何度も警告を受けていたのに、ソニー・ピクチャーズの経営幹部は、ハッキングを予防するよりも、感染したあとでクリーニングする方が安上がりだろうと考えていたようだ。しかし、抜かれたデータはとりもどせない。それが教訓である。

　米国政府は、北朝鮮にも教訓を与えねばならないと考えた。

　2015年1月8日、FBI長官が、このたびのハッキングの犯人は北朝鮮だと公式発表。

　NSAがウィルス・ソフトを解析した結果、イランが2012年にサウジアラビアの石油会社のコンピュータ内データを破壊したプログラムと似ていたそうである。こうしたプログラミングには、プログラマーがところどころ自国語でいろいろな目安となる字句を書き入れる。それがハングルではなくてペルシャ語だったということなのだろう。

　1月19日から、北朝鮮内のインターネット回線が不安定になり始め、現地時間の23日未明から午前にかけては、接続不能になった。

　NSAは2010年頃には北朝鮮のネットの弱点を探り出して、各所に破壊用ソフトを密かに埋め込んでいたようである。リモート指令でそのいくつかを活性化させてやれば、回線をダウンさせることぐらいは可能なのだ。有事には、もっとタチの悪い破壊ソフトを起動

させてやるのだろう。

　ただし、イランのウラン濃縮工場の遠心分離機の回転数を狂わせて破壊させたのと同じ工作は、北朝鮮に対しては失敗している模様である。そうした秘密工場は、インターネット回線とはつながっていないから、工作員が乗り込んでUSBチップを差し込まないと、ウィルスは送り込めない。イランにはそれをやってくれる工作員がいたけれども、北朝鮮に関してはそれは見つからなかったのである。いかにイスラエルの諜報機関が海外での人的工作についてまじめに仕事をしているかが分かる話だ。

　米国は2008年に、「核交渉」のためだとして、北朝鮮をテロ支援国家のリストから外している。当時のブッシュ大統領の側近どもは、手もなく北鮮に言いくるめられていた。米国務省の定義では、「国際テロ」とは、物理的破壊である。したがって、ただのハッキングが証明されても、北鮮をいまさら国際テロ支援国家のリストに戻すことは難しいという。

　米国の通信省は、いまやインターネット通信網は水道施設と同じ社会インフラなのだから、その安全のために国家が責任をもって監視するのは当然だと考えている。

　そしてNSAは、大企業の通信サーバーをできればNSAが常続的にモニターできるようにしてもらい、ウィルス攻撃があれば即座に警告できるような関係を築きたいと念願している。けれども、さすがに私企業側としてはこのアドバイスには従いづらいようだ。

米国内からはなぜイスラム・テロ活動が報告されないのか？

　北米にもイスラム教徒の移民や入信者は少なくないはずだが、なぜか欧州のような、イスラム教徒がらみのテロ殺人は、国内には発生しない。

　これは、国民人口総体に占めるイスラム教徒の比率も、もちろん

関係があるだろう。

　米国のモスレム人口は全体の1％である。これがフランスのように7.5％にもなったら、どうなるかは分からない。ドイツは5％で、英国は4.5％であるが、そのレベルでも騒動が頻発しているのだ。

　イタリアには2014年だけで17万人のモスレム移民が流入した。これは前年の4倍である。シリア難民はトルコ経由で、アフリカ難民（＋密入国志願者）はリビア経由で、ボロ船に乗って渡ってくる。シチリア島とリビア海岸は500km弱しか離れておらず、地中海はめったに荒れない。

　デンプシー統合参謀本部議長（陸軍大将）は、このイタリアの将来に特に危険を感じていることを、2015年1月に表明した。ちなみにシチリア島には、米軍の大型無人偵察機「グローバル・ホーク」の専用基地があるし、F‐35戦闘機の欧州域の一括整備工場も、イタリアに建設されることが決まっているのだ。

　じつのところ、米国のモスレムがおとなしい理由は、欧州のモスレムよりも家計が好い調子なので、ホスト社会に対して文句が無いからだという。

　アルカイダは宣伝に関しては努力をしてきた。彼らも欧米人と同じように「ユーチューブ」をずっと視ているうち、宣伝について理解が進んだのである。まず米国人の宣伝屋を雇って、「雲」というメディア本部を立ち上げ、ビンラディンのメッセージが英語で世界にタイムリーに届くようにした。

　2009年にはイエメンのアルカイダに米国生まれのアルアウラキがデビュー。米語での説教をネットでガンガン流しだし、効果的と思われた。

　2010年には、イエメンのアルカイダが、英語のオンラインマガジン『インスパイア』を立ち上げる。その中では、街の中でIED（手製爆弾）をこしらえるレシピとともに、一匹狼のテロリストを

鼓舞した。

　だが米国内でそれを実践する者は現れず、この「公開的工作」は、北米に関しては失敗している。

　2007年、初のイスラム教徒の合衆国下院議員としてキース・エリソン氏が当選している。あるていどの資金力がないと、連邦議員にはなれぬものだろう。

　彼の当選後の宣誓では、トマス・ジェファソン（歴代3人目の合衆国大統領。現行2ドル紙幣の肖像）が所持していた『英訳コーラン』の上に手を置いたという。アラブ語ではないコーランを使うのは、アラブ人に言わせると正しくはない。米国の回教徒は、このようにいろいろな点でオーソドックスではないがゆえに、一部の聖職者の煽動よりも社会に対して忠誠であって、テロを起こさないのだと言えるのかもしれない。いま、連邦下院には、2名のイスラム教徒が議席を有している。

　エリソン氏は黒人である。米国で公民権運動が盛んであった頃、黒人を中心に「イスラムの国の民（Nation of Islam）」という運動があって、現在の米国のモスレムの4割弱が黒人なのである。しかしアラブ人は伝統的に黒人を2級の人間だと見下す。今日なお、北アフリカのイスラム圏には「黒人奴隷」が数千人も現存するのだ。

四軍の現況

JTACと誤爆問題

　2014年7月、米空軍の「B-1B」爆撃機が、アフガニスタンの山地の稜線を移動する小部隊に対し、高度4000mからレーザー誘導爆弾を投下した。

　だがこの小部隊はじつは米軍の特殊部隊で、空軍から差遣したJTACも同伴していた。正確に炸裂した爆弾は、特殊部隊員5名と、アフガニスタン人通訳1名を殺した。死んだ米兵のうち最年長者は28歳、最年少は19歳だった。

　B-1Bのクルーは、地上の味方部隊が今どのへんを歩いているのかという情報を確認していなかった。特殊部隊の方も、自己位置を逐次に報告する手続きを省略していた。

　B-1Bには「スナイパー」というターゲティング・ポッドが取り付けられている。そして地上部隊は、「われわれは味方だよ」という信号をフラッシュ赤外線でその「スナイパー」に送れる器具を携行している。

　ところがこのB-1Bの「スナイパー」は、陸軍特殊部隊の持っているその装置には反応しないタイプであった。

　またこの同行JTACは出来の悪い奴で、過去に一回クビにされていた。軍隊では「非自発的転出」という。

　こやつは今回の地上作戦開始の直前に、本来の要員がダメになったためにピンチヒッターとして起用されていたのだ。そして爆弾を落としてもらいたい地点のGPS座標を、間違ってB-1Bに伝えたのである。

　長年、陸軍も海兵隊も、「JTACならこちらで用意できる」と言

ってきた。しかし米空軍は、「いや、JTACは空軍将校でなくてはダメだ」とはねつけてきた。

　地上部隊に同行するJTACは、危険であり、面白くもないので、米空軍の中でも、最も成り手が無い職種のひとつである。

　陸軍が、自前の攻撃型ドローンとして、プレデター改造の「グレイ・イーグル」を持とう、と考えた事情が、分かるであろう。

　米陸軍特殊部隊は、自前のJTACに持たせるために、「PEQ-1C SOFLAM」という、重さ5.2kgの手持ち式レーザー・ポインターを完成している。大ぶりの双眼鏡に、レーザー照準機が内蔵されているものだ。

　この双眼鏡で20km以上は測距でき、10km強以内の目標をレーザーで指示してやることができる。

　輸出もされているこの「PEQ-1C SOFLAM」は、電池の他に、車両のバッテリーも電源にできる。

　フランス軍の特殊部隊は、「JIM LR 2」という、もっと軽量な「四眼鏡」のスポッターを採用している。

「友軍相撃」の事故は、ハイテクのおかげで、21世紀の今日では、ずいぶんと少なくなった。これを20世紀なかばと比較すれば、2割でしかないという。逆に言うと、第2次大戦より以前は、友軍の砲弾や爆弾や銃弾で殺されることは、兵士にとって、ごく普通のリスクだったのだ。

A-10の引退／存続論争

　冷戦期、おびただしい数のソ連軍戦車が西ドイツ領土を蹂躙する前に、空からそれを阻止してやろうと、対地攻撃だけに特化した、ひときわ頑丈な低速低空専用機として開発されたのが、「A-10サンダーボルト」であった。

　A-10の固定武装である30ミリ・ガトリング砲は、重さ363g

かつて米軍はこのC-130戦術輸送機を改造して、射程11kmの「105ミリ野砲」を胴体から真横に突き出し、旋回しながら地上の1点を砲撃するという「ガンシップ」を作った。近年その大砲をやめてミサイルや機関砲に換えていたが、対ゲリラ用としての「空からのアウトレンジ砲撃」が再評価されている。最新型のC-130なら砲弾を160発も積載。島嶼戦でも有効ではないか？

米四軍公式拳銃の「M9ベレッタ」。しかし海兵隊の特殊部隊「レイダーズ」は、同口径ながら軽量の「グロック19」を選んだ。消音器を取り付け易く、海水に浸しても機能し、引金から指を離すだけで自動的に安全装置がかかる。ユーザーは安全装置のことは一切忘れて、発射動作だけに集中できるという。

の弾丸を1秒に65発も射出する（ただし1航過で連射する時間はせいぜい1〜2秒）。

この機関砲、劣化ウラン弾によってソ連軍戦車の薄い天板を撃ち抜こうというコンセプトだったのだが、アフガニスタンでのCAS任務では、その1174発の30mm弾を、すべてHE（炸裂弾）にしていた。

ただしプーチンのロシアが、次はリトアニアやポーランドを侵略しそうな気配のある今日、欧州同盟国に米国の意思表示としてローテーション駐留させるA‐10には、再び、劣化ウラン弾芯の徹甲弾が搭載されるのかもしれない。もちろん、対地攻撃用のレーザー誘導爆弾や、テレビ誘導ミサイルなども、A‐10は翼下に大量に吊下する。

A‐10は西欧からは2013年に常駐部隊が引き揚げられている。空軍はそれを引退させる肚であった。しかしロシアとISは、またA‐10の需要（ローテーション展開）を増やしそうである。

A‐10のスコードロン（飛行中隊）は12機からなっている。その12機をフル稼働させ続けるためのパイロットは18人を用意しておく必要があって、整備等の地上要員は300人弱もが控えていなければならない。

米空軍は、いまやF‐35のためにパイロットや整備員を教育訓練しなければならないときであるのに、古くて対地任務にしか使えないA‐10部隊がいつまでも残されていては、有限のマンパワーの無駄遣いになるとして、A‐10の全廃を強く主張する。

これに対して国防総省内でも陸軍がA‐10の全廃に大反対で、共和党の連邦議員たちも、A‐10は存続させろという論陣を張って陸軍を応援中だ。

空軍は、「A‐10を少しでも残すとするならば、F‐35の導入整備が大きく遅れることになるが、それでもいいんだな？」と各方面

を脅し、また、「A‐10のCASはF‐16戦闘機からの誘導爆弾投下で代行させるのがいちばん税金を節約できる道だ。F‐16は高度6000m以下には舞い降りないから、地上砲火で射たれて撃墜されるリスクもない。しかも爆弾搭載量はA‐10以上だ」と説得に努めている。

しかし本音はもっと違うところにある。空軍軍人は、CASなどという陸軍の使い走りのような仕事が嫌いなのだ。A‐10はCASしかできない飛行機なので、それがある限り、空軍は陸軍の使い走りである。しかしF‐16やF‐35は、CASの他に、空戦もできれば、敵地侵攻爆撃もできる。実戦になったら、なんだかんだと理由をつけて、陸軍からのCAS依頼を断り、空戦や、遠距離爆撃に熱中することが可能になる。彼らは、彼らが面白いと思うことだけをしたい。それが、空軍軍人という種族の、本性のようだ。

陸軍は、アフガニスタンでの10年以上の戦争において、CAS機として最も頼りになったのはA‐10であるという印象を抱いている。だからまだ改装すれば寿命を延ばせるA‐10を廃止するなどという空軍の方針には反対する。

CASにかかる運用コストを比較すると、A‐10を1としたならば、F‐16は1.8であり、F‐15Eストライク・イーグルは2であり、F‐22は4になるという試算もある。開発継続中のF‐35は3以上と予想されるが、たぶんはF‐22に並んでしまうか、それをも上回ることであろう。

アフガニスタンでは、A‐10のパイロットたちは、1人が月に100時間、飛んでいたという。

それは5時間のソーティ（離陸から着陸まで）を20回繰り返すことによっている。有人単座機では、連続5時間くらいが、疲労の限度に近いのだろう。

空軍は渋々妥協して半分のA‐10を残し、それを「C型」にア

ップグレードすることになりそうである。「C型」は通信系が強化され、地上指揮官とコクピット内で画像が共有される。味方の現在位置追跡ソフトもそなわって、味方撃ちの事故も減らす。

　A-10の半数の退役（廃品として沙漠に並べてしまう）も、勿体無いではないかと考えるグループは、「タイプ1000ストレージ」という隠退貯蔵法を提案している。

　これはモスボールの一種だが、最初の5年間はその維持だけで年に5万ドルかかり、それ以降は年に1万2000ドルかかる。4年ごとに大点検がなされ、それにもカネが必要だ。

　しかし、大戦争が続いてA-10を復帰させろというリクエストが来たときに、最短1ヵ月（通常は4ヵ月）のうちに、また戦場へ送り出してやれるそうである。

　ただ大きな問題は、A-10を実戦で部隊運用するには、1機につき、1.5人のパイロットが必要になることである。これから年月が経てば、A-10を操縦して対地攻撃もできるようなパイロットなど、みつからなくなるのが道理であろう。敵味方識別装置などの電子環境も年々変わってしまうだろうから、「タイプ1000ストレージ」は、優れたオプションとは考え難い。

イラクやアフガニスタンにおけるこれからの「実験」

　ISとの戦いにほとんどやる気を示してくれない、腐った現イラク政府軍将校に代わり、米空軍将校もしくは特殊部隊員であるところのJTAC要員を、イラク政府軍部隊の中へ混ぜてやれば、米軍機によるCASは機能するようになるだろうか？

　ペンタゴンは悲観的である。前線に送り込まれた米国人JTACがISの捕虜となったり、逃げ腰のイラク政府軍に置き去りにされて殺されるというリスク（首都ワシントンにおいては政治リスク）が、ありありと予想される。

しからば、レーザー誘導のトラック車載ロケット弾をイラク軍に供与し、それをイラク兵のポインター（前線でレーザー照準器を照射する係）が精密に目標へ誘導するようにしたら、どうだろうか？

　こんどはそのチームそのものが反政府ゲリラへ降服したり、システムまるごと闇市に転売されたり、ISが鹵獲するところとなりかねない。その結果、ハイテクの高性能な精密支援重火器が、アメリカの敵側の道具となってしまったら、悪夢である。たとえば道路のチェックポイントや政府機関のビルなどは、見えないところから不意討ち的にロケット弾を正確に撃ち込まれるようになるので、イラクの治安はおしまいだろう。この案も、とても推奨できない。

　第2次大戦中の米陸軍航空隊のP‐51戦闘機のような、プロペラ推進式の軽快な単座攻撃機を、アフガニスタン政府軍やイラク政府軍に持たせようという試みは、すでにアフガンで先行してスタートしている（A‐29スーパー・ツカノといい、爆弾1.5トンまで吊下可。単価は2000万ドルもしない。米空軍の初級練習機でもある）。ジェット機と違い、1年くらいでアフガン人にも操縦できるようになるし、CAS専用機だと割り切れば、性能は十分なのである。もちろん、敵ゲリラが肩射ち式の地対空ミサイルなどを持ち出して来たら、高度4000mくらいから下へは下がらなければよい（A‐29は1万1300mまで上昇可）。

　飛行機は、小さなものでも、基地から切り離されると機能しなくなるから、投降や寝返りの場合のリスクは、あったとしても、米国政府を窮地に立たせるような性質のものではないだろう。「実験」のなりゆきが注目される。

　もうひとつの「実験」は、CASの代わりに、歩兵が携行して発射できる、ほどほどの性能の重火器を、もっとたくさん供与したらいいのではないか、というものだ。

　米軍は、ISが30両の自爆車両を繰り出してラマディ市のイラク

政府軍将兵に持ち場を放棄させたことを重く見て、「AT4」という使い捨て式の対戦車ロケット弾を、とりあえず2000発、イラク軍に供与することにした（2015年6月）。

AT4はスウェーデン製で、それを米海兵隊が1990年代に採用し、次いで、特殊部隊も採用した。発射筒と照準器の重さは7kg弱あり、射程は300mにすぎないが、装甲車が突進してきても、これを発射すれば阻止できる。

ミサイルではないから誘導はできないが、照準器は暗視機能付き。飛翔体は重さ1.8kgで、250m先までわずか1秒で到達するから、動いている車両にもまず当たってくれる。ちなみに、筒を45度にして発射すれば、タマは2kmも飛ぶそうだ。

発射直後、筒から10m以内で何かにぶつかっても、弾頭の安全機能により、自爆はしない。また、ビルの1室や、掩蓋陣地のような閉所（Confined Spaces）から発射しても、発射時の後方ブラストで射手が怪我や火傷を負うことはない（それゆえ型番にはCSという文字が付く）。

中東に多い、私邸を囲んだ分厚いコンクリートの壁も、このAT4ならぶち破れる。

またドイツ政府も、北部イラクのクルド族に、「ミラン」という対戦車ミサイルを80セット、供与した。ISは、政府軍や警察から装甲自動車を多数鹵獲していて、夜間にそれでチェックポイントを急襲してくるようになっているのだ。

ミラン・ミサイルは直径125ミリで、飛翔体は7.1kgある。距離400m以上から誘導が可能で、2km先まで13秒で到達する。発射装置（照準誘導システム込み）の重さは21kgある。

被服──知られざるそのハイテク

空軍が地上の最前線の陸軍部隊にJTACを派遣して、行動を共

にさせる場合、困った問題が起こる。

　空軍正式の迷彩服（カモフラージュ・ワーク・ユニフォームという）の迷彩パターンが、陸軍の「マルチキャム」（MultiCam＝さまざまに異なった環境下でも最善のカモフラージュ効果が期待できるという意味の略称）と呼ばれる先端的な迷彩服と比べて、敵眼からは目立つのだ。そのため、陸軍部隊の行動が、1人の空軍兵が混じったがために早々と敵に察知されてしまうということになりかねない。

　米陸軍は2011年頃までは「デジタル・パターン」と呼ばれる迷彩柄を採用していた。これはヒトの脳の信号処理と関係があって、小さい「ピクセル」の集まりを何気なく目にしたとき、それが地面もしくは植生だと勘違いするという効果を誘導するように図案されていた。オリーブドラブ1色の戦闘服と比較テストしたところ、5割ほど被探知性が低く、しかも、暗視スコープで見ても見破られにくかったという。

　マルチキャムは、これよりも偽装効果が高いとされる。赤外線スコープや、紫外線カメラでも発見され難い。つまり生地の素材からしてもう別物のハイテクなのだ。それゆえ1着の価格も、デジタル・パターンの3倍する。

　空軍から地上に派遣されるJTACは、支給の戦闘服では目立っ

防水服地の決め手は「溶接」

　米海軍は、水兵の軍服の縫製に、超音波による「溶接」法を用いることで、防水性を高めている。

　従来の縫製だと、針孔から水が滲みてくるので、その防水のためにテープを貼る必要があり、作業衣が重くなった。溶接裁縫なら軽快で、ほつれるということもない。

　工場はすでにベトナムにある。しかし残念ながら、まだ直線縫いの部分にしか適用はできていないそうである。

て申し訳ないので、私費で陸軍のマルティキャム軍服を買って、随行するのだという。

さかのぼると、デジタル・パターンは、2001年に、陸軍と海兵隊により採用されている。

ただしパターンは両軍で違っていた。アフガンでの経験から、海兵隊のパターンの方がいいということがわかった。そのパターンはもともと陸軍の研究で生み出されたのだが、海兵隊が先にそれを選んだ。陸軍の上層としては、海兵隊とは違える必要を感じたらしい。

しかし陸軍の兵隊がアフガンの基地から陸軍迷彩への不評をインターネットで語りはじめたので、陸軍上層も押し通せなくなったという。

マルティキャムは2002年にSOCOM（特殊作戦コマンド）が採用していた。陸軍は、それを改めて選んで、アフガン戦線へ優先的に支給した。

砲兵はロケット化する

2015年、米陸軍は、在韓米軍にMLRS（多連装ロケット砲）部隊を増派する。人数にして400人（1個砲兵大隊）増やすことになる。

これは現地司令官の要求ではなく、砲兵隊の改編にともなった措置だ。米陸軍の1個砲兵旅団には、従来MLRS大隊が2個所属していたが、それを3個に増やすことになったのだ。全世界で一斉に、切り換える。

ちなみに大隊は、9ヵ月ローテーションで韓国に勤務する。

ロケット砲兵のメリットは何か。

米陸軍の砲兵将校によると、榴弾砲の初弾を発射するまでには、30人の砲兵が協働しなければならないという。風、気温、気圧、コリオリ力、薬温……。すべて正しく入力しなければ、大砲のタマはうまく飛翔してくれない。こんな複雑な仕事は無い。

しかも、ロットによっては装薬が粗悪品で、砲尾栓を開けたとたんに燃え残りが空気に触れて爆燃し、砲側員が重傷を負うだとか、もっとおそろしいことには、砲弾が砲身内で自爆して何十人も死傷するような大事故も、稀には起きる。

　GPS誘導できるようにしたロケット弾や、レーザー誘導できるようにしたロケット弾ならば、こうした厄介な心配事がほとんど無い。なによりも、砲側員の人数を劇的に削減できて、その専門教育も、トラック・ドライバーのレベルに簡略化してしまえる（最新のロケット弾の発射台はトラックの荷台なのである）。旧来型の「大砲」というものが廃れるのは、もう時間の問題であろう。

陸軍が「ライフル単射狙撃主義」に目覚める

　2014年に、フィリピン軍がゲリラ1人を片付けるのに、小銃弾を5000発も射耗していることがわかった。フルオートマチック・セレクターがついている自動小銃で遠距離から無闇に連射し続けてしまうせいだが、そのような「タマの無駄」でしかない射撃法を戒める軍隊教育ができていないということも意味している。

　米陸軍と海兵隊は、イラクやアフガニスタンにおける十数年の体験から、「銃戦は、やはり単射で狙撃するものである」と信ずるようになってきた。

　さいわい、現在のM4型自動小銃（90年代以降の米軍の標準火器）の本体マウントには、単発の狙撃を必中させるための、あらゆる補助器具を取り付けることができるようになっている。

　メーカーがその「後付け照準装置」をずいぶん進化させてくれた。そして米軍も、射撃教育の内容を改めている。

　伏せる動作の直後の狙撃。フル装具を背負った状態での狙撃。姿がよく見えぬ敵兵に対する狙撃。これらを、みっちりと練習させる。

　米陸軍に言わせると、平和ボケした軍隊は、「完全露顕標的を、

既知の距離から射撃させる」という訓練を歩兵たちに命じて、それが好成績ならばすっかり満足している（これは海兵隊に対するあてつけである。海兵隊では、既知距離の露顕標的射撃で一定の成績が出せなくなった者は、除隊させている）。

　しかし実戦ではそんなシチュエーションは絶対にないのだ。

　距離は不明であり、彼我(ひが)の間には標高差があり、しかも敵兵は身体のほとんどを地形地物や植生・建造物・車両の蔭に潜ませているのだ。

　敵弾が命中しない窪地や胸壁の裏に間違いなく自己の身体を隠したうえで、素早く弾倉を交換する——という訓練も、何度も反復すべきである。弾倉交換中の姿勢が高いための被弾は、実戦ではとても多いのである。撃たれた後で悔しがっても遅い。

　かつては弾薬の節用については海兵隊の方がうるさく言った。Ｍ－14やＭ－16という、フルオート射撃のできる小銃が支給されても、徹底して単発狙撃で交戦させていた（敵歩兵部隊の突撃を味方陣前の至近距離で阻止するときにのみ、フルオート射撃は許された）。二等兵を全員「特級射手」に錬成するという教育方針も徹底され、部隊射撃競技成績は海兵隊がたいてい陸軍より優っていたものだ。それが今では逆転してしまっている。

　わが陸上自衛隊も、米海兵隊の後ろ姿ばかり見ていれば、不覚を取るだろう。

　米陸軍の新兵は、今では最初の１年で730発を基礎訓練として実射するという。

安全な爆薬の先端を行くアメリカ

　いま、米軍の手榴弾、迫撃砲弾、爆弾に使われている炸薬は、TNT炸薬か、「コンポジションＢ」炸薬（略してコンプＢ）である。これらは、戦前にくらべるとかなり安全になっているのだが、現代

の感覚では、まだ鈍感さ（落下や銃弾命中や火事ぐらいでは爆発を起こさない安全性）が足りない。

1967年に空母『フォレスタル』で艦内火災が発生し、航空用爆弾を次々に熱で誘爆させて、134人も死ぬ大事故になってしまった。

湾岸戦争中には、クウェートのドーハ基地で、155ミリ砲弾を積載した車両が大爆発。3名が死亡した。

そこで米陸軍は、「IMX‐101」という新式の鈍感爆薬に砲弾の炸薬を切り替えはじめた。熱に強いのはもちろん、敵の砲弾の破片や弾丸が命中しても、誘爆しない。しかし、信管が作動して起爆するときは、完爆してくれる。

いずれは陸軍の全弾薬をこれに切り替えるが、いまのところ155ミリ砲弾の中身更新を急がせている。理由は、野砲の弾薬はどこでも多量に集積されることが多くて、しかも1個の自爆が、部隊のストック弾薬全部を吹き飛ばし、戦争遂行にもさしさわりを生ぜしめるからだ。

アフガニスタンに新規に補給される60ミリ迫撃砲弾は、数年前からこの新炸薬が塡実されている。それを満載したコンボイが襲撃されトラックが炎に包まれたときも、誘爆は起こさなかったという。

米陸軍と海兵隊が装備する60ミリ迫撃砲は「M224」といい、7kgのパーツにバラして3人で携行する。小口径ながら、最大射程は3490mもあって、狙撃銃のレンジを優に凌ぐが、まだ専用の誘導砲弾はできていないようである。陸自もおそらく、これを導入する。

燃料と電池

2014年のデータでは、米軍がアフガンに届けている燃料のうち、半分以上は航空機の消費分で、12％が暖房と冷房用。照明用は2％だ。

第2次大戦中、米軍は1人の米兵あたり1日に4〜5リットル（=1ガロン）の燃料を補給した。それが、2003年のイラク侵攻作戦では、20倍の量を必要とした。

　すなわち、クウェートからバグダッドまで700km進軍した第3歩兵師団（兵員2万人）は、毎日200台のタンクローリーで燃料を補給されたのである。

　歩兵師団の軍用車両は、固有の燃料タンクで200km以上は走れる設計だった。しかし将兵は、タンクが空になる前に毎日1回、満タンにしておこうとするものだろう。

　燃料の他、弾薬、食料、電池の補給も、毎日1人あたり90kg必要であった。

　第3歩兵師団は、バグダッド入城で一息ついたものの、そこからさらに作戦続行するために、いちいちクウェート基地からタンクローリーを往復させねばならなかった。

　さらに腰を落ち着けるための司令部ビルを建てると、その冷房空調のための燃料需要が急増した。連日、将兵1人あたり80リッターを運んで来る必要が生じた（米陸軍はJP-8という灯油系の燃料でヘリコプターも戦車もトラックも発電もすべてまかなう。プレデターの陸軍版である無人攻撃機「グレイ・イーグル」は、レシプロ・エンジンをわざわざディーゼルにして、JP-8で飛ばすようにしてある。オートバイですら、JP-8対応の特注ディーゼル・エンジン仕様だ）。

　米軍歩兵師団の歩兵小隊は30名である。この小隊が3日行動するために必要だった電池の重さは、1人あたり6kgであった。消費電力の小さいLEDがなければ、電池を携行する負担はもっと重かったであろう。

　小銃に取り付けられる小型電燈用として、最も早くLEDは米軍に受け入れられている。

　2010年に米海兵隊は、1個中隊200人を使い、テントに掛ける布

状ソーラー発電パネルだけで、部隊の通信機やラップトップPCの
バッテリーをまかなえるかどうか、可能性を探る実験演習を催行し
た。連続8日間までは、なんとかなるかもしれぬことがわかったと
されている。

 が、これは第1期オバマ政権がソーラー発電の有望性をやたら高
調していたので、大統領へのゴマ擂り競争として海兵隊が演じた組
織的芝居に過ぎない。

 戦争は、低緯度地方のよく晴れた昼間だけにするものではない。
徒歩で森林内を移動中はどうやって発電するのか？ 午後3時には
暗くなってしまう高緯度地方の冬の戦いだったら？ いつも雲がか
かる離島の山頂陣地の守備だったら？

 困ったことにオバマ氏は2期目に入っても米軍にソーラー発電を
押し付けたがっている。〈退役軍人の有望な再就職先として、ソー
ラーパネルの取り付け工事会社がよいのではないか〉などと、株式
投資家が聞いたら耳を疑うような夢を大真面目に語っているのだか

電池のブレイクスルー

 センサーがどこまでも発達すると、電池の消耗の早さが大ネックと
して意識される。たとえば光、震動、熱などに、警報すべき変化量が
あったときだけ活性化（ウェイクアップ）してそれを無線送信する、
そのような投下放置式センサーを、DARPA（米軍の先端技術開発支援
局）は欲している。さすれば電池の節約となり、長寿命となり、ふた
たびセンサーを撒きに行く必要もなくなるからだ。

 具体的には、腕時計用電池の自然放電と同じレベルの極小消費電力
でスリープを保ち続けさせたい。実現すれば、今なら数週間しか活性
化していないセンサーを、数年間、スタンバイさせ続けることができ
る。民生品への応用も、限りないであろう。

 DARPAはこれについての世界のメーカーからの提案を待ってい
る。

ら、相手をさせられている高級軍人たちも、さぞ頭が痛かろう。

BMD
「Xバンド・レーダー」を、排水量5万トンのノルウェー製フローティング・リグの上に載せた、建造費22億ドルの「SBX」については、それが活動開始した2005年に、「北米東海岸のチェサピーク湾に置けば、西海岸のサンフランシスコ上空の野球ボールを視認できる性能だ」と米軍幹部が証言した。

　しかし、北朝鮮からの「ICBM」が飛んでくる途中経路にあたるアリューシャン列島のアダク島に、SBXは常駐することができなかった。なぜなら、米国コーストガードが定めている、アリューシャンの海象（常時10mの風が吹いている）に耐えるための船舶の仕様を、SBXは満たしていなかったからだ。そのためSBXは、1年のほとんどをパールハーバー軍港に繋留されたままで過ごすことになった。

　SBXは、その発電のためだけでなく、移動や位置の維持のためにも、ものすごい燃料を喰う。ベーリング海のおそろしい海象の洋上で、燃料補給を頻繁にしてもらわないと、期待された仕事ができない。それは非現実的であることが、すぐにわかった。

　この馬鹿げたコストを理由として2009年にゲイツ国防長官は、SBXを朝鮮半島近くへ臨時出張させたいという軍の要求を斥けた。

　SBXは、北朝鮮が将来手にするかもしれないICBMや、中共がすでに配備しているICBM、さらには、中共が将来完成するかもしれないSLBM（南シナ海から発射できるほどに長射程化したもの）に備え、それが米国本土のアラスカに到達する前の、飛翔経路の中間付近で撃墜してやろうという、GMD（Ground-based Midcourse Defense system）計画の構成要素だ。

　弾道弾は、丸い地球の2点間の最短コースを飛翔する。地球儀に

ゴム紐をあてれば分かるように、ニューヨークや首都ワシントンを狙った中共や北朝鮮の弾道弾は、必ずアリューシャンとアラスカの上空を通る。また、米国西海岸のロサンゼルスやサンフランシスコを狙った場合も、途中でアリューシャンの近海を通過する。

　そこで、最初に早期警戒衛星の赤外線センサーや、敵国に近い位置の警戒レーダー（たとえば京都府経ヶ岬に配備されているXバンド・レーダー）で探知した敵の弾道弾を、アリューシャン近海からこのSBXが精密に追尾して、アラスカまたはカリフォルニア本土の地上基地から迎撃ミサイル（GBIミサイルといい、重さ12.7トンで、64kgの衝突体を、大気圏再突入前の段階で再突入体に正面衝突させる）を発射させ、その迎撃ミサイルによって確かに敵の弾道弾が破壊されたかどうかの判定をするのにも、SBX搭載の高解像度のXバンド・レーダーは役に立つはずであった。

　しかしGMDの実射迎撃テストをこれまで9回実施した（命中は4回）ところ、米国最強を謳うSBXレーダーをもってしても、目標を本当に破壊できたのかを確認することはできそうにないという限界が、明らかになった。また、デコイ（囮弾頭）をデコイだと判定することも、今の技術では不可能だと悟られた。標的ミサイルの再突入体から分離して落下する燃え尽きモーターなどを真のターゲットと誤認することもあった。今日のICBMやSLBMには必ず多数のデコイが混載されている。GMDという構想そのものが、絵空事だとよく納得されたのである。

　ちなみに、チェサピーク湾からサンフランシスコまでは水平距離で2500マイルほどある。しかし地球は丸いため、サンフランシスコの上空の小物体は、高度870マイル以上でなければ、Xバンド・レーダーの電波がそもそも当たることはない。最も中間高度が高いICBMでもせいぜい高度670マイルであるから、Xバンド・レーダーの探知距離の強調には、意味はなかったのである。

日本に置かれた陸上型のXバンド・レーダーも、この地球の丸みゆえに、距離930マイル以内でしか、敵の弾道弾を発見することはできないのだ。
　なぜ、初めから、陸上に複数のXバンド・レーダーを展開するという方針にしなかったのだろうか？　当時のブッシュ政権と米国ミサイル防衛庁は、外国政府に「レーダーを置く土地を使わせてくれ」と交渉するのが面倒臭いと思ったようだ。
　今、米国政府は、SBXとは別に、アラスカ州の陸上に、10億ドルをかけて、GMD用の強力なレーダー・サイトを建設したいと考えている。完成の目安は、2020年だ。

グァム島の対弾道弾防空
　ペトリオットのPAC‐3よりも一段上層で敵の弾道弾を迎撃できるのがTHAAD (Terminal High Altitude Area Defense) だ。スカッド級の弾道ミサイルまで、これで対応できる。
　ハワイとグァム島にはすでに展開している。THAAD部隊は大型輸送機とトラックにより、どこにでも移動展開できる。
　米軍は、このモビル・ユニットを訓練するシミュレーター・センターも立ち上げた。これまでペトリオットを操作していた将兵は、簡単に、THAADも扱えるようになるという。
　THAADのミサイル寸法は、ペトリオットの「PAC‐2」に概略等しい。つまり、対弾道弾用の「PAC‐3」の約2倍だ。ミサイルは、水平距離200km、垂直150kmまで届く。
　統轄するXバンド・レーダーは2000kmまで探知できるとされる。
　米国は、このTHAADを、欧州と韓国とペルシャ湾にも配備したい。
　が、韓国は、抵抗している。

II 米軍編

UAE は、2017 年までには機能させる。オマーンも、1 個大隊分、導入するであろう。1 個 THAAD 大隊は、発射基 3 両と、ミサイル 24 本から成る。

次期ステルス爆撃機のゆくえ

米国は過去に 7 万発の核弾頭を製造した。今、保有している数は 4804 発だと言われている。

核兵器は、1 発でも保有しているかぎりは、そのための特殊設備を維持する必要がある。

古い核弾頭を廃用する場合も、爆弾を構成している物質はいずれも有毒だし、盗難されれば困る。だから捨てるに捨てられず、高度に警備された倉庫地帯に永久保管し続けるしかない。

この努力はしかし、無駄ではない。今から 1500 年前にローマ帝国が消滅していらい、欧州の有力国家間で 70 年間も戦争がないという状態は、初めてなのである。この平和は間違いなく米ソ英仏の核武装がもたらした。

ちなみに、普仏戦争が 1871 年に終わってから、第 1 次世界大戦が勃発するまでの 43 年間が、記録としては 2 番目に長い欧州の平和期だ。

米軍もロシア軍も、古くなった戦略核弾頭運搬手段を、最新世代のもので更新しなければならないと思っている。だが予算の捻出には、どちらも苦労をしている。

アメリカ戦略空軍はいまだに、1950 年代の設計である「B-52」重爆に、戦略核攻撃ミッションを一部分担させている（ただしルイジアナ州のマイノット基地およびバークスデイル基地に所属する機体に限られる。他の B-52 は核兵器を搭載できない改造がしてあり、ロシア人にも査察させている）。

この B-52 と、1970 年代に開発された「B-1」戦術重爆撃機

（通常兵器のみを投下する）、およそ150機を、是非とも未来型のステルス長距離重爆撃機で更新したい——というのが空軍の願いで、巨大な空軍ロビーの要求を止められる勢力は、もちろん米国政界のどこにも存在しない。

　もし、航空業界第3位のノースロップ社がこの新爆撃機を受注できなかった場合、同社は部門ごとに解体されて、その軍用機部門は業界2位のボーイング社が吸収するだろうと今から予想されている。

　またボーイング社が受注できなかった場合は、ボーイングの経営陣は、ノースロップの爆撃機部門を買収するか、さもなくば軍用機からは撤退するという二者択一を迫られる。

　業界1位であるロッキード・マーティン社が受注すれば、設計はロッキードで、製造がボーイングのセントルイス工場になるという。（セントルイスのF／A-18スーパーホーネットの製造ラインは、2020年までに閉鎖される。）

　計画されている次期長距離爆撃機は、核攻撃ミッションでは「安全装置」のひとつとしてパイロットが乗って行くけれども、通常爆弾しか積まないステルス爆撃ミッションのときは、終始無人飛行で往復することになるという。撃墜されても捕虜が絶対に生じないというのが「売り」だ。

　現役ステルス爆撃機の「B-2」は、ノースロップが受注し、たった21機で製造は打ち切られている（胴体の後ろ半分と主翼は、ボーイングのシアトル工場製）。次期爆撃機も天文学的な単価になるだろう。したがって、その機数は驚くほど少なくなるかもしれない。

　ICBMの「ミニットマン3」も、1960年代の基本設計で、いまだ現役である。が、さすがの空軍も、この新型を作らせろという要求は通せそうにない。

　海軍の戦略核ミサイル発射原潜の『オハイオ』級は、1980年代に建造したものは、そろそろ退役させなければならない。海軍は、

次期戦略原潜の開発を政府と議会に認めてもらうためには、空軍が新爆撃機を調達することに反対しないという態度を維持しなくてはならない。

中共の政治的・軍事的脅威について最もよく研究しており、日本贔屓でもある米海軍が、政治力（予算力）では米空軍の風下にあるという現実を、日本人はよく覚えておかなくてはならない。

B61水爆がやっと「誘導爆弾」化

今日、米軍がいつでも使えるように一定数を貯蔵している唯一の投下核爆弾は「B61」水爆である。

爆弾としての重さは320kg（直径13インチ）なので、兵装対応システムが装置されているならば、F-16やF-15などの一般的な戦闘機でもこれを運搬して投下することができる。NATO同盟国のF-16やトーネイド攻撃機は、B61を米軍から貰って運用（要するにロシア本土を報復爆撃）することが可能なのだ。

2013年夏時点で、欧州配備のB61水爆は200発ほど。それをオランダからトルコまでの5ヵ国に置いている。対するロシア軍の戦術核は2000発である。

B61に限らず、核爆弾というものは、定期的に「リファービッシュ整備」というものを行わないと、起爆に必要な少量の放射性物質が経年劣化するなどして信頼性がなくなる。この定期整備には非常なカネと手間がかかる（金欠のロシアは総計数千発もどうやってマネージしているのか謎）。だが米軍の核弾頭は、1回リファービッシュすれば、それから20年間はいつでも使えるという。

このB61水爆を、米軍はようやく、JDAM（GPS誘導爆弾）化することにした。

最新型のJDAMは動翼がグライダー機能を持っていて、水平投弾距離を50km〜130kmまで離しても誤差30mで炸裂してくれ

る（このタイプをJSOWとも呼ぶ）。

　従来は、いくら精密照準しても、狙ったポイントから150ｍは逸れたそうである。この違いは、地下の原爆工場を破壊するというミッションを考えた場合、とても大きい。

　すなわち、いままでなら出力を100キロトン以上にセットしないと地下工場を破壊できそうになかったミッションでも、命中精度が十分に高いと期待できるならば、その出力を数十キロトンに抑制してもよいことになる（B61は出力可変式）。

　これは、付近の住民にふりかかる二次放射能の害を最小化できることを意味するから、米国大統領がイランに対する先制核爆撃命令を下すさいの心理的負担を軽くするのだ。

　ちなみに米国製のJDAMキットは、EMP（電磁パルス）の影響を受けないよう、シールドも工夫されている。だからロシアや中共との全面核戦争のさなかでも、どんどん投下できる。GPSの受信に失敗したり、これは妨害電波だと機械が判断したときには、バックアップ回路の慣性航法装置によって、落下中、自律誘導される。

戦闘機に速度は必要なし

　戦後70年間も先進強国間の戦争がないということは、戦闘機対戦闘機の大規模な長期連続戦闘も70年間、観察されていないということだ。

　しかし米空軍は、第2次大戦後の、小紛争も含めた2000件近くの「空戦データ」を蓄積している。おかげで、近未来の航空戦術について占うための資料には、ことかいていない。

　近年、ハッキリしている趨勢がある。電子器材と、長射程ミサイルが重要度を増している。かたや、航空機の速力や機動力は、大問題ではなくなりつつある。

　たとえば、F‐4ファントムのような古い戦闘機でも、電子器材

を換装してアムラーム（射程70km以上で「射ち放し」ができる空対空ミサイル）を運用できるようにするだけで、まだまだ一線の役に立つのである。

パイロットの目線によって次のミサイルのセンサーをロックオンさせるべき攻撃目標を火器管制コンピュータが自動識別できるようなハイテク照準ヘルメットも同様だ。

防禦用の電子システムでは、敵ミサイルを感知して、その命中を自動的に妨害してくれるものも年々進化している。

こうした電子装備や兵装（ミサイル、爆弾等）ならば、無理なく無限にアップグレードし続けられるのである。それを機体調達の最初から予期すべきなのである。

電子戦闘機

米海軍の古い艦上機に「EA‐6B」という電子攻撃機がある。米海軍はこれを、スーパーホーネット戦闘機をベースにした「EA‐18G」という新機種で装備更新する。海軍機の「EA‐6B」は2015年に退役させてしまうつもりだ。

しかし米海兵隊の航空隊は、旧型「EA‐6B」を2019年かそれより後までも使い続けねばならなくなった。というのも、「EA‐18G」は買わずにF‐35戦闘機の海兵隊バージョンに電子妨害の仕事をさせればいいと決めていたのに、そのF‐35がちっとも完成しないためだ。

「EA‐6B」は、地上の敵ゲリラが携帯電話で交話している信号も傍受できるので、イラクには2006年に持ち込まれている。もちろん、ゲリラの携帯電話や、無線式のIED起爆信号を強力に妨害してやる電波を発射することもできる。特に「ALQ‐219」というジャミング・ポッドを吊るすと、ごく狭い街区に対してだけ、妨害電波を集中できるという。

横田基地の新顔

　米空軍は、空軍版のオスプレイを2015年から嘉手納(かでな)に置くのが合理的だと考えていたが、日本政府からの懇請により、東京都ヨコタ基地に配備することを2014年に決めた。

　ヨコタ基地は、いわば、ドイツにある米軍のラムシュタイン空軍基地の日本版で、巨大な荷捌きハブである。ヨコタの倉庫には、東アジアで最大の荷捌きロボットもある。

　海軍の軍艦のプロペラシャフトが壊れたという場合、重さ5万8000ポンドのその現物が、ヨコタに空輸されてくる。

　また、ヨコタ基地を経由して、1年に11万人もの人間が出入国しているという。

　このヨコタ基地には、2017年から、C-130輸送機の最新型の「J型」が配備される。

　J型はクルーが2名少ない。航空地図がコクピットのディスプレイに刻々表示されるので、ナビゲーターは要らなくなった。

　いままでのC-130はプロペラが4枚だったが、それが6枚になる。地上でエンジンを暖機中に、プロペラの回転だけ止めることもできるようになった。これを「ホテル・モード」といい、風で泥や小石をまきあげることによる汚損を減らせる。

　ロールスロイスの新型エンジンは、低燃費かつ高馬力。これは、パイロットミスを幾重にもおぎなってくれる。

　インドは、ヒマラヤ山地の国境線でのシナ兵との対決のために、このJ型を購入した。ほとんどの戦術輸送機には、標高5000mにもなる高原の臨時滑走路に重い荷物を運び上げるような仕事は不可能だが、J型ならそれができる。もちろん中共軍は、これに対抗できる輸送機は保有していない。

　J型はすでにイラクとアフガンに投入されて、調子を摑んでいる。それまでのH型ならば3機でやっていた仕事が、J型だと2機でで

きてしまう。海兵隊員125人をまとめて車両込みで運搬することもできる。

在韓米軍

　朝鮮戦争の休戦時点で、韓国駐留の米軍人は35万人もいた。逐次にその人数は縮小され、2014年には2万8500人と、休戦後の最小になった。しかし、これ以上削減されることはない。米国内には確かに、在韓米軍なんてもう必要ないだろうという声がある。しかしペンタゴンは、在韓米軍の規模が2万人を切ったら抑止力としては無意味になると判断している。

　2014年11月に国防総省が公表した計画によると、在韓米陸軍（主力は第2歩兵師団）は今まで、大隊単位で1〜2年ごとに交替（本国勤務とのローテーション）をさせてきたが、これからは9ヵ月サイクルで交替させる。

　爾後は、毎月、第2師団の8％〜12％が、ローテーションで変わっていくことになる。

　前には、米軍基地を京城（ソウル）よりも南側へ集約する土木事業がいつの日か竣成した暁には、38度線から遠いエリアに米軍人家族を呼び寄せられるようになるので（それまでは単身赴任が原則）、将兵の1回の赴任期間が3年に延びるという話もあった。それは御破算だと思われる。韓国政府は、何のつもりなのか、新受け入れ基地となる「キャンプ・ハンフリー」の大拡張工事をズルズルと遅らせているし（2008年に完成という約束だった）、それならばと米軍も、京城（ソウル）よりも北側の基地を1、2ヵ所、当分保持し続けることを決めたからだ（地元韓国人はこれに猛反発して、米兵の自動車登録業務を拒否するなどのイヤガラセに出た）。

　要するに、米国は韓国の近未来の外交について全然信用をしておらず、監視を強めなければ韓国政府がシナ人を新しい主人として全

©小松直之

©小松直之

オスプレイの強力なガスタービンエンジン2基から真下に向けて吹き付ける排気は、昔のハリアー戦闘機以上の熱量で、米空母の飛行甲板の裏側配線を溶かしてしまうほど。『おおすみ』などへ迎えるときも、ヒート・シールド・マットという金属鈑を敷かねばならない。地面の下草や建物の屋上には火事を起こすし、気軽にどこでも降着ができぬことは知っておく必要がある。写真は低空における遷移姿勢で、エンジンは斜めに向いている。

オスプレイは格納に便利なように、翼もローターもこのように折り畳むことができる。
ヨコタ基地で海兵隊所属機が公開されたときの写真。警備の兵は米空軍が出していた。

半島に呼び込みかねないと考えている。在韓米軍は、いまや韓国政府の本能的な対支朝貢外交を邪魔するための矯正装置なのだ。

　1965年から常駐してきた第1機甲旅団は2015年6月に米本土へ引き揚げ、かわりにテキサス州フォート・フットの第1騎兵師団から、機械化歩兵の「戦闘旅団チーム」が1個、ローテーション派遣されてくる。米陸軍は、大規模な戦車戦など朝鮮半島ではもう起きないと信じているのである。

　在韓の第2歩兵師団の司令部は、今は、キャンプ・レッドクラウドにある。京城(ソウル)より、北側だ。

　在韓米軍が韓国人を驚かせたのは、米軍の太平洋の「第8軍」の隷下にある在韓「第2歩兵師団」と、韓国軍の第16旅団を結合させて、「2ヵ国コンバインド師団」を2015年6月に創設させたことだろう。ひとつの歩兵師団内に、2個の機械化歩兵旅団が属する。師団長は第2師団長の米国人中将。そして韓国軍の旅団長（准将）を「副師団長」兼任とした。ちなみにこの准将から少佐参謀まで、第16旅団の幹部は、ほとんどが米英圏の軍学校留学組だ。

　今後のローテーションの運用に際しては、第2次大戦で得た部隊人事の教訓が活かされるという。すなわち、「小単位のユニットは、できるだけ顔ぶれを変更すべからず。戦死傷者の補充においても然り」。

　第2次大戦から1990年代まで、米陸軍は、戦闘での損耗を、個人単位で補充してきた。これは、よくなかった。

　特に、4人または5人からなる歩兵の班は、顔ぶれが以前から固定しているチームでないと、戦力として期待することができなくなってしまう。そのうち1人が別人と入れ替わっただけでも、機能が暫時、最低にまで落ち込むのだ。交替した新人がなじんできて、元の集団戦力が復活するまでに、数週間から数ヵ月もかかるとされている。

それを痛感している米陸軍の高射ミサイル部隊は、すでに、必ず部隊一括、全員をまとめて派遣したり移駐させるようにはからっている。地対空ミサイルは、ボタンひとつ押せば自動的に当たるという世界ではないのだ。末端までの、人と人の連携作業が、ミサイルを敵機に命中させてくれるからである。

装備などは前線に置き去りにして使い回してもよい。問題は人。人だけは、1部隊を1パッケージとして扱い、引き揚げも派遣もパッケージを崩さぬように一括で異動させること。これが鉄則である。

このような流儀を「コーホート・システム」と呼ぶ。ベトナム戦争後に、陸軍の長老将軍たちはその理論の正しさを承認していた。が、予算の都合があって、今まで実現してこなかったそうだ。

京城(ソウル)よりも北にあるもうひとつの米陸軍基地キャンプ・ケーシーには、ラペリング（空中30m以下でホバリングするヘリコプターからロープで地上まで降りる）の教習コースがあり、師団の歩兵は全員、これを卒業しなければならない。ラペリングは、ちょっとバランスがまずいと、人体の上下が逆さになったままロープの途中で止まってしまったりするので、ベテランでも緊張する。5人に1人は卒業できないという。もちろん最初は、40フィートのタワーに網を伝

在韓米軍と対人地雷

　米国を除くNATO諸国と日本は、いずれも対人地雷禁止条約（オタワ条約）を批准済みである。

　米国も、朝鮮半島戦域以外ではそれを支持している。条約批准こそしない（というのもロシア政府が調印する気がないから）ものの、在欧米軍や在日米軍のストックしている対人地雷は破棄してしまう方針だ。

　オバマ政権は2014年6月に、オタワ条約に反する対人弾薬は製造しないとも公言している。徐々に整理は進むであろう。

　韓国では、朝鮮戦争時代の地雷除去作業が、今でも続いている。

って這い登り、ロープを使って壁を降りるという練習から入るのだが……。

　ラペリングによって米軍は何をしたいのかというと、北朝鮮が明日にでも無秩序状態に陥ったら、米軍はその蓄積されている核物質（核爆発装置を含む）を他の誰よりも先に押収しなければならないわけである。そのためにヘリコプターで敵地の山の中まで飛んで行き、安全な着陸場がなさそうならばラペリングで森林の中に歩兵を降ろして、韓国兵を道案内（兼通訳）として、米軍が施設に突入しようというのだ。こうした特殊作戦のために、平時から韓国軍と一体になって訓練を重ねておくことが不可欠なのだろう。

　在韓米軍にはケミカルの専門屋などもすでに充実しており、NBC（核・生物・化学）兵器の押収任務に関して、ぬかりはない。

　このキャンプ・ケーシーの返還も、韓国政府による代替基地建設のサボタージュによって、見通しが立っていない。

サイバー戦士は普通のリクルートでは集まらない

　今日の近代軍隊にとって、サイバー戦を完遂するためのプログラマー要員は、質的にも量的にも、足りることがない。

　民間ならば、特殊な技能者を、特別な給与で引き寄せて採用し、陣容を可能なかぎり強化することができる。だが軍隊は広義のお役所なので、給与体系も定員もすべて法律の縛りがあって、他の兵隊と違った特別待遇は提供し難い。また、民間の最高レベルの職場と、給与水準競争をして人材を獲得しようとしても、とうてい、提示できる金額で勝ち目がない。

　しかし、高度の危機意識に動かされた米陸軍は、英断を下した。

　デブでオタクのプログラマーに、インターネット通信保衛要員として陸軍にご入隊いただきやすいように、特定部局の採用に限って、フィジカルのテストを免除することに決めたのだ。

つまり、3000m走らせてみて規準のタイムより遅い者は入営させないとか、入営後に数十マイルの武装強行軍で足腰を鍛えてもらうとか、そういう関門を、サイバー部門については一切撤廃する。

コンピュータ・テクノ2等兵は、その専門スキルにおいて有能であるならば、「特注でない軍服」が着られる体形を維持してくれるかぎりにおいて、もはや懸垂などできなくてもいいし、土嚢を担げなくとも、腕立て伏せができなくても構わない。陸軍は文句を言わず、他の将兵と同等の俸給ならびに福利厚生を約束する。

このような特例を設けることには異論が多いだろう。だがリクルーターのベテランは断言する。こうでもするよりほかに、有能な人材をあつめることなど不可能なのだと。会社勤めよりも楽で、公務員並みの生活保障がされるという条件が提示されればこそ、ちょっと特異な才能のある彼らは、民間会社ではなく、陸軍に入ってみようかという気になってくれるのだ。

統計も、この措置を正当化するという。

すなわち巨視的にみれば、米陸軍に入隊した者のうち、最前線で常続的に戦闘するようになるのは、たったの1割にすぎないのだ。

2割の者は、ときどき最前線に配置され、場合によっては戦闘に直面すると覚悟しておいた方がよいという。

しかし5割の者は、最前線に行くことはありえるけれども、まずそこで戦闘しろと要請されることはない。これが実態なんである。

ちなみに2012年以降の米陸軍の2等兵の体脂肪基準は、男子24％、女子30％と定められており、これより大きい数値ならば採用してもらえない。

この規準は、以前よりも厳しいものだ。あの「9・11」以後、米軍の人員は急膨張させられ、それまで「粒選り」だった新兵の質に、こだわっていられなくなった。しかし米国内の失業率が2008年から高くなって軍隊に若者が殺到し、少しは選べるようになったのだ。

2011年のビンラディンの射殺成功とイラク撤収でまた事情が変化した。おそらく2014年以降は陸軍には年に5万人の新隊員が来てくれればよい。そこで陸軍は体脂肪基準を2012年から急に厳しくしたわけなのだ。

　男24％、女30％というのは、まだまだユルい基準だ。医者ならばそれを肥満と言う。一般人が見ても「ぽっちゃり」だと認定するだろう。

　戦闘員ならば体脂肪率は男子15％、女子22％が求められる。だが安心せよ。新兵は体脂肪24％で入隊しても、鬼軍曹が半年間のPT（フィジカル・トレーニング）によって、それを20％まで落としてやれるから。

　米国の青年は、1980年代からブクブクと肥え始めた。今ではなんと、17歳から24歳までのうちの7割が、陸軍に入隊させるには不適格。理由は、肥満と、筋力がなさすぎるためだ。

　それで2009年から、陸軍の新隊員訓練課程は、9週間から10週間に延長されてもいる。肥満をシェイプアップするのに、どうしてもそのくらい必要なのだ。

　いま、米国には、17歳から24歳までの新兵訓練適齢男子は3200万人いる。

　ところが、身体機能、犯罪歴、知能、精神異常などでハネていくと、そのうち13％の420万人しか、採用はできそうにない。その中から米四軍は、毎年、15万人を新採用しているのだ。

　米軍のリクルート係は知っている。IQが高くても軍隊を嫌う青年がいる反面で、肥っている奴は、けっこう、入隊を志願したがるということを。ところが、入隊前にどのくらいまで痩せなければいけないかを訊いて、また募集事務所に戻って来る者は、ほとんどいない。

　わが自衛隊は、このサイバー要員リクルート問題について、抜本

の対策を何も考えていないように見える。そこへ行くと日本の警察は真剣である。聞くところでは、警察学校にロクに通ってもいないサイバー専門要員（要するに町のPCオタク）を「警察官」として雇用するようになっているそうだ。勤務時間中は警察庁舎の建物の中から一歩も外へ出さぬようにし、出るときには警察手帳は預かりとすれば、それで特に問題は無いわけだ。

　かつて旧海軍の「機関科将校」は、合戦における指揮命令権については兵科将校より序列を低くみなされ、あくまでエンジンの専門家として、兵科将校とは呼称上の区別を強いられていた（「○○海軍機関少佐」等）。明治いらいのそのしきたりは、普通の指揮官教育も受けてきた優秀者揃いの機関科将校の士気を下げるというので、大東亜戦争中に廃止・統合されたのだけれども、今日のサイバー戦専門将兵は、実兵指揮をさせてもらえないからといって文句を言うだろうか？

　屋内勤務のみの「サイバー3尉」や「サイバー1佐」といった別枠階級が存在してもいいのではないだろうか？　給与額そのもので

18歳問題

　ミャンマーの政府軍は18歳以下の少年400人を入営させていると国連が非難している。国連の条約で18歳未満は兵隊にしてはいけない。ただし、両親の同意があれば別だ。

　ベトナム戦争中、すくなくも5人の17歳のアメリカ兵が戦死したという。ひとりの海兵隊員は、なんと13歳であった。

　17歳と18歳の違いなどほとんどないのだが、国連としては厳密に線引きする必要があり、18歳はOK、17歳はダメ、と決めている。

　米軍には今でも年に1万人くらい、満17歳の入営者がいる。

　また、米海兵隊は2年前までは、18歳に2ヵ月くらい足りない隊員も、平気で戦地へ送っていた。

は軍隊は民間と対抗できないのだから、せいぜい、若年雇用や長期の身分保障で、適した人材を惹き寄せることだ。

米陸軍のパシフィック・パスウェイ

米陸軍は2015年には、3個旅団を太平洋でローテーションをさせるつもりだ。

中共軍が大規模な侵略を奇襲的に起こす気にならぬよう、太平洋にいつでも実戦に移行できるコンディションの米陸軍を「巡回常在」させておく「パシフィック・パスウェイ」は、導入初年の2014年には、ワシントン州とハワイ州から1個旅団が約4ヵ月、インドネシア、マレーシア、日本を廻った。

2015年は3月にスタートして9ヵ月間続ける予定だ。1つの旅団は、タイ軍とのコブラゴールド演習、韓国軍とのフォールイーグル演習、フィリピン軍とのバリカタン演習に参加する。

もう1つの旅団は、豪州とのタリズマンセイバー演習、インドネシアとのガルーダシールド演習、マレーシアとのケリスストライク演習に参加する。

3番目の旅団については、派遣計画は未定。

いずれにしても、西太平洋に常在する米陸軍はシーズン中、2〜3倍に膨らむわけである。

ちなみに陸自の「山桜」演習にはこの米軍旅団は参加しないで、代わりに豪州軍からオブザーバーがやってくる。自衛隊の方からは、タリズマンセイバーに人を派す。

海軍のヘリコプター

米海軍は、2028年までに44機のオスプレイを独自に調達することを決めた。これまで、陸上の基地から航空母艦までの物資輸送にはC-2A（双発ターボプロップの早期警戒機E-2Cと機体が同じ）を

使っていたのだが、それをこれからはオスプレイにさせたいというのだ。

　自重が 25 トンで相等しい C-2 とオスプレイには一長一短がある。

　C-2 は自重と同じ 25 トンもの荷物を空母まで運べる。しかし着艦には難しい技術が要る。

　オスプレイは、運べる荷物はスリング吊下でも実用 4 トン半ながら、とにかく着艦は楽である（艦は進み続けているので、自機のダウンウォッシュにはまって失速墜落するおそれが少ない）。また、ヘリ甲板しかない駆逐艦や小型艦に自分で荷物を分配することもできる。その代わり、オスプレイはとにかくスペアパーツを喰う。メンテナンス・コストは非常に嵩むであろう。

　どっちもプロペラ機ながら、巡航速力は C-2 がやや優る。

　オスプレイは、海外にほとんど売れていないため、メーカーの生産ラインを維持するために、全力のロビー活動が展開されている。その成果だ。

　ちなみに米海兵隊は MV-22B オスプレイの他に、重輸送ヘリの CH-53K（最新型）も整備し続けようとしている。CH-53K は 13.5 トンを持ち上げることができ、しかもその運用コストはオスプレイの半分なのだ。揚陸艦から弾薬等を大急ぎで陸地に卸さねばならないようなとき、これほど頼れる機体は無い。

　海兵隊の MV-22B オスプレイは、カタログスペックでこそ荷物 9 トンを吊り下げ得ることになっているが、災害で孤立したフィリピンの村に救援物資を届けるミッションでは、1 機が 1 日に 2〜3 トンを運んだだけであった。

　海兵隊のオスプレイは、24 人の武装隊員を乗せて垂直に離昇し、700km 先の地点に隊員を送り届けて、また 700km を飛んで戻って来られる。そのさいの巡航速度は時速 400km である。

海軍のシールズがなぜ多用されるようになったか

『ニューヨーク・タイムズ』紙の2015年6月のすっぱ抜きによると、米軍がイラクで手一杯であった2006年に、アフガニスタンのタリバンがまた盛り返してきたというので、困ったマクリスタル司令官が、海軍特殊部隊のシールズ（チーム6とも呼ばれた）の急襲挺進作戦への投入を決め、以後、常態化したという。

しかもこのシールズは、CIAの「オメガ・プログラム」に相乗りしていたことが取材で判明した。これはベトナム戦争中の「フェニックス・プログラム」のリバイバルで、ようするに特殊部隊が敵地での要人暗殺や要人誘拐、さらには訊問まで担当するものだ。その作戦の過程では、民間人であろうとも射殺してしまって構わない。ひと晩に20人くらい殺ってしまったこともあるという。軍隊ならばこれは大問題であるが、CIA主導だと、うまくごまかしてもらえるのだ。

彼らは、イラク、アフガニスタン、イエメンの基地から頻繁に出撃していた（イエメンの拠点はおそらく今はシーア派ゲリラの手に落ちてしまって、秘密書類などが押収された可能性もある）。

特にアフガンからパキスタンへ越境しての作戦は、ハイライトだった。彼ら「オメガ」チームは平服を着用し、民間版のトヨタ製トラック「ハイラックス」で目立たぬように移動したのだ。

家屋に突入するときには手斧でドアをぶち破るが、それを担当するシールズ隊員は斧による格闘のプロとされていて、ついでにそのトマホークで中に居た人間を殺してしまうこともあったという。

仕上げは、射殺もしくは刺殺したテロ容疑者の、指または頭皮を、基地でのDNA照合のために切除して持ち帰ることだった。

敵戦死者の携帯電話から情報をぶっこ抜く

　今、ペンタゴンが開発を急がせているのが、戦地で鹵獲した携帯電話、メモリー・チップ、ディスクなどの電子機器や記憶媒体の中身を、できるだけスピーディに解析して、有用情報を抽出する技法である。

　米国の警察がすでに先行しているので、それを流用することになるであろう。名称は「コンピュータ・オンライン・フォレンシック・イビデンス・エクストラクター」。マイクロソフト社が開発したそうだ。

　敵ゲリラのアジトに置かれているラップトップ・パソコンや書類を押収するためには、特殊部隊による夜間の急襲が役に立つ。今日の特殊部隊作戦は、人の殺害ばかりが仕事ではない。

　イスラム・テロ組織も、じつは、紙の書類をたくさん製造する。米軍は、それらを押収したときには、スキャナーにかけ、即座に翻訳させ、主情報要素を抜き出すように努めている。

　これが訊問の資料ともなれば、ビッグデータの足しにもなる。ビッグデータからパターンを拾い出して軍事作戦や犯罪捜査に応用するソフト開発も、米国がトップランナーだ（DARPAが1990年代から挑戦していた）。

　身柄を確保できたテロリストへの訊問は、最初は、こちらが密かに答えを知っている事項から始める。それにより、相手が協力的か否かが見極められるのだという。

FBIによるフィリピン警察軍への協力

　フィリピン南部には、イスラム系から共産系まで、さまざまな反政府ゲリラや分離主義武装勢力が活動している。世界銀行の統計では、2011年以降だけでも8000人が、イスラム住民のいるフィリピン群島南部で殺傷されたり誘拐されている。フィリピン政府および

警察は、日々、彼らと戦っている。

 フィリピンの法律および米比間の条約によって、所在の米軍（数百人規模の米陸軍特殊部隊員。沖縄からも出張している）は、自衛行動の場合以外は、直接にそうした戦闘に関与ができない。

 しかしそれとは別に米国のFBIが、フィリピン警察のコマンドー部隊（ほとんど軍隊に近い）を熱心に指導して、「作戦」までもさせているようだ。フィリピン警察軍は2015年1月に、米国がその首に多額の賞金をかけていたマレーシア系の大物テロリストを含む、ゲリラ多数を射殺する勲功に輝いた。比島警察官44人と民間人4人も死亡する大銃撃戦であったという。そのさいFBIは、偵察ヘリに乗って現場上空を旋回して、じかに指揮をしていた節がある（負傷者の後送を手伝っただけだ、というのが公式説明）。

 現場は、ミンダナオ島だ。旧日本軍も当地のモロ族には悩まされた。その分離主義者のモロ族（イスラム教徒）はすでに比島政府とは手打ちをしている。だが、それに不満な分子が、しぶとくゲリラを続けているのだ。そこに、国外からも大物テロリストが加わっていた。

 フィリピン警察内の「シーボーン」と呼ばれる、高速機動艇でどこにでも急襲をかけられるコマンドー・ユニットを、FBIは指揮していたようだ。噂では、この手入れを、フィリピン軍には一切、事前に知らせていなかったという。そのおかげで奇襲情報がゲリラ側へ事前に漏洩せずに済んだのだが、味方軍隊の砲兵の応援も即座には得られぬこととなって（要するに臍を曲げられた）、シーボーンは非常な長時間の銃撃戦を強いられてしまった。

 最終的に、FBIは、大物テロリストの死体から人差し指を切断して、米本土の刑務所に収監しているそやつの兄弟のDNAと照合したそうである。

 日本でも沖縄や長崎や鹿児島の県警は「シーボーン」の機能を持

つべきなのだろうが、どうも沖縄県警にはやる気が足りないようなので、人手と予算に少し余裕のある陸自が、先島群島のどこかに、そうしたユニットを開設することを考えた方が話は早いだろう。

特殊部隊の待遇

　米軍において、特殊部隊は普通部隊の1割の人数である。しかし戦死者は全軍の6％で、すなわち普通部隊よりも戦死率は低い。効率的なのである。

　特殊部隊員は既婚者である。しかるに、軍上層からは頼られるので、遠隔地投入は長期化する。これが問題になる。

　米国は2016年度の予算から、軍事費大削減に直面する。しかし政府も軍の上層も、たとい総予算がカットされても、SOCOM（特殊作戦コマンド）にだけは予算を優先的につけてやろうと決めている。

　だが、いまや対テロ作戦が慢性化してしまったため、SOCOMの隊員たちが仕事を嫌うようになってきた。彼らは民間（情報機関系が多い）に出たいと思っている。

　2011年には、陸軍が要求して1年待たないと実現しなかった装備類が、SOCOMには要求から1週間で与えられるという機敏性もあった。隊員たちは、それが面白くて士気を鼓舞された。だが今はその手続きもすっかり官僚化し、面白みが無いという。

　SOCOMには、特殊部隊員30名から構成される「SOD」という派遣単位があるそうだ。

　SODは特殊言語別に正規7グループあり、さらに予備が2グループあり、それらとまた別に、所在非公開のグループが10個あるという。

　1グループは1200人。それが3個大隊に分かれている。1個大隊は3個中隊。1個小隊は6個ODA（Aチームともいう）から成るそ

うだ。

　SOCOMのうち、陸軍の特殊部隊は、12人チームを単位とするという。歩兵科からの粒選りで、語学研修させてから、外地へ送り出している。

　Aチーム等は、外国軍に稽古をつけてやるのが仕事なのだが、これに対して、夜間の急襲作戦に任ずるユニットとしては、陸軍デルタフォース、海兵隊レイダーズ（最近までマルソックと呼ばれていた）、海軍シールズが知られている。

　現地ゲリラを訓練してやるコマンドーを最初に実行したのは英国のSASで、それは第二次大戦中のフランス内のレジスタンスとの連携活動であった。

　米陸軍はベトナム戦争中に、陸軍のグリーンベレーが、ラオスの山地民族を味方として訓練してやっていた。

米海兵隊は「ロイヤル・マリンズ」を師と仰ぐ

　2006年から海兵隊は、英国の海兵隊であるロイヤル・マリンズのコマンドー部隊の模倣を堂々とし始めた。すなわち、もっと少人数単位で、よくある特殊部隊作戦のように、臨機応変にいかなる戦場へも海兵隊を即座に投入できるような編制を工夫しないと、将来の海兵隊の出番は無くなる（海軍のシールズが全部の仕事を獲ってしまう）ということに気付いたのだ。

　この新編部隊をマルソック（MARSOC＝Marine Corps Special Operations Command）と呼んだ。今は「レイダーズ」に改名している。

　1個連隊の中に3個大隊があり、各大隊は、3〜4個中隊からなる。それに、外国兵訓練教導隊が加わったものだ。

　米国は、日本の陸自と米海兵隊をフュージョンさせるつもりだから、陸自にも似たような部内改革がじきにあるだろう。

　他国部隊とのフュージョンの推進は、米国特殊部隊の得意分野で

あるとともに、米国政治家の大理想でもある。たとえば、米海軍に同盟国海軍をぜんぶ統轄させて、総勢1000隻の軍艦で地球を支配できないかと考える「GMP構想」などというものもある。もっか海上自衛隊は米海軍とのフュージョンがおおむねうまくいっているから、こうした構想が加速するかもしれない。

　海自と陸自の次に狙われているのは、航空自衛隊だ。米空軍としては、沖縄基地の空自に、那覇飛行場から嘉手納基地へ引っ越してもらって、司令部も部隊も統合したくてたまらないのではないかと、わたしは想像している。

特殊部隊用のヘリコプターは？

　定評あるバートル型の大型輸送ヘリコプターの最新型であるCH‐47Fを、特殊作戦用に改造したのが、MH‐47Gである。

　通信機能と、夜間や砂嵐の条件下で、高架電線などを避けながら計器飛行するための電子機材が、特に充実している。

　このヘリコプターを他機種で更新しようという話は、SOCOM内にはまったく無い。

　強化前のF型では、兵隊55人を運送可能であった。そのさいの最大行動半径は426kmである。飛行速度は最大で315km／時。余裕を見て、だいたい2時間半で戻ってくるように考える。

　アフガニスタンではCH‐47Fはひどく酷使された。1日に8回出撃というのを何日も続けた。しかし稼働率は9割もあった。これはオスプレイを何倍も凌ぐ。つまりオスプレイの数機分の仕事をしてくれるのだ。

　アフガニスタンでは、ヘリコプターのディスプレイはすぐに壊れるそうである。砂埃は酷いし、夏は気温が45℃を超える。これは空気が薄くなることを意味し、ヘリコプターはとても墜落しやすくなる。さらに夏の高山となると、パワー不足のUH‐60中型ヘリ

コプターは危なくて行けなくなる。

特殊空挺ジープ

　いま、米特殊部隊は、全重２トンの小型四駆車を公募している。要求スペックとして、荷台に1.4トンの荷物を載せて走れること、CH‐47型ヘリに収納できること、UH‐60型ヘリで吊り下げられること、落下傘を使って輸送機から空中投下できること、それが着地してから２分以内に走り出せること、などが挙げられている。

　米陸軍はかつて、自重１トン未満のミニ・ジープと、1.1トンの正規ジープを愛用していたものだ。が、１個班と所帯道具を、できるだけ１両で一括して運搬してもらいたいという需要から、湾岸戦争の頃に自重2.4トンの高機動車「ハムヴィー」で更新してしまった。一般の将兵はそれでいいのだけれども、特殊部隊用にはやはりミニ・ジープが良いと思われている。

　2009年に米特殊部隊は、サンドバギー型の1.6トン車を買った。ただし、運搬可能な荷物が600kgしかないというところが、不満だったようだ。

　特殊部隊は、夜間にはドライバーが暗視ゴーグルを装着して、これらの軽車両を運転する。

人員に疲労の色が濃い米国海軍

　2015年早々から米海軍は新しい公共CMを打った。とうに海軍を離職してしまった人材に、また海軍に戻ってくれないかと誘いかける内容だ。

　なにしろイランがなかなか海上で暴発してくれないものだから、ペルシャ湾に派遣されている艦隊は、ほぼ常駐状態だ。さすがにメンテナンスの必要があるので、軍艦は１年未満でまた米本土のドックに戻し、代わりの軍艦がやって来る。

しかし、家族を本土の軍港に置いて来た既婚者乗員の場合、9ヵ月とか11ヵ月にもなる中東単身赴任は、職務継続の意欲をほとんど破壊されるに足る経験なのだ。

水兵たちが、かかる苦役を嫌って、海軍以外の仕事を探すようになっても、無理ないであろう。

エリート職種である原潜への配置も、嫌われている。やはりというか、海の底で半年も暮らさなければならない仕事を楽しめる人間は、ふつうはいないのだ。

南カリフォルニアには、海軍の原子力エンジンの教育部隊がある。なんとか潜水艦乗務をまぬがれたい原潜艦隊所属の軍人たちが、その陸上部署に勤務できるゴールデン・パスポートを得んものと、7年にわたって試験でカンニングをやっていたというスキャンダルも、発覚している（34人が免職）。

米海軍が潜水艦にも女性軍人を乗務させるという方針を推進している背景にも、きっと、深刻な「志願者不足」があるのだろう。

海軍が海自を呼ぶわけ

米海軍作戦部長（陸軍の参謀総長に相当。旧日本海軍の軍令部総長）

沈没艦艇はそのまま水兵の墓場だと看做す米海軍

ダイバーがすぐ近くまで寄っていけるような浅い海底に骸をさらす沈船や沈飛行機は、世界で1万7000スポットも数えられるという。

それらの船体や機体の内部には、平均して満タン時の4分の3もの燃料が残存しているので、ケースによっては、油の抜き取り作業を考えねばならぬものもある。

しかし米海軍は、沈船内の水兵ならびに海兵隊員たちの遺骨を、ダイバーを使って揚収するつもりはまったくない。米海軍の伝統精神は、その沈船体をそのまま、聖なる墓だと看做すからである。

は、「連続 8 ヵ月の洋上勤務なんて水兵たちには無理。7 ヵ月がギリギリの限界だ」と語っている。

　しかるに 2014 年に米海軍が部内でアンケートをとったところ、回答者の 42% は、前回の外地艦隊勤務が連続 7 ヵ月以上であった。

　そして回答者の半数は、いま以上に昇進すればペーパーワークが増え、規則もたくさん覚えねばならぬので、できれば昇進しないで 20 年の勤続を果たしたいと考えていることが分かった。米軍人は、20 年以上勤続すれば、家族ともども手厚い軍人恩給にあずかれるのである。

　また、海軍軍人のくせに、洋上勤務をちっともしていないような連中がどこの軍港にも居て、これが大方の将兵の不満のひとつであることも分かった。そこで米海軍では、新しい人事ソフトを開発し、陸上でばかり勤務しているふざけた野郎をすぐにみつけだせるようにするつもりである。全将兵に公平に艦隊勤務ローテーションが適用されるようになれば、部内の不満もいくぶん解消されるはずだ。

　いずれにせよ米海軍の将兵は、ペルシャ湾を筆頭とする遠隔地への長期派遣のために、とても疲れてしまっているという実態がある。彼らは有力な海上自衛隊が「参戦」してくれることで、じぶんたちの負担が軽くなることを心から歓迎するであろう。

外国領土内の海軍基地

　米海軍は予算削減下の大方針として、カネのかかる人員ローテーションを減らすために、海外のできるだけ前方にゆったりした基地（軍港）を確保し、そこに兵員たちの家族も呼んで住まわせるようにしようじゃないかと考え始めた。

　米海軍の第 5 艦隊は、ペルシャ湾岸のバーレーンに海軍基地を借りている。イラン有事の際にはまっさきに矢面に立つロケーションだ。

そのバーレーン基地内には、米兵（現在8300名）の家族用の区画もある。今は686家族（被扶養者1300名）が定員となっているが、これをキャパシティ目一杯の900家族にまで拡大したいと第5艦隊では上申中だ。現地に家族と赴任している将兵ならば、連続勤務期間を最大2年にまで延ばすことが可能なので、海軍としては、ローテーションに伴う諸経費を節約できる。

現状、この広い世界で、ヨーロッパと日本に駐留する米軍人だけが、基本的に家族同伴での赴任がゆるされている。しかし、他の地域の米軍基地では、単身赴任が原則であって、家族を呼び寄せられる将兵は、ごく一部なのだ。

第7艦隊がシンガポールから借りているチャンギ軍港（マラッカ海峡の入口を扼す）だと、なかなかそのような地積は確保できないかもしれない。

フィリピンの米軍基地

2015年4月、太平洋コマンドのロックリアー司令官は、米軍がこれからフィリピンの8ヵ所の基地を利用すると公表した。

塗装の革命

艦船は、定期的にドライドックに入れて、錆落としの作業をしなくてはならない。

ひとむかし前は、乗艦が入渠中の水兵の仕事は、灰色（haze gray）のペンキを塗ること、と相場が決まっていた。

ところが、コーティング技術の進歩のおかげで、軍艦が次に入渠しなければならぬときまでのインターバルが、飛躍的に延びている。

たとえば、紫外線と熱から塗料を守るコーティングだとか、自己修復ができる塗装が発明されている。

急速に乾燥してくれる塗装は、短時間での厚塗りも可能にする。今まで何時間も要した作業が、数分で終わってしまうという。

パラワン島には、1つの航空基地と、1つの軍港を確保した。これで、スプラトリーに中共軍がやって来たとき、即応支援が可能になる。

他の6ヵ所の基地は、ヌエバエキヤ島、タルラック島、パンパンガ島（航空基地）、ザンバレス島（軍港）、そしてセブ島（航空基地と軍港）だ。

米海軍は、シンガポールに2隻のLCS（沿岸戦闘艦）をローテーション駐留させているが、2017年までにはこれを4隻態勢にするつもりだ。

「海のトラック」──LCUとは

米海軍と海兵隊は、現在32隻のLCU（Landing Craft Utility vessel）と72隻のホバークラフト（LCAC＝Landing Craft Air Cushion）を、輸送艦から着上陸地点まで人員や物資を届けるシャトルとして使用している。

LCUは平均艦年齢が43年と、老朽化がかなり進んでいるものの、125トンを搭載でき、1200海里(カイリ)を10日間で進むことができる。（旧陸軍の「大発」の大きなものを想像すればよい）。

米海軍は、このLCUについては、基本コンセプトをそのままに、搭載量を170トンに増加させて、2022年までに32隻の更新を終わらせたいと考えている。

FON作戦の先例：「シドラ湾事件」は、南シナ海で再現されるか？

中共は〈南シナ海全体が中共の領海だ〉という、誰も聴く耳を持たない主張を維持している。

近年になり、スプラトリー諸島の無人環礁を数ヵ所選び、コンクリートブロックを投入し、浚渫船(しゅんせつせん)で砂を盛り上げて、「これらの人工島は中共の領土だ」と叫び始めた。

公海面であったところに人工島を造成するのは、1994年の国際海洋条約違反である。ましていわんや、そこが誰かの陸地領土として認められることはない。また、明らかにフィリピンのEEZ内にある暗礁や環礁は、フィリピンの経済管理水面に属するとする主張の方が客観的な説得力があるであろう。

　しかし中共は、中共本土よりもフィリピンのパラワン島にずっと近い位置の人工島に兵器を搬入し、軍人を常駐させようとしている。これをいつまでも世界が黙過しているならば、中共は実力（暴力）によって「フィリピン主権の蚕食」から「南シナ海の事実上の領海化」まで達成してしまうであろう。

　このようなやりくちを「クリーピング・アグレッション（武力を背景に一寸刻みに奪い獲って行く侵略）」と呼ぶ。英語圏では「サラミ戦術」という表現の方が、通用するかもしれない。長いソーセージを、薄くスライスしていくように、漸進的に強奪するという意味だ。

　クリーピング・アグレッションを止める方法は、戦争しかない。戦わずして止める方法など、ないのである。

　さて、リビアは1973年から、〈シドラ湾は内水、すなわち湖と同じなので、沿岸から12海里以遠だろうと湾内はすべてリビアの領海である。よってシドラ湾内に米軍などの艦艇が入ることは許さぬ〉——と主張していた。

　じっさいのシドラ湾は誰が見ても「閉じた」地形をしていない。巨大でワイド・オープンな入江にすぎないので、各国は当然それを認めなかったが、敢えて軍艦でその湾の奥まで入ってリビアと戦争しようという国もなかった。

　ロナルド・レーガン氏は第40代合衆国大統領に就任した1981年の8月に、米海軍に対し、リビアをしてFON（Freedom of Navigation）を遵守させるように導く示威航海をするよう命じた。レーガ

ン大統領は、リビアのカダフィ大佐を国際テロの後援者だと考えていて、敵愾心を燃やしていた。

　国際海洋法の昔からの基本原則は、領海でない公海面をどの国の艦船も沿岸国の許可なしに自由に航行できるとする。軍艦ならば、12海里のちょっと外側であれば、洋上演習をしてもかまわない。

　地中海担当の米第6艦隊から、『フォレスタル』と『ニミッツ』の2つの空母艦隊がシドラ湾へ移動した。

　空母の上空には、艦上機複数によるCAP（戦闘上空警戒）が常時飛びまわっていることは、作戦行動中だから無論である。

　8月18日、高速で偵察する任務に適したリビア空軍の3機の「ミグ25」戦闘機が飛来した。が、米空母のCAPは輪形陣の外縁で「これ以上、近付くな」と警告して、引き返すように促した。

　リビア軍は、米空母を威嚇しようとしたのか偵察をしようとしたのか真意は不明だが、それから35機もの各種戦闘機（ミグ23、ミグ25、スホイ20、スホイ22、ミラージュF1）を繰り出して、高速で次々と米空母へ向かわせた。しかしいずれも、CAPによってはるか外縁でブロックされて追い返され、米空母には「触接」もできなかった。

　後日、電子記録を解析して判ったのだが、この間に1機の「ミグ25」が空対空ミサイルを発射し、何にも当たらずに海に落ちていたようである。

　8月19日朝。

　米空母は、艦上対潜哨戒機のS-3A「ヴァイキング」を、シドラ湾内で、ただしリビア沿岸からは12海里以遠で、楕円の周回コースをぐるぐると飛行させていた。名目は訓練だが、じつはこれが囮の餌だった。

　さっそくリビア空軍の「スホイ22」が2機、これを撃墜しようと離陸した。艦上早期警戒機のE-2Cは、その離陸の瞬間からレ

ーダーで探知し、「ヴァイキング」には、高度500フィートまで急降下しながら北方へ避退するよう指示するとともに、CAP機（F-14「トムキャット」戦闘機の2機編隊）をリビア機が来るコースの前へ誘導した。

このときCAP機は、艦隊司令官から、ROE（ルール・オブ・エンゲージメント＝交戦に入っても可い場合の条件指定）として、「自衛」でない武器使用を戒められていた。

リビア機のうち1機は、ヘッドオン（正面衝突に近いコース取り）でF-14と擦れ違う直前、距離300mから空対空ミサイル1発を発射した（そのような運用では当たることはまずない。よほど技倆の低いパイロットだったのか、あるいは脅かしのつもりだったのか、今もってわかっていないようだ）。

これでトムキャット側ではROEがクリアされたので、2機のトムキャットは空戦機動に入り、それぞれ1機のスホイ22を、空対空ミサイル「サイドワインダー」で撃墜してしまった。

リビア機のパイロットは2人とも、射出座席を作動させ、海上へパラシュートで着水。あとでリビア軍がレスキューした模様である。（リビア機は単座戦闘機だった。が、この時代の米海軍の艦上戦闘機は、F-14もF-4も複座機である。）

撃墜される前に、スホイ22のパイロットが、地上基地に対して、自分がミサイルを発射したと報告しているのを、米軍の電波信号収集機が傍受している。その表現から、意図的な発射だったことは確かめられた。

懲りないリビア軍は、さらに「ミグ25」を2機離陸させ、空母『ニミッツ』にマッハ1.5で直進して擬似攻撃をしかけた。

しかしこれに対しても2機のCAPがヘッドオンで向かうと、ミグ25は2機ともUターンして遠ざかった。

これが、第1次シドラ湾事件だ。

第2次シドラ湾事件は、1989年1月4日に発生した。

　クレタ島とリビア海岸の中間海域で演習していた空母『ジョン・F・ケネディ』と『セオドア・ローズヴェルト』に向かって、リビアの陸上基地から4機の「ミグ23」が離陸し、そのうち2機が空母に向かってくるのを、E‐2Cが偵知した。

　またF‐14の2機編隊のCAPがそちらに指向されたが、米軍の方から交戦を開始する意図がないことを明示するために、F‐14は数度、ヘッドオンにならないようにコースをずらした。

　するとミグ23はそのたびに、F‐14の方に向かってきた。

　F‐14は高度910mまで下がって、敵機のレーダーには海面反射ノイズで見え難くなるように機動した。

　コースや高度を変えても執拗に向かってくるミグ23は、攻撃意図をもっているとE‐2C座乗の空戦指揮官は判断した。F‐14は、「脅威を感じたなら空対空ミサイルを発射して可い」と伝えられる。

　そこで、1機のF‐14の後部座席のレーダー担当士官が、中距離空対空ミサイル「スパロー」を距離26kmから発射した。前の座席の操縦士はびっくりしたという。

　このスパローは外れ、そこで距離19kmにてもう1本発射したが、これも外れた。いよいよ巴戦となり、3発目のスパローが距離9.3kmで発射され、こんどは命中した。

　僚機のトムキャットは、別のミグ23を、短射程のサイドワインダー・ミサイル1発で仕留めている。発射距離は2.8kmだった。

　敵パイロットの2人は、またパラシュートで着水したが、こんどはリビア空軍はその救難に失敗したらしく、2人とも死亡したそうである。

　リビアは、撃墜された機は非武装だった、と、しらじらしい嘘をついたものの、F‐14のガン・カメラには、この日のミグ23に空対空ミサイルが取り付けられている映像が記録されていたのだった。

以上が、2回におよぶ「シドラ湾事件」である。米国大統領にその意志があれば、これと似たようなFON作戦が南シナ海で命じられるだろう。米国大統領にその意志がなければ、レーガン氏以前の大統領のように、何もしないであろう。

 じつは一国の勝手な領土主張を牽制するために軍艦を動かすFONは、頻繁に実行されている。2014年にも、中共、イラン、フィリピン、アルゼンチン、ブラジル、ベネズエラの沖合に米海軍の軍艦を行動させて、FONもどきをやっていたようである。カダフィ大佐のような反応を当該国が見せないために、それらはほとんどニュースにはならない。しかし、米艦隊の航行を黙過した沿岸国は、その海域が、それらの国の「領海」であるとは、主張しにくいであろう。国際海洋法によれば、軍艦が他国の領海に入るためには、主権国政府の許可が必要なはずだからである。

 だから南シナ海の人工島沖についても遅かれ早かれ、米国軍艦による示威航海は行われるであろう。それが2次のシドラ湾事件のような展開になるかどうかは、中共の出方ひとつである。

 ところで中共は人工島に長距離レーダーや地対空ミサイルを据え付けることができるであろうか？

 南シナ海は地中海のような穏やかな海ではない。強い低気圧が通過するときは、クラークフィールド基地（かつて米空軍がルソン島に間借りしていたアジア最大の航空基地）の軍用機ですら、どこか遠くへ一時避退しなければならなかった。台風の激浪をかぶると、昔の軍艦でも、艦橋構造にダメージがあったものである。海抜ゼロメートルの砂上に建つ半端な倉庫や兵舎では、おそらくこの海象を凌げないであろう。

 中共軍が、パラワン島やボルネオ島へ、シナ本土から一気に奇襲侵攻するための、ヘリコプターや小型固定翼輸送機の中継給油基地として利用するというのならば、いくぶん合理的だろう。

もし中共が公然と戦争を開始した場合、これら人工島の周りには米軍その他の海軍によって、沈底機雷が撒かれるであろう。人工島の守備兵は、船舶によって飲料水を補給してもらう必要があるが、機雷によって、船舶は近寄れなくなる。海抜ゼロメートルでは穴を掘っても海水が染み出すだけで、守備隊は地下陣地に隠れることもできない。したがって、クリーピング・アグレッションを、戦争によって阻止するという決意が周辺国にあるかぎり、中共の野望は挫かれる。

米空軍の機雷の準備
　米空軍がストックしている投下機雷は、「マーク62・クイックストライク」という。
　ふつうの500ポンド（227kg）爆弾の尾部にセンサーとパラシュートをつけただけのもので、安い。
　すべて沈底式で、水深26m以内の海面に投下すると、海面を航行する艦船の水圧、磁気、音に感応して爆発する。
　B‐52やB‐1からこれを投下するときは、高度は300m、速度は500〜600km／時を維持しなければならない。ちなみに第2次大戦中のB‐29は高度1000mから夜間に機雷を撒いて西日本の航路を使えなくしている。

考えられない「中共空軍による奇襲」
　中共空軍や海軍は、長距離を高速で往復できる攻撃機を何十機か揃えている。それに取り付ける対艦ミサイルも、多数ある様子である。
　しかし、その「陸攻」（旧帝国海軍航空隊が陸上基地から飛ばして対艦攻撃させるために開発した中型〜大型機）隊を、たとえば南シナ海の米空母艦隊に向けて一斉に発進させようとした場合、かならず米

先の大戦中、ドイツは大都市内に複数の「フラックタワー」を造営した。ぶ厚い鉄筋コンクリート製高塔で、頂部は高射陣地だった。市民1万人を収容できる防空壕機能を兼ねたものもある。今日、敵国の巡航ミサイル攻撃から日本の原発建屋を護り、消火活動の拠点ともなる、フラックタワーの現代版を考えるべきときであろう。(図は、泊原発を仮想したCG合成イラストです)

軍のISR網には「兆候」が捕らえられてしまう。

　まずかなり前から全機のクルーにひととおりの訓練が課される。決行日が近付くにつれて、基地間の通信量が倍増する。暗号を使っているつもりでも、その暗号はNSAが解いてしまう。

　燃料や弾薬やエンジンのスペアパーツの取り寄せがあわただしくなる。その発注のための有線通信も傍受されてしまう（途中にスパイウェアが埋め込まれているので）。基地内からかけられた携帯電話は、傍受専門の人工衛星がその内容を録音する（各種SIMカードはとっくにNSAで解析済み）。

　ルーミント（SNSでやりとりされる住民たちの噂話を傍受し、ビッグデータとして解析するエスピオナージ手法）は、数ヵ所の基地で特に空気が緊張しつつあることを教えてくれる。

　陸攻が発進する飛行基地では、離陸前のエンジンの暖機運転が、顕著な兆候としてスパイ衛星に探知される。

　そのあたりで米軍は、GPS衛星のシナ大陸および周辺海域に対する位置データ提供サービスを一時的に停波するであろう。GPS衛星は米空軍の管轄なので、電波を止めるのも随時、思いのままなのだ。

　これで中共軍の陸攻は、離陸直前の自機INS（慣性航法装置。三軸のジャイロにそれぞれ加速度センサーがついており、その加速度値を時間値で2回積分して現在の自己位置を算定する）に対する初期座標入力作業を、GPS以外の方法、たとえばロシア版GPSであるGLONASや、中共版GPSである北斗（ベイドウ）の信号によって実施するか、あるいはキーボードを使って手作業で入力しなくてはならなくなる。

　自機INSに対する離陸直前の位置座標入力が、信頼度の落ちる数値であれば、そのあとで空中から発射する巡航ミサイルの内蔵するINSにもその不正確さはそっくり引き継がれて、飛んで行った先の洋上で、目標の敵軍艦を発見できないということになってしま

う。

　米艦隊は、中共軍機が巡航ミサイルを発射した瞬間から、GLONASや北斗の信号に対してジャミングをかけはじめるであろう。

　したがって、グァム島や沖縄本島内にある、座標が既知である諸目標に対しても、中共軍の巡航ミサイルは、内蔵INSだけでたどりつくしかなくなる。GPSが使えることを漫然と前提とし、古い世代の低性能なINSしか搭載していない中共製巡航ミサイルは、アンダーセンや嘉手納の滑走路に正確に落達することはできないであろう。誤差は、飛距離が長くなるほど、大きくなるのである。

　このように「長射程の巡航ミサイル」というものが「超精密なINS」を内蔵していないで、GPSやGPS類似の信号に依存する方式であった場合、それは米軍相手の実戦では、「役に立たない武器」になるのである。

　中共軍機は米艦隊を攻撃するためには、目標艦から100km以内に近づいて、対艦ミサイルの弾頭シーカーを目標艦にロックオンさせた状態で発射する必要があるであろう。そのような戦術は今日の米空母に対しては非現実的であることについて、多言は要せぬであろう。

旧い重爆は哨戒機の仕事ができる

　2009年にB-1B爆撃機用に「Sniper ATP」というターゲティング・ポッドが取り付けられた。ターゲティング・ポッドとは、ハイテクの全天候型光学望遠鏡とレーザー爆弾照準装置が一体になったもので、軍用機の翼下に吊るして、コクピット内のディスプレイと連動させるものだ。これを取り付けた軍用機は、高度6800mから、地上の人物が男か女かわかるくらいの映像を夜間でもディスプレイ上に得られる。もちろん洋上の不審な船舶を、水平距離20km以上で撮影して、本土のデータベースと画像照合してもらうことな

ど、わけもない。

　2011年には、このポッドを取り付けたB‐1Bからレーザー誘導爆弾を投下して、航走中の舟艇を直撃破壊するというテストが実施された。中共軍が無数の舟艇で台湾に上陸しようと考えても無駄だというデモンストレーションであった。

　ターゲティング・ポッドを搭載した機体は、地上のJTACによるレーザー照射による案内がなくとも、自前のレーザー照射によって、高度6200mから悠々と精密投弾できる（ただし友軍誤爆の確率は高いが）。ポッドの重さは200kgで、GPS誘導爆弾への座標入力も、このポッドの照準器を使えば簡単にできる。

　この新型ポッドを米軍は2013年から旧いB‐52にも取り付けるようになった。

　じつは過去10年以上、米国本土防衛庁（Department of Homeland Security＝DHS）は空軍からB‐52を借り受けて、東海岸に近付く怪しい船舶が無いか、沖合を2000kmまで常時哨戒させている。さいしょは、北鮮等の原爆自爆船がニューヨーク港を壊滅させるという事態を警戒していた。

　重爆撃機による海上哨戒は、第2次大戦中からB‐17やB‐24を使って大々的に実施していたし、B‐52も冷戦中はその任務に駆り出されていたことがある（だからB‐52には1980年代からハープーン対艦ミサイルが搭載できるようになっている）。それが2001年の「9・11テロ」によって、また復活した次第だ。

「Sniper ATP」ターゲティング・ポッドは、取り付ける機体も選ばない。F‐15のような戦闘機に装着すれば、F‐15がそのまま哨戒機になるのである。ただし、ステルス性を殊更に重視した機体にだけは、ターゲティング・ポッドや偵察ポッド等を外付けすることはできない。

トマホーク

　米軍が大量のトマホーク巡航ミサイルを発射した直近のケースは、2011年のリビア内戦干渉（ただし国連決議あり）の折で、221発を射耗した。1発120万ドルである。

　トマホークはデビューして32年以上経ち、6000発以上が製造されている。米海軍はそのうち2000発以上を実戦で発射し、それと別に500発以上を訓練や試験で飛翔させた。そして今現在、3000発以上を、軍艦に搭載したり海軍基地に貯蔵しているのだ。最新の戦術型の射程は1610kmあるという。

退役軍人ケアのほころび

　2014年の米軍内部の大きなスキャンダルは、退役軍人庁のメディカルケア・システムが、保険対応病院および医師の数が受診希望者数と比べて少な過ぎて、老人たちが診療を申し込んでから何ヵ月も待たされているという深刻な実態の表面化であった。対応病院を増やそうとすれば、基金はたちまち足りなくなる。国防費全体が圧縮されている今、この問題も、解決不可能だろう。

　2013年の統計によると、米国内に復員兵は500万人もいるそうだ（それでも2000年よりは17％減った）。しかし傷痍軍人年金を貰

イスラエルの倉庫業

　米軍とイスラエルの協力関係は、堅固である。たとえば米国は、イスラエルにおびただしいJDAM（GPS誘導式投下爆弾）を送り届けているが、それはイスラエルへのプレゼントではなく、米軍が中東で使用するためのストックだ。

　2009年いらい、米軍はこのような「倉庫借り」をしていて、爆弾のみならず、スペアパーツや、一部の軍用車両まで、イスラエル国内に置かせてもらっているのだ。

う者は、その間に55％増えた。額では3倍になろうとしている。

　押し上げている主因は、枯葉剤の被害者だという申告を全部認めているためだ。

　パーキンソン病なども枯葉剤が原因だと主張して、申請すれば手当が出される。ベトナムへ出征した一番若い兵隊でも、現在55歳だ。加齢に伴う自然な症状を、なんでもみんな枯葉剤のせいにして無料で治療してもらえるとすれば、老人たちはそれを利用しないでいられるだろうか？

異次元空間キューバ

　米国とキューバは1961年に断交した。そしてレーガン時代に米国はキューバをテロ後援国家に指名した。

　オバマ大統領は、このキューバと国交を正常化させることで、外交史に名前を残すことに成功しそうである。

　共和党のマケイン上院議員は、そのような外交は、専制国家との宥和だと噛み付いたが、サウジアラビアやベトナムもどう考えても専制国家だ。米国が、中共やロシアより影響力の少ないキューバと普通の経済関係を持つことを妨げていたのは、冷戦期以前のいきがかりだけであった。

　アメリカが意地になってキューバを経済的にシャットアウトしている間、中共、ロシア、ブラジルは、堂々とキューバに投資していた。

　2014年10月の、対キューバ制裁案についての国連総会における投票では、アメリカに追従して制裁に賛成したのはイスラエルだけだった。

　これまで米国からキューバへは、純然観光旅行のための渡航は認められていない。けれども、その他の何かもっともらしい名目があれば、誰でも行けるようにはなっていた。

　キューバの一大特徴は、国外とつながるインターネットがぜんぜん普及していないことで、これは北朝鮮と並ぶ現代世界の奇観だろう。

Military Report
中共編

III 中共編

この地域の概況

2度の世界大戦はドイツが起こした。ドイツは普仏戦争に勝ったことで、ますます勝手をやりはじめ、ますます非ドイツ語世界からの尊敬を欲した。これと同じエモーションが今のシナ人にある。

戦争が無いとだんだんに強気になるシナ人の「自己認識失調」は、昔から有名であった。

そのさい、英軍に挑んで降参して香港を取られ、仏軍に挑んで降参して広東(カントン)を取られ、日本に挑んで降参して朝鮮を取られ、列強に挑んで天津(テンシン)への条約駐兵を呑み……といった過去の歴史は、彼らの教訓にはなっていないようである。

北京の動向

日本の軍事評論家の義務

　シナ人は、「正確な侮(あなど)り」を受けると、そうした外世界の見方を否定しようとして、無理なパフォーマンスに走る。

　たとえば、「陸上のレーダー・サイトでモニターできない空域へは、中共軍戦闘機は飛んでは行けぬ」という事実の指摘を空自関係者からされるや、彼らはムキになり、見栄を張ろうとして、はるか遠くの洋上（沖縄近海）まで意味もなく飛行するようになった。

　しかし中共製のジェット・エンジンが、動かせば動かすほどに、ハイペースで各部が壊れてしまう粗悪品であるという事実は変えることはできない。結果、シナ人は、戦争を始める前なのに、勝手に我と我が手で戦力を自壊させてくれている次第だ。

　これは間違いなく周辺国の利益である。ということは、周辺国は政府レベルでも民間レベルでも、途切れることなく「シナについての正確な侮り」を戦略的に発信し続けることが、戦わずしてシナの兵を屈する良法となるであろう。

　ところが日本の現状は、多くの軍事評論家が、「敵の戦力宣伝の片棒担ぎ屋」に堕してしまっている。それでは日本の政治家も官僚も財界人もマスコミ人も、戦わずして中共に屈譲しようという気になるだけだ。少しも日本の国益にならない。

　儒教圏人の兵力を戦わずして損耗させたくば、正しい指摘を続けることにより、儒教圏人の面子(メンツ)を潰し続けることだ。そして、不本意で空しい「見栄張りアクション」を継続的に引き出すことである。日本人の軍事評論家ならこの責務を自覚しなければならない。

III 中共編

シナ軍の予算

　2015年3月の公表によると、2015年度の中共の軍事予算は1414億5000万ドル（8900億元）で、2014年度の10.1％増しであるという。

　『兵頭二十八の防衛白書　2014』でも解説したように、これらは「報道されたときに、できるだけ少ないような印象をあたえる字面・数字の並び」というものが先に選ばれていて、その美しい数字が導き出されるような「成形術的操作」をしているだけである。今年は「$141.45 billion」という英文活字の字並びが、共産党最高幹部たちによって、好ましくて宜しいと承認されたのだ。

　中共は、兵器類の研究開発費や調達費の他、パラミリタリー機関たる「武警」（人民武装警察）にかかる予算、それから軍人恩給等も「軍事費」に含めていないので、公表額に1.5もしくは3を掛けないと、実態には近づかないと研究者たちは言う。

　1.5を掛けると約2122億ドル、3を掛けると4244億ドルだ。

　おそらくこれはどちらも正しい。額面では中共の国防支出は、6000億ドルの軍事費を負担している米国のだいたい3分の1なのだろう。しかしPPP補正を加えると、米国の7割にまで迫っているのだ。

　次の指摘は重要かもしれない。

　ロシア以外の全隣国をあわせた軍事費よりも、中共の軍事費の方が巨額である。

　しかしGDPでは、中共がいくら水増ししようとも、米国はなお中共の8倍の資金力を誇っている。また、GDPの水増しを剝ぎ取った数値だと、おそらく中共のGDPは過去も今も日本のGDPよりは小さい。

　そして、毎年10％の軍事費増を約束することによって軍人たちの機嫌をとっている政府は、いつか崩壊する。なぜなら、中共は日

本以上に急速に少子高齢化社会に突入しているのに、そのおびただしい社会保障費は、軍事費削減によってしか捻出のあては無いからだ。軍人たちはそれに反発するが、軍人たちの恩給の原資も細って行く。国全体が金欠なのに既得利権を離さぬ軍人は、人民から憎まれる存在になる。民主主義的な総選挙というものといっさい無縁の一党独裁政体では、その軋轢（あつれき）の行き着く先は、憂国の一部軍人と多数人民による革命クーデターしかない。

　これがわからぬ財務官僚たちでもないので、中共政府は、巨額の軍事予算を、兵隊の定員増にはぜったいに使わせないで、「旧い大型兵器を新型で更新する」ことに、極力使わせようとするであろう。したがって、海軍や空軍の兵員数が増えたときは、かならずそれ以上の陸軍の兵員の削減があるはずである。もし、全軍をトータルして将兵の純増が見られるようなら、中共の破滅は旦夕に迫るだろう。

シナ財政は崩壊する

　2014年に中共の総人口は710万人増えたが、労働力人口は逆に2013年よりも370万人減ってしまって9億1500万人だ。60歳以上のシナ人は1000万人増加して、2億1200万人。

　この趨勢は、これから数十年、止められない。今は総人口に占める退職者は13％だが、2050年には30％になる。

　現在、11人の労働者が、1人の老人を支えている。それが2050年には、2人の労働者で1人の老人を支えることになるのだ。

　もしも労働生産性を急勾配で年々高めることができれば、今の生活水準は維持できるけれども、国内石油販売価格を政策的に抑えてきた中共の工場は、「省エネ」文化が育つ土壌ではない。

　これは何を意味するか。2050年においてシナ政府の最大の支出費目は、老人年金になるということだ。それは企業への極端に重い課税とセットである。

中共政府はあわてて2013年に「1人っ子政策」を緩和した。が、経済活動の生産性が高い都市部の中産階層は、旧世代のシナ人や今日の腐敗した億万長者たちのように子福者になろうとはもう願わない。自由のありがたみを感得した中間所得層は、子供に不自由をさせる多産生活を未来にわたって否定するのだ。
　また、「1人っ子政策」と儒教圏の男子選好文化の相乗作用で、シナにはいま、3800万人も男が多い。この男女数のアンバランスは年々増している。
　かくして、中共こそが、労働移民を受け入れねばならなくなる。じつは2014年だけで、800万人の労働者がシナに入り込んでいる。
　他方で麻薬常習者が1500万人いる。これもどんどん増えている。国境を接するビルマ、北鮮、ラオス（タイ）から、いくらでも流れ込んで来るのだ。
　「春秋の筆法」をもってすれば、国家権力による産児制限を導入した鄧小平が、中共の天下を終わらせるということになるだろう。鄧小平の本性は、自由主義者であった。
　そして来たるべき「易姓革命」の原動力の一つは、腐敗堕落を憎む若手テクノクラートと「新マオイズム」の結合だろう。法輪巧は仏教系なので、官僚の間に味方を作ることができない。毛沢東主義の名を藉りた朱子学は、儒教圏人には説得力を持つであろう。

腐敗と堕落

　中共の役人（＝党員）の腐敗は、どの分野に集中しているか。
　人事、経理、燃料の調達および配給の部門だそうである。これは軍隊の内部にとどまらず、他の役所でも企業でも皆同じらしい。
　燃料が私腹を肥やすための闇物資になっているということは、戦争になったときに、あるべきはずの燃料が、横流しに備えてどこかに隠匿されているために、軍として動員（徴発）ができないという

トラブルを約束するだろう。

　中共の文官指導層は、中共軍の弱さを知っている。そして中共軍が暴走して大敗することによって中共が崩壊すると恐れる。

　中共の高級軍人たちは、高級文官を舐（な）めているので、まず行動し、その後に文官の上長と合議することがよくある。

　ヒマラヤ国境で中共軍と常時対峙しているインド政府も、どうもインド国境方面を担任しているシナ軍の司令官が、中央からの統制から独立しているのではないかと疑っている。

　大昔には中共軍にも、軍事の特定分野に専心精励する下級将校が多く、公共へのロイヤリティが認められた。しかし現代中共軍は、すでにテクノクラートが下級と中堅を占めてしまっている。彼らが出世して上長になるに従い、公共への奉仕よりも、私利を合理的に追求してみたいという欲求が勝るようになった。皆、闇経営者としての成功を目指しているわけだ。

　朝鮮戦争の時代に任官したプロ軍人が、最後の理想主義的な軍人だった。あとはずっと腐っている。専門スキルにおいても、たとえば歩兵部隊のごく基本的な動作・運用すら知らない無能な部隊長が、ザラにいるのだ。

　内面の頽廃に伴って、外見もたるんできた。

　2015年初めに中共中央は、党として「デブ軍人は昇進させない」と命じたようである。

　中共版のインターネットに、肥満した将官たちのスマホ激写画像が頻繁にアップされるようになって、習近平（しゅうきんぺい）はこれはマズイと判断したのだ。庶民は、腐敗がどこにあるか、わかっている。インターネットは、中共のような国においてすら、役人の瀆職（とくしょく）を自粛させる、一定の力となっている。香港では、デモ隊は、ミニ・ドローンを飛ばして自分たちの姿を動画撮影させているという。それが、警官隊の暴虐を抑止するからだ。

デブ将官たちは、贈賄によって昇進を続け、そのポストに辿り着いた。シナ軍の将校たちは、多額の贈賄をしてでも、補給関係の部署に配属されたがる。そこでなら、なんでも盗めるからだ。
　中共軍の大きな弱点のひとつは、「政治将校」制度だ。部隊の「チェイン・オブ・コマンド（指揮命令系統）」として、軍と党の２系統が並存している。敵と戦っている最中に、敵の将軍や隊長たちよりも早く情勢を判定したり、意思を決定することは、この制度があるかぎり、難しい。中共軍には、中隊レベルから政治将校が配属されている。
　また中共には、統合作戦計画というものは無い。これは、無くてもいいのかもしれない。
　また中共軍は、省と直結した、「郡県制」的な組織でもある。地方の共産党のボスが、その駐留軍隊に新兵の４割を供給する。それ自体が、巨額の賄賂の温床だ。
　省の共産党ボスだけが動かせる「地方軍隊」も存在する。いちおう名称は、「人民解放軍」を名乗るのだが、チェイン・オブ・コマンドが違うのだ。
　このような地方ボスと結託すれば、地方勤務の将校も、荒稼ぎができる。
　シナはでかすぎるので、いつの戦争でも、緒戦では必ず負ける。そして、腐敗を克服する指導者が現れて、ようやく機能が改善される。その時間の余裕が、常に与えられてきたのだ。

砂盛り島の数々
「実効支配」は、島嶼(とうしょ)の領有権の法的正当性の９割にあたる、といわれる。
　古い地図は、すでにその島嶼を占拠している国に対する効力をあまり持たない。フィリピン政府は 2014 年に、969 年前のシナの地

図を証拠として、シナ領土は海南島(かいなんとう)までであることを申し立てた。しかし中共政府はこの地図を知っているのに完全に無視している。

　中共が、スプラトリー諸島の無人岩礁などを次々と占拠してしまう段取りは、まず漁船用の繋留ブイの投入から始まる。次に、そこに「漁民用の避難小屋」が建設される。それを作業宿舎として浚渫工事が始まり、ミニ駐屯地、さらには3000ｍ級の滑走路まで建設される。

　周辺国が、もしこの作業を途中で実力で排除しようとすれば、戦争である。座視していれば、周辺国の領土・領海主権は、どんどん蚕食(さんしょく)される。

　スプラトリーのトゥス・ヒューズ礁には、2004年から砂盛り工事が始まって、今では滑走路が1本できて、なおも拡張工事中である。

　他にも中共は、ジョンソン南礁、ゲイヴン礁、フィアリー・クロス礁、カギティンガン礁等で、続々と人工島を生み出している。

　2015年3月に、日本とフィリピンは歴史的な初の海軍合同演習を、中共の砂盛り島から300kmの海域で実施した（続いて5月には、日比のコーストガードも共同訓練）。

　フィリピンはスプラトリーの中で2番目に大きい「ティトゥ」島（Thitu Island）を実効支配している。場所はパラワン島から近い。1970年代から警備部隊を置き、今は民間人200名と軍人50名が暮らす。

　このティトゥ島からわずか24kmの「スビ・リーフ」に中共は人工島を建設中である。

　フィリピン領土のパラワン島に近いスカボロ礁では、2015年になっても、中共の公船がフィリピンの漁船を放水銃で追いかけまわしている。

　あきらかな比島のEEZ内であるのに、公船と暴力漁船の連携で

比島漁船を締め出し、事実上の実効支配につなげて行く。グレーゾーン事態の見本のひとつだ。

ベトナムやフィリピンも、中共に対抗するためには、自国で実効支配中の岩礁や礁湖で、砂盛り工事を進めなければと思っている。だが米国政府は、それはいけないという。

やむなく比島政府は、ティトゥ島での改良工事を中断した。

埋め立てによって陸地を増やすことは、絶海の孤島国でないかぎりは、近隣国からの苦情申し立ての対象になりがちである。

シンガポールも、ジョホール水道での埋め立て工事によって、どんどん陸地を増やしているところだが、対岸のマレーシア政府はこれを甚だ不快なことと思っており、国際法廷に訴えて止めようとしている。

インターネット時代の報道統制

毎年1億人以上のシナ人が海外旅行に出るという。留学生に限っても、毎年10万人が、シナから外国の大学へ入学している。

中共国内のインターネットは政府によって厳しく監視されている

ジャーナリストの「書き方」教習会

2013年末以降、中共国内でジャーナリストとして職業登録したシナ人は、党が主催する「書き方」教習会に18時間通わなくてはならない。

現在中共には、ジャーナリストは25万人ぐらいいるらしいが、たとえば、日本について肯定的な記事を書くことは、こうした党のお達しによって、禁じられている。もちろん日本製品について褒めることも許されない。けなすことだけが許されている。

ごくたまに、日本製品を褒めた記事がメディアに現れた場合、それは中共中央からの何か特別な意図に基づいた指令記事である。

ものの、もはや北京政府にとって不都合な外部情報を国民に対して一切遮断することなどできるものではない。

　北京政府を特に困惑させている道具が、庶民の手にしている携帯電話に付いている、写真／動画撮影機能だ。米軍の諜報機関は、シナ人民が軍事基地や兵器を撮影した画像を、通信傍受（もちろんSIMカードは解析されている）によって収集するだけで、シナ軍の実力が公式宣伝とはどのくらいかけ離れたものなのかを、把握することができている。

　2015年3月、大連(だいれん)港の空母を外から撮影したシナ人が、その画像500枚を外国のエージェントに有料で売ったというので、刑務所へ送られた。

　大連軍港では、こうした通りすがりの「覗き撮影」を防遏(ぼうあつ)するために、高い塀を軍港の周りにめぐらすことにした。また、この軍港近くで高いビルを建設することも禁止した。しかし既存のビルの高さを削ることまでは、この700万都市においてさすがに不可能であった。

　シナ海軍としては、艦隊のメンテナンスやアップグレードが、まるわかりなのは困るであろう。しかし軍港全体を人工衛星の目から遮蔽することは、無理である。

キリスト教も弾圧

　シナ人の5％はクリスチャンだという。しかし中共政府は、2015年春までに、400ヵ所のキリスト教会をぶっ壊した。

　キリスト教をおもわせる「十字」形の印も建物の表につけてはならぬというお達しが、地方行政府から発せられている。

　シナの共産党員は8500万人いるが、じつは、同数くらいのクリスチャンもいるのではないかという。

　そうなると特定の地方ではキリスト教会の存在感が突出すること

になって、当局が弾圧せざるをえなくなるわけである。なぜならシナでは革命はつねに宗教結社内からスタートするからだ。

　クリスチャン・シティと呼ばれている、浙江省の温州市は、住民の15％が信徒だ。それゆえ、弾圧件数も突出しているという。

インドは中共の死命をとっくに制している

　インド陸軍は、ヒマラヤ高地での陸戦では、シナ軍に対して伝統的に歩が悪い。なんといっても、最前線の国境線まで弾撥的に兵力を推進できるような「軍道」が、整備されていないのである。これはインド政府の長年の官僚的な怠慢による。

　かたや、シナ側ではこうした軍道は充実しているので、国境の任意の一点に急速に兵力を集中してインド軍の裏を掻くことは、シナ側の思いのままだ。

　しかし、それにもかかわらず、インドは、中共の死命を既に制している。それは、インド海軍の潜水艦、水上艦、航空機、あるいは特設艦艇（商船や漁船を改造した特務艦艇）により、マラッカ海峡の西側海面に多数の機雷を敷設するだけで、ミッションとしては完了してしまう。

　これらの機雷の掃海は、西側海軍が協力したとしても何ヵ月もかかる。しかしじっさいには、インド沿岸からマレー半島南岸にかけては戦争海域の宣言がされるので（中共の潜水艦はとうからインド洋まで進出済みなので）、その印支戦争が平和条約締結によって正式終了するまでは、誰も掃海作業などできまい。マラッカ海峡は１年以上は誰も使えなくなるであろう。

　これは、中共の経済の終わりを意味する。中東の石油をシナの海岸に搬入するためのコストが、マラッカ海峡をタンカーに迂回させるために、数割高くなる。シナから欧州に向けて輸出する工業製品も、同様だ。安さが取り得のシナ製品は、安くはなくなることによ

って、取引されなくなる。

その状態が1年以上続くと分かっているのに、中共に投融資する者などいない。外国人企業家も、シナから逃げ出す。ヒマラヤの山地をいくばくか占領できても、その代償は国家の永久破産なのだ。

北京政権はとうぜんこの弱点を認識しているので、パキスタンやミャンマーの港に中東からの原油タンカーを入港させて、そこから国境越えのパイプラインによってシナ本土まで搬入することで、マラッカ海峡を少量だけでも迂回させようと苦心中である。

すでに2003年に胡錦濤が、〈マラッカ海峡にエネルギーと貿易を依存しすぎているため、シナの経済的安定が危ない〉と演説している。

本当はイランから陸上パイプラインを直接引きたいところなのだが、中間にあるアフガニスタンでイスラム諸部族（彼らはウイグル族の味方である）がパイプラインを破壊したり「利用料」を請求することが目に見えているので、不可能だ。なおまたシナ製品の輸出については、ユーラシア大陸横断の鉄道網で欧州に送り出すことも、研究している。ただしそれに必要な外貨はまったく足らず、「AIIB」というインチキ国際融資団を組織させようと躍起だ。大正時代の寺内内閣による「西原借款」の結末を知っている日本人は、さすがにこれにひっかからない。

ミャンマーへの賄賂攻勢

ミャンマー西岸のチャウビュー港から雲南省に至る770km、日量450万バレルの原油パイプラインは、それでも2015年1月末に運開した。

ミャンマー領内の天然ガスをシナへ移送するパイプラインは2013年に運開している。

中共は、発電所や工場や家庭での石炭消費が大気を殺人的に汚し

まくっていることから、南西部にある超低開発区域（北京より少し西に行けば市町村の「都会度」はガックリと下がる。まして奥地は第三世界そのもの）ですら、天然ガス消費への切り替えをはからなければならないというところまで、行政は追い込まれている。ローカルではガスの方がコストは高いのだが、もうそんなことを言っていられない汚染レベルなのだ。

　シナ人は、ダーティな石炭火力発電所をミャンマー南部に建設して、その電力をタイに売って儲けようともしている。地元には汚染だけが押し付けられる案件だ。ミャンマー人は基本的にシナ人は大嫌いである。

　中共はまだ、「ミャンマー縦貫鉄道」を通す計画も棄てていない。シナ人は、ミャンマーの将軍たちに賂（まいな）いして、住民の土地からの追い出しを謀ったものの、地元民が反発して、今は中央政府も少し正気を取り戻している。

　中共は、ミャンマーの辺境部族に武器を供給し、また麻薬・覚醒剤の越境取引にも加担しているので、ミャンマー軍事政権としてはできればその影響力を排除したい。しかし隣のイスラム教圏のバングラデシュよりも１人当たりGDPが２割も小さい経済弱国ミャンマーには、シナ人の賄賂攻勢に耐性ある将軍たちは稀だ。（ミャンマーの国土面積はバングラの５倍あるが、人口は３分の１。ガンジス下流域はミャンマーの16倍もの人口密度を養えるのだ。かたやミャンマー側のアラカン山脈は、インパール作戦中の日本兵が、何も喰える物がないと発見した緑の地獄。この落差ゆえに、インドとミャンマーの間には歴史的に自然に境界線ができた。）

　中共は2008年から2012年にかけて、112億ドルの兵器を輸出したが、その8％がミャンマー向けであったのは、こうしたミャンマー将軍たちの腐敗と無関係ではない。

　ミャンマー北部のカチン地区では、材木の闇輸出に関係してシナ

人が多数、逮捕されている。宝石の翡翠(ひすい)と材木、それからヘロイン・覚醒剤が、ミャンマーからシナへ密輸出されている。
　世界における覚醒剤の摘発の 45% はシナで、42% はタイ。いずれも主たる製造地は北ミャンマーだと見られている。今や北鮮産の覚醒剤は、価格の安さでも販路の広さでもミャンマー産（造らせているのはシナ人）の後塵を拝している。そこで北朝鮮では営業戦略を見直し、覚醒剤の純度を上げ、効き目を強め、商品の質によって市場での巻き返しを期しているそうである。
　ミャンマーのシナ国境沿いに住むもうひとつの少数民族のコカン族は、人種的にもシナ系であるばかりか、1989 年から共産ゲリラ化してミャンマー政府に敵対を続けている。今ではほとんど中共の手先となって、ミャンマー領土を中共の領地化しようと策動しているため、ミャンマー政府はなんとかこれをシナ領土へ追い出してしまおうと軍隊を動かすに至ったけれども、成功していない。コカン側には退役シナ軍人が入り込んでゲリラを梃子(てこ)入れしているほか、シナ政府も戦争の脅しをミャンマー政府につきつけている。ほとんどプーチンのクリミア蚕食の真似のようだ。

III 中共編

人民解放軍の現況

シナ空軍の訓練の欠陥

　中共の航空部隊には何が何機あるのか、すべては秘密であるのだが、一般シナ人が勝手に旅行してデジカメ写真や携帯写真をインターネットに投稿してくれるために、今では全容がリアルタイムで把握されている。

　当局は、ネット投稿の内容がまずいと思えば、消去することができる。しかしデジタル時代のおそろしいところは、一瞬でもアップロードされたデータは、すかさず誰かに記録保存されてしまうことだ。特に、外国の諜報機関は、その保存に熱心である。

　たとえば、中共空軍がベトナム戦争時代の旧式な「ミグ21」戦闘機を2012年にようやく捨て始めていることが知られたのも、一般シナ人が撮影したネット写真のおかげであった。その後、中共空軍は一線機の機数を大膨張させておらず、戦闘機だと600機にまでコンパクト化したことも、投稿写真のおかげで判明した。もはやスパイ衛星とか「密偵」などほとんど必要でもないのだ。

　中共軍は、将兵の採用基準が、能力ではなく、コネや贈賄の額である。そのため、この600機しかない戦闘機のパイロットの多くも、どうしようもない技倆の乗り手である。しかし部隊では、明らかに適性の無いパイロットでも、そのポジションから外すことはできない。すでにカネを貰ってしまっているし、収賄しているのは1人の部隊長だけでない。その上官や部下もまた、何年もずぶずぶに不正に関わって、それぞれの分け前・利得を得て来ているからだ。

　さすがに最近では、戦闘機のパイロットが不適格者ばかりでは困るではないかと認識されてきて、2014年以降は、収賄を無効化す

る言い訳として、戦闘機パイロット候補生として正式に辞令を出す前の「シミュレーターを使った適性試験」を課すことになったそうである。

　西側の空軍ならば、飛行学校に入るときも、卒業前にも、適性の疑われる操縦学生の「篩い落とし」をして、戦闘機コース希望者を輸送機コースにしたり、操縦職そのものを諦めさせたりするのは、あたりまえのことだ。しかし中共では、それは昔から少しもあたりまえではなかったのだ。

　もともと適性が怪しいのと、機数が多すぎて燃料代が嵩むものだから、かつては中共空軍のジェット機パイロットは10年もかけてゆっくりと一人前に教育される必要があった。近年、操縦教育の合理化が進められ、飛行時間を4割増やすことにより、一人前になるまでの年限を6年に短縮したという。

ホバークラフトも「白い象」

　貰っても困る装備のことを英語で「ホワイト・エレファント」という。南アジアの古諺が元なのだろう。王様から珍しい白い象を下賜された臣下は、それを労役に駆使するわけにもいかず、餌代ばかりかかるので、ほとほと困り果てたのだ。

　ゴム製の船底を空気で膨らますことにより水面を滑走し、そのまま砂浜まで這い上がれるホバークラフト（エアー・クッション艇）は、話だけ聞くと、上陸作戦用としてとても便利なものに思える。だが、その船体が、戦車1両以上を載せられるくらいに大型化した場合には、これも典型的な「白い象」装備だ。

　2000年にギリシャが、ロシア製の「ズブル」という大型ホバークラフトを4隻購入した（造船所はクリミアにあり、ウクライナがソ連邦から分離したあとの製品は、ウクライナ製ということになる）。ギリシャの仮想敵としては、同じNATO内のトルコが考えられるけ

れども、この購入は、特に必要があって買ったのではなくて、おそらくロシア人からギリシャ政治家が多額の賄賂を摑まされた結果なのであろう。ロシア人はキプロス島の港に軍・民の一大拠点を築いているので、ギリシャ人とは日々濃密な接触があるのだ。

すぐにわかったことは、この555トンのホバークラフトは、ランニング・コストが高すぎるということだった。スペアパーツが必要だが、それがまた高い。しかもすぐに届けられない。

たちまち2隻が廃船化し、その後も常時1隻を動かせる状態に維持するのが精一杯で、それも2005年についにあきらめられ、2010年に正式除籍となった。

この「白い象」を中共が買いたいと申し出て、商談はまとまったと報じられた。だがその後、現物（2隻）が引き渡されたという話を聞かない。事情は、わからない。

じつは中共はギリシャとは別個に、ウクライナから2013年までに4隻のズブルを買いつけている。購入単価は5000万ドル以上だったそうだ。2011年には、最初の1隻が事故で中破してしまったが、なんとか修繕されている。

ズブルは、兵員ならば500名をいちどに搭載して、波の穏やかな海面を、時速90km以上で連続6時間航走することができる。ただし燃料をやたら喰うので、行動半径は480kmにとどまる。

機雷敷設任務に使う場合には、80個の機雷を積載できる。

金満の中共軍が、この装備を大量調達しない理由や、まだ「模造品」が登場していない理由は、想像するしかないだろう。

駆逐艦とコルヴェット艦

中共海軍は、毎年60隻以上を新造して就役させるというペースを2014年から2016年まで続けるだろうと見られる。

多くは冷戦期に調達された古いフネを更新するものだから、数年

にしてシナ海軍の陣容が倍増するようなことはない。ただ、兵隊ばかり多い陸軍に予算を回しすぎると国家の近未来の財政破綻はますます早まると心配する北京政権は、できるだけ兵隊の少ない空軍や海軍に軍事予算を割り振ろうとしている。その金額はとにかく巨額であろうから、外国の軍事ジャーナリズムにこれからもたくさんのネタを提供することになるのは疑いがない。

　西側の軍事ジャーナリズムが第一に注目するのは、イージスもどきの外見をまとった『052C／D』級大型駆逐艦だ。

　ただし誰も、それが米軍のイージス艦を筆頭とする西側の大型駆逐艦に匹敵するような仕事をするだろうと思っている者はいない（ポジション・トークで持ち上げているメディアは多い。売れるからである）。

　『052C／D』級駆逐艦は、ロシア製の「S‐300」という地対空ミサイルの艦載版を数十発搭載している。そこだけが、注目されているのである。

　系譜をたどると、米軍の「ペトリオット2」ミサイルの現物情報を活かして開発されたのがS‐300で、それを中共がロシアから輸入して勝手にコピーした「紅旗9」を、さらに艦載したのだ。

　艦載の紅旗9が実戦で飛行機を撃墜したことは過去に一度もない（陸上型も無し）。しかし、ロシアのS‐300は、ロシア国内の実験ではまっとうな成績を出している。それがシナ人によってうまくパクられているのならば、従来の中共軍艦の対空ミサイルよりは、当たるのではないかと想像することが可能である。ただそれだけである。

　海戦は、もはや単艦でするものでなくなって久しい。

　軍用衛星や、無人偵察機や、対潜哨戒機や、早期警戒機や、海上用ヘリコプター、そして遠くに所在する他艦からの情報を、自艦の兵装の運用に即時に活かせるようになっているか？　そして逆に自

艦が得た情報を、他艦や他機の兵装の運用に即時に活かしてもらえるか？ これなくしては、たとえば対艦ミサイルが自艦に向かって飛翔中であることを、余裕をもって知ることができないはずである。

 こうした情報連携を担保するのは、高度で複雑な艦隊通信、「データ通信リンク」である。

 いったい『052C／D』級駆逐艦には、どんなデータ通信リンクが張られているというのか？ どんな話も報道されていない。〈西側海軍に遜色のない最新式のデータ・リンクを張っている〉という、何の証拠も添えられることのない空しい宣伝・虚ろな自慢だけが、垂れ流されている。

 ロクにデータ・リンクを張っていない軍艦が、最新のミサイルや魚雷を何百発搭載していようと、漁礁の素材が増すだけである。

 陸上の対潜作戦センターとも衛星経由でリンクしていない『052C／D』級駆逐艦は、ベトナム海軍の潜水艦すら探知することができず、その潜水艦から発射された対艦ミサイルの接近も、距離数十kmまでは知ることもできず、あっけなく撃破されるだけであろう。

 ただしベトナム海軍は、シナ海軍がコルヴェット艦の『056』級を大量生産するであろうことには、脅威を感じている。
『056』級は、南シナ海でベトナム海軍を圧殺することだけに目的を絞ったスペシャル小型軍艦だと考えられる。『056』級の船体をそのまま用いた海警（コーストガード）用のバージョンも建造中であることから、その性格がわかるであろう。この海警バージョンは尖閣にもやってくるだろう。
『056』級は、対潜装備はあっても、その実効性はほとんど無い。ただ、「軍艦による人海戦術」を仕掛ければ、ベトナムに数隻しかない潜水艦の搭載する対艦ミサイルの数に限りがあるから、最終的にはベトナムの海岸まで押し込んで行ける。ベトナム海軍が両手を

上げる事態となれば、マレーシアだってもう、スプラトリーの領有権については沈黙するしかないだろう。

役立たず飛行機が次々デビュー

　2015年4月、中共空軍に、新顔の早期警戒空中管制機「KJ-500」が就役した。四発ターボプロップの「輸9」の背中に、探知距離470kmのレーダーを3個、三角形状に配列し、それをプラスチック樹脂の円盤でカバーしたものだ。

　その前のモデルである早期警戒機「KJ-200」は、「輸8」をベースに、「平均台形」のレーダー（探知距離300km）を背負わせ、2005年から今日まで11機製造された。

　その輸出型は、パキスタンにも3機、売られている。

　「KJ-500」は、クルーとしては「KJ-200」と同じ、17人しか乗せない。また滞空時間も、「KJ-200」と変わりない、連続7時間である。

　1993年の湾岸戦争では、イラク上空の狭いエリアに、おそろしくたくさんの高速戦闘攻撃機が集中したものだった。それでも1件のニアミス事故もなく、空中給油作業も停滞をしなかった。

　これが、米空軍が証明した早期警戒空中管制機AWACSの真価であった。

　中共軍が、グァム島や沖縄本島に多数の攻撃機をいちどに指向しようと思ったら、その帰路の空中給油を、空中管制機によって捌かないと、困った混乱に直面するであろう。

　日米空軍は、敵の空中給油機や空中管制機を、開戦直後にまっさきに撃墜すべき目標として、いろいろな「戦法」やハイテクを研究している。

　たとえば米海軍は、F/A-18「スーパーホーネット」の電子戦能力を特別に強化した「グラウラー」機のために、新型センサーを開

発中である。それは、敵機（たとえば早期警戒機）が出す電波だけを頼りに、敵機の現在位置と未来位置を精密に割り出してしまう。そして、そこへ向けてこっちから長射程の空対空ミサイルを発射できるようにするという。この場合、グラウラー側がレーダーを止めていれば、敵の早期警戒機は、自ら放射しているレーダーの反射波を拾うよりも2倍も遠い地点から、空対空ミサイルで藪から棒に奇襲されてしまうことになる。

　中共の早期警戒空中管制機には「政治将校」が乗っているので、それが撃墜されることによるダメージは、ますます大きい。

輸出禁止戦闘機

　中共空軍が開発中のステルス戦闘機「殲20」は、米空軍のF‐22戦闘機と似ているのは正面シルエットだけである。重さなどのスペックは、むしろF‐15C戦闘機と等しい。

　F‐22はF‐15よりタテもヨコもでかい。殲20は、写真の印象とはうらはらに、そのF‐22のサイズに達していないのだ。

　この殲20は、まだ試作機が試験飛行をしている段階で、量産機は存在せず、まして部隊配備など何年先になるかわからない。にもかかわらず、中共指導部は、「殲20の輸出はまかりならぬ」と、開発メーカーに下達したらしい。

　どうやら彼らは、殲20で対米奇襲開戦をする肚を固めているのかもしれない。

　殲20が輸出禁止になった代わりに、「殲31」戦闘機の方は、輸出されるだろうと見られている。ロシアの「スホイ27」戦闘機を違法コピーした瀋陽の航空機メーカーが、米軍の「F‐35」もどきの殲31を試作した。

　殲31の写真がネットに出てきたのは2011年後半で、初飛行は2012年であった。試作機は2タイプあり、とうぜんこちらもまだ、

量産や部隊配備には、ほど遠い段階である。

つまり当面の空自が気にしなければならない相手は、「スホイ27」シリーズと、その中共製コピー機だけだ。

現代の「陸攻」

ソ連が1950年代に開発した亜音速の「ツポレフ16」双発ジェット攻撃機（5〜6人乗り）を、中共が模倣して改造したのが「轟炸6」だ。ロシアでは90年代に全機退役したが、中共は生産を続けてきた。その最新型といわれる「轟炸6K（H6K）」が、すでに10機以上戦列化されていることが、中共メディアの宣伝映像によって公報された。

2015年2月に習近平が陝西省(せんせい)の航空部隊を視察したというフッテージなのだが、中共空軍は、この新型機のコクピットの計器が、すべてデジタル化（四角いテレビ画面上に目盛りが現れる。こういうのを「グラスコクピット」と通称する）されていることを、米国人に見せ付けたかったようである。

映像では、乗員出入り口があたらしく機体側面に設けられている様子もわかった。

西側が関心があるのは、このK型に、ロシア製の強力な「D30」型エンジンが使われているかどうかである。このエンジンをシナ企業がライセンス生産することは、ロシアは拒否しているのだが、中共はそれを十数機分、購入できた可能性がある。

轟炸6の先行モデルとしては「轟炸6H」と「轟炸6M」がある。K型は、おそらくグァム島まで攻撃できると思われている。

K型は部隊での正式運用開始が2011年であった。尾部機関砲座はなくなされ、そのかわりに電子妨害器材を搭載している。

吊下できる1発2トンの巡航ミサイルは6発。さらに爆弾倉内にも1発入る。

その巡航ミサイルは米国のトマホークをコピーしたものだ。空対艦ミサイルならば、8発搭載できる。

轟炸6のすべての型をあわせると、100機ぐらいあるかもしれないと言われている。いずれにせよ、中共軍は、とうぶん、この爆撃機に頼るしかないのだ。

ロシアは、「ツポレフ16」よりも高性能な、「ツポレフ22M バックファイア」を持っている。

ロシアは、中共から「バックファイアを売ってくれ」といくら言われても、売らなかった。中共は中共で、北朝鮮（金正日時代）から「轟炸6を援助してくれ」と乞われても、与えなかった。

旧ソ連軍は、片道5000km飛べるバックファイアから、射程460kmの大型超音速対艦ミサイル「KH-22M キッチン」を多数発射することで、米空母を撃沈してやろうと考えていた。

ほぼ同じようなことを、中共も考えているはずである。

対艦ミサイルの発射母機としては、鈍重な轟炸6よりも、敏捷な「スホイ27」系の方が、米海軍にとっては脅威ではないかと言う西側の論者もいる。

こうした議論は、米支の「開戦後」の戦闘と、中共軍による「対米開戦奇襲」の一方的攻撃を分けないので、ミスリーディングだ。

中共軍がアメリカ海軍相手に開戦奇襲を決意するなら、どんな低速機やボロ船から対艦ミサイルを発射しても、最初の一撃は奏効するであろう。しかし、ひとたび「米支開戦」と知られた後では、もはやどんな高速機や高性能潜水艦から対艦ミサイルを発射しようという試みも、成功し得ない。ロシアの軍人は、上から下まで、これがよくわかっている。中共の文官指導部も、だいたいそんなところだろうと見当がついている。しかし中共のプロ軍人は、これがわかっていない者が多いのだ。

インド国境

インドはその北西国境に54ヵ所の国境監視拠点を新設する。監視する相手は、中共軍である。

インドがこの北東部に軍用の補給道路を建設しているというので中共は文句を垂れている。

インド軍はアメリカから最新の戦術輸送機C‐130J型を購入している。その1機が、ヒマラヤの標高5065mの仮設飛行場に、2014年の8月（つまり夏の高熱により山上の空気がさらに薄くなり、飛行機にとっては最も苦しくなる条件下）にテスト着陸をしてみせた。

このような能力を有する輸送機はロシアにもなく、したがって中共にもない。インド軍は珍しく良い買い物をしたといえる。

インドは戦車についてはロシアから「T‐90」の部品を買ってインド国内でノックダウン生産しているが、ユーザーには不評のようである。

2014年11月の報道によれば、中共との国境紛争や中共発のゲリラ工作が続いているインド北東部の諸州に、日本のJICA（国際協力機構）が、総延長2000kmの戦略道路を建設してやることになったそうだ。そこは、バングラデシュよりもさらに東側の飛び地のようなところで、かつてインパール作戦の主舞台となったあたりだ。

対米戦略核兵器

中共の期待する最新型のICBMは「東風41」といい、路上機動式である。

米本土の隅々まで届く中共の核ミサイルは東風41だけであるが、まだ大量生産されておらず、部隊配備されているのは12基未満である。中共の砲兵は12門が1単位で、おそらく弾道弾部隊でも同様だ。

2014年8月、シナの一地方県が公式ブログに、この東風41に関

する環境調査をしている、と、載せてしまった。すぐに消去されたけれども、中共の官公署が東風41の存在を認めたのはこれが最初だそうである。

　東風41は、ポテンシャルとして、1基のミサイルに搭載する水爆弾頭を複数化して、それぞれ別個の米都市に落下させることができる（2012年に複数弾頭で試射してみせた）。

　複数弾頭を個別に誘導する技術をMIRVという。MIRVの信頼性を高めるためには大射程での実射テストが何十回も必要である。しかし中共は、そのような「開発のためのテスト」をしていない。外交的ブラフに活かせるデモンストレーションにとどめている。

　複数弾頭ではなく、無数のデコイ（囮弾頭。風船構造で重量はごく軽いが、その宇宙空間での挙動やレーダー反射率は真弾頭と同じである）を併載することは、技術的に何も難しいことはなく、実射テストも数回で済むであろう。

　前後して中共は、「東風31A」のテストもしている。東風31Aのデコイ搭載余裕は、東風41よりも劣る。

　1970年代に完成したメチャ古いサイロ式の「東風5」も北米に届くものだが、実質、退役しているも同然だ。過去、中共はわずか24基の東風5をならべていた。そのうち即応発射できるものは1基もなかった。

　米国は、戦略用と戦術用と合わせて、核弾頭を即応分で2014発、プラス、予備（リファービッシュが必要）として数千発をストックしている。

　これに対して中共がストックしている核弾頭は全部で260発くらいだろうという。

かけ声ばかりの戦略潜水艦

　中共海軍の、戦略ミサイル搭載原潜は、ミサイル・ハッチの水中

開閉に関するノウハウがないため、完成にはまだほど遠い段階にある。

東風31は、大型原潜にも収まるサイズなので、それを「巨浪2」と称してSLBMにしようとしているのだけれども、射程はせいぜい8000 kmなので、米国東部の心臓部を狙うためには、潜水艦がハワイ近海まで出て行く必要がある。米海軍の全地球的な対潜警備力を考えると、まさに絵空事だ。

核ミサイルを実装して外洋（ハワイ沖）まで出て行く潜水艦を、内陸から無線によって指揮統制するノウハウも、中共は持っていない。

したがって、中共発の、〈戦略ミサイル搭載原潜がもうじき完成する〉だとか〈パトロール任務を始める〉とかいう報道は、すべて虚栄の宣伝だと思っていて可いだろう。

中共軍がグァム島を攻撃するための道具は「東風26」ではないかと一部でいわれている。だが、その初期型は射程が3500 kmしかないので、グァム島に届かせようとすれば、かなり弾頭（滑走路攻撃用のクラスター爆弾）を軽くしなくてはならないだろう。

東風26は、対シベリア用および対インド用および対日用の核ミサイル「東風21」を更新する水爆運搬手段であろう。

数千km飛ばす弾道ミサイルに非核弾頭をとりつけることほど滑稽な話はないのである。昔の巨大な攻城用の「いしゆみ」で小さな鉛玉を飛ばすに似た、設備と人員と仕事量の無駄遣いだからだ。

非核の弾道弾というものは、戦争前はいくぶんの脅しにはなるが、開戦後に使ってみると、ほとんど、その戦争の帰趨に貢献しない。これは、双方がそれぞれ数百発の弾道弾（すべてスカッド以上のクラス）を発射し合いながら少しも戦争を決着させられなかったイラン・イラク戦争（1980〜1988）、および、すべてが1トン弾頭という、今の北鮮のどのミサイルよりも弾頭破壊力があった「V2号」が第

2次大戦中のロンドン市に517発も落下したのに2754人の死者を出しただけであったこと、逆に爆撃機で炎上させたドレスデン市には3万5000人から13万人もの死者が短期間に出ていることからの、明瞭な戦訓である。

台湾方面

　米国は、台湾政府に対しては、もし中共から侵攻されたら、救援にかけつけるまで粘れ、と求めている。

　いちばん肝腎なことは、台湾国内の飛行場を、開戦から1週間、機能させ続けることだという。

　中共軍が、シナ本土沿岸に近寄る2個の米空母グループをなんとか空から葬り去る方法を研究し始めたのは、2004年からだった。

　これを知った米海軍は、対支有事のときには7個の空母グループを急速にシナ沿岸まで派遣するという対策も立てている。

　しかしじっさいには、空母がやって来る前に、米海軍の魚雷戦型の原潜が、中共海軍を大混乱に陥れてしまうであろう。

　台湾には原子力発電所が3ヵ所（計6基）稼働しており、さらに1ヵ所が竣成間近だ。中共空軍または中共海軍は、弾道ミサイルではない、精密に最終着弾点を決定できる戦術ミサイルを放って、これらの原子炉本体外部に併設されている「建屋」（燃料取扱棟。その外壁はまったく装甲されておらず、内側には使用済み燃料貯蔵プールがある）を多少損壊させ、それによって、台湾全土を「フクシマ化」することが可能である。

　その場合、台湾軍があくまで滑走路を死守しようと努めるかどうかには、疑問がある。ただし同じことは中共軍の「海兵隊」にも言える。彼らは上陸戦闘を回避したがるかもしれない。

パキスタン方面

　今日、中共にとっての最も忠実な子分国は、パキスタンである。カシミールの国境線について、少しも不平を言わせないのだから凄い。

　パキスタンは、1960年にはインドと1人当たりGDPが同じだったのに、今はつきはなされてしまっている。

　中共は、そんなパキスタンに460億ドルを援助し、それにより、新疆のウイグル族の反政府運動家を、パキスタンの公安機関ISI（テロリズムを堂々と対インドのカードにしてきた。ロシアがクリミアを乗っ取ったスペツナズ工作のようなことも得意とする。パキスタン政府に必ずしも従わないという点でも、まさに独特）が、パキスタン国内で匿ったり訓練したり武器弾薬を提供したりしないように、願うつもりだ。

　2014年にパキスタンの道路、鉄道、発電所といったインフラに突っ込まれている中共マネーは280億ドルである。中共は、海外のインフラ土建には、必ずシナ人労務者を連れて行って、自前で工事してしまう。それによって中共国内の失業率も下がる。ただし現地では地元労働者が雇用されないのでシナ人は憎まれてしまい、人夫がテロや犯罪の的になりがちだ。

　そこでパキスタン政府は、陸軍や国境警備隊から1万2000人、12個大隊の、工夫護衛隊を編成したという。隊員は、陸軍や国境警備隊などいろいろなところからかき集めた。

　ウイグル人がパキスタン内を聖域に暗躍するのが、中共にとっていちばん困るらしい。

　新疆地区は、カザフスタンやキルギスには明瞭な国境で接壌しており、パキスタンとは、カラコルム山脈の国境未画定区域を挟んで連続している。ウイグル人は、カザフやキルギスから、ウズベキスタンやタジキスタンへ移動し、さらにアフガニスタンを経てパキス

タンに至ることも可能であるし、その逆ルートも可能だ。

 中共政府は、新疆のウイグル族住民には、常に身分証明書を持ち歩くことを強制している。また2015年4月には、新疆地区のイスラム商店に対して地方行政府が、「煙草と酒を販売せよ」という、イヤガラセの命令を下している。

 中共は2013年には、パキスタンのガダール港から中共まで伸びる道路のために180億ドルを投じた。パキスタンが実効支配しているカシミール高原には、かなりの数のトンネルも掘ったという。いったいどのくらいの外貨を使ったのだろうか？ いや、そこで外貨ばかり使えぬから、給与を「元(げん)」で支払える、シナ人苦力(クーリー)ばかりを引き連れて行くのであろう。

 ガダール港の諸設備は、中共がパキスタンに気前良く40年間リースしてやる。その見返りとして、同港を中共の軍艦が利用してよいことになっている。

 パキスタンが2015年3月9日に試射した「シャハブ3」という弾道ミサイルは、固体ロケット・モーターで、射程2700kmを達成しているらしい。この技術を提供したのは中共以外には無い。中共は、MTCR（中距離弾道弾などの技術を先進国から後進国へ拡散させないという国際合意。Missile Technology Control Regime）を公然と蹂躙する。

 パキスタンには原発が3基あるが、中共はそこにさらに2基を建設してやることにもなっている。

インドネシアとマレーシア方面

 ボルネオ島（カリマンタン島）の西端の北方沖に、ナトゥナ諸島がある。中共軍の使用する地図以外のすべての地図には、そこはインドネシア領土だと書かれているであろう。しかし厚顔無恥な中共軍は近年、そこはシナ領土だと言い始めた。

中共はどうしてもボルネオ島（の原油）が欲しいのである。そのために、スプラトリー諸島やナトゥナ諸島やパラワン島（フィリピン領土）を支配して、跳躍台にしたいのだ。インドネシア政府と国軍が、領土防衛の決意を新たにしたのは当然であった。
　2013年3月、インドネシア政府の漁業取締船が、中共の密漁船を拿捕した。ところがそこにシナ海監（今は「海警」に統合されている）の『310号』艇が現れ、取締船とインドネシアの海事大臣との間の無線通信に電波妨害をかけた。
　このため取締船の船長は上長の指示をあおぐことができず、捕まえたシナ人犯罪者を釈放するしかなかったという。
　インドネシアは幸い、国内経済が好調である。つまり、軍備強化の原資ならば、ある。同国の現大統領は、それまでの領海警備の手緩さを反省し、海軍やコーストガードを強化して、シナ軍の尖兵となりかねない違法シナ漁船の取り締まりに、意欲を燃やし出した。
　普通の漁船にまで本格的な冷凍庫が備え付けられるようになったことが、シナ人の密漁圏を拡大させているという。以前は、シナ本土の港へ帰る前に魚が腐ってしまうので、あまり遠洋で密漁を働くことはなかったのである。
　マレーシアは、人口の61％がモスレムだ。
　1940年代、マレーシアはずっと共産ゲリラと戦っていた。旧宗主国の英国軍もマレーシア政府に協力した。ゲリラの中心勢力は、人口の24％を占めるシナ系だった。
　このマレー国内のシナ人革命運動が終わったのは、なんと1989年である。東欧が崩壊するまでは、中共は、やる気満々だったのだ。逆に言うと、ソ連崩壊がいかに中共をショック状態に突き落としたかも、推測できるであろう。
　マレーシアも、ボルネオ島の油田地帯を領有しているので、中共の野心については、とっくに気がついている。しかし危機感のレベ

ルは、ベトナムやフィリピンほどではない。

　彼らには、インド軍と同じく、「マラッカ海峡に機雷を敷設する」という奥の手がある。インド海軍と違い、自国海岸のすぐ目の前に、小舟艇を使って撒くだけでいい。中共軍がこれを阻止する方法は無いのだ。それによって、中共という政体そのものを亡ぼせるであろうことを、マレーシア人も、計算しているのだ。

　シナの明代(みんだい)に鄭和(ていわ)の艦隊が南洋へ派遣された。鄭和自身はイスラム教徒で、イスラム商人が大昔に開拓したルートを逆に辿ってインド洋まで出たに過ぎない。しかしこの鄭和艦隊は、海賊集団にも等しい暴虐をたくましうした。

　セイロン島（今のスリランカ）では、島の王が鄭和によって拉致され、明国へ連行された。朝貢を拒んだからである。

　また今のインドネシアでは、鄭和軍は内戦に干渉し、明朝が承認した勢力へ加担をしている。

　こうした侵略の過去をもって、「シナはボルネオ島までの領有権をもつ」等と主張するのがいかにムチャクチャな理屈であるかは、「倭寇(わこう)は南京を占領したことがある」という史実から「シナは日本領である」という結論が導き出せないことを考えればわかりそうなものだ。

　しかし東南アジア人は、シナ人に通用するのは理屈や言葉ではないということが、歴史的によくわかっている。

シンガポールの敵は誰か

　2014年10月、シンガポール空軍は、まったく非公開のうちに、F‐15戦闘攻撃機の数を、それまでの24機から40機に増強した。

　米国からの戦闘機輸出には、連邦議会に対する国務省からの報告義務があるので、その記録を発掘することで、マスコミはかろうじて推定し得るという。報告記録には、相手国名は書かれていなかっ

たが、機種から国名を推定することができたという。

　おそらく発注は、2007年以降の某時点なのであろう。それもシンガポール政府は、非公開としている。

　シンガポールが2005年に発注したF‐15は、SG型といい、米空軍の複座型のF‐15Eストライク・イーグルを改良したものである。ストライク・イーグルは、それ以前のF‐111という超音速中型侵攻爆撃機の役目を1988年に引き継いだ機体だ。爆弾類を10トンも抱えて、数千km先まで往復できる。

　シンガポールは、マレーシアから分離独立した、ほぼシナ系住民のみからなる港湾国家だ。繁栄しているため、近傍の2大国、マレーシアとインドネシアは、隙あらばシンガポールを併合してやろうと考えている。

　マレーシア空軍やインドネシア空軍は、ミグ29やスホイ30を装備している。これに対抗するには、ストライク・イーグルが多数必要と、シンガポール人は判断した。

　シンガポールがインドネシアと張り合うように多数の潜水艦（現有6隻＋発注2隻）を整備しようとしているのも、彼らにとってインドネシアこそが中共以上の「仮想敵」だからだ。シンガポールが中共にあまりに迎合した政策をとれば、それは周辺国にとっては、シンガポールを接収する口実となるであろう。

　2014年なかば、シンガポールは、JDAMキット（普通の投下爆弾を、GPS誘導爆弾に変えるためのアタッチメント）を963セットも米国に追加発注している。それ以前には210発以上、購入済みであった。

　JDAMは、1991年の湾岸戦争で大量に実戦使用されるまでは、いまひとつ「凄さ」はわからなかった。しかし、それがじつによく当たり（GPS信号妨害電波もよく凌いだ）、結果的に、安くつくということがハッキリしたので、注文は増え、1996年から米国で大量

生産されて、徐々に単価も低下している。真に普及した証しだろう。

1999年のNATO空軍によるコソヴォ干渉作戦では、投下した652発のJDAMのうち98％が目標を直撃した。

2001年の米軍によるアフガニスタン勘定(かんてい)作戦を大成功させたのもJDAMだった。2002年1月までに、1万発が投下されたという（その直前に米軍としてストックしていたJDAMは全部で2万発であったという）。

2003年のイラク作戦はたった3週間だったが、それでも6500発のJDAMが投下された。

教訓は、JDAMは良く当たり、さるがゆえに、ますます司令官たちによって需要され、なまなかな貯蔵量では、本番で瞬時に在庫が払底してしまうということだ。2011年にリビア干渉作戦に飛んだ英空軍機をはじめとする西欧諸国空軍が、それを痛感＆反省させられた（彼らはJDAMを米軍からめぐんでもらわねばならなかった）。しかし、わが自衛隊のJDAMや対艦ミサイルや機雷のストック量は、もっとお寒い状況であろう。

今日のJADAMは、その半数が、照準した点から10ｍ以内に当たるまでに精密化している。

最新式の地対空ミサイル

2015年の5月時点で、ロシアの地対空ミサイル「S-300」を中共がコピーしたものを、さらにまたイランがコピー中である。

アメリカとイスラエルからの圧力でロシアはイランにS-300を売れないでいた。そのため2010年からイランがコピー努力を始めていた。完成品の試射は2016年にできるともいう。

S-300は、もともと冷戦時代にNATOから「SA-10」と呼ばれていたものの発展型である。1970年代後半に導入され、幾度もアップグレードされてきた。1980年代後半にはNATOコードネー

ムも「SA‐12」に変えられ、最後は「SA‐21」となった。SA‐21はあまりにもSA‐10と違う。それでロシアでは「S‐400」という別名を与えた。初配備は2007年である。

「S‐300」を装備する高射大隊は、4〜8両のランチャーに、それぞれ、ミサイル即応分2発と、予備2発を備える。それに、レーダー車や指揮車が随伴する。

米陸軍のペトリオットと同性能（水平に75km届く）だと標榜されているのは、「SA‐12」=「S‐300V」である。

S‐300Vの後期型になって、短距離弾道弾を迎撃する能力が付与された。

SA‐10もSA‐12も、発射車両にも誘導レーダーが附属している。

ちなみに中共の「紅旗2」地対空ミサイルは、ロシアの古い「SA‐2」のコピーであり、そのSA‐2のことをロシア国内では「S‐75」といっている。イランはこれも2013年にコピーした。中共が、「紅旗2」のロケット・モーター技術などをイランに与えたのである。同様に、これから「S‐300」の技術情報も、中共経由でイランに渡ることであろう。

日本のメーカーは、米海軍のイージス艦から発射する新型対弾道弾ミサイルの弾頭部分の開発を、現在分担中だ。しかし中共のメーカーがロシアのメーカーから、弾頭部分の開発を頼まれることはない。

この関係を見れば、シナ製の対空ミサイルが、ロシア製の性能を凌いでいることは、ありえないと考えてよかろう。中共版イージス艦とよばれる『052型』駆逐艦が搭載する、中共コピーのロシア式対空ミサイルについても、同様である。

中共にひきかえ、わが自衛隊は、中高度以下の防空ミサイルはすべて純国産品として開発して装備している。それらは米軍技術には

依存していない。かたや中共軍の対空ミサイルに、純国産といえる製品はひとつもない。

中共はロシアに、最新のＳ－400を売ってくれと、前から要求していた。中共軍は、既存の国産対空ミサイルの自前での改良には自信が無いからに他ならない。

ロシア側は、Ｓ－400をまた中共企業にコピーされるのが厭で、対支輸出は渋ってきた。しかし、ついに金欠の背に腹は代えられなくなり、2015年以降、売り渡すようである。

中共の病院船の正体

2014年の「リムパック」演習に、中共海軍も呼ばれた。

中共艦隊は、自称『平和の箱舟』という1万4000トンの病院船を1隻ともない、その内部を西側マスコミに見学させている。

それでわかったのは、この艦は軍事目的よりも外交宣伝目的で造られているということであった。

この艦には、たった1ヵ所の狭い「ヘリ発着スペース」があるきりであった。つまり戦場で負傷兵をどんどん受け入れるような予定がないのだ。岸壁にて外国住民を施療することだけを考えているようである。

内部の医療設備の多くは西側製であった。

これに対して米海軍の病院船『マーシー』や『コンフォート』は、もともと給油艦だったものを改造したので、排水量が7万トンもある。

それぞれ手術室は12ヵ所、病床も1000人分あり、61人の文民船員と225人の海軍将兵が、956名の医療スタッフを乗せて運用している。その人件費だけを想像しても、本格的な「病院船」というものが、おいそれと模倣できるものではないことが、わかるであろう。

魚雷戦型の潜水艦

　おそらく中共の潜水艦が「騒音が大きい」といわれるのは、普通に水中を移動しているときのエンジン音だけではない。大陸棚の浅い海で、しかも大河が放出する多量の陸水によって塩分濃度（＝海水の比重）がランダムに変化する沿岸域で、浮力調節を必死でする必要があるために、圧搾空気バルブやモーター・ポンプをしきりに作動させることから、おのずとうるさくなるのであろう。

　1992年から96年にかけて、中共がロシアから3隻参考輸入した、通常動力型潜水艦としては十分に技術がこなれている『キロ』級潜水艦ですら、50m以上の水深がない海面では、安全な運用はできないとされている。中共は2004年に『キロ』級をコピーした『元』級を進水させているけれども、黄海も台湾海峡も、水深が50mを切るところは普通にあるのだ。

　海南島の複数ある基地のうちどれが戦略ミサイル原潜用かは、グーグルアースの写真ですぐわかる。道路が一本しか通じていない南側の基地だ。

　冷戦時代、米海軍は、ソ連の戦略ミサイル原潜が出港すると同時に、魚雷戦型原潜でその尾行を開始し、もしミサイルを発射するための背中のハッチを開く音が聴こえたなら、即座に撃沈できるようにしていた。

　同じ密着監視と尾行を、米海軍は海南島に対しても実施するつもりである。米海軍の魚雷戦型原潜は、エンジン音もモーター・ポンプ音も静かである上に、魚雷形の水中ロボットを放出して、そのロボットが本艦にはるか先行して潜水艦らしい騒音を立てるようにしている。中共軍に可能な対策は、ひたすら機雷を撒いて、米潜水艦が偶然にひっかかってくれることを期待するのみだ。

　もちろんその機雷は、水深26mより浅い沿岸では、中共側の軍艦や商船や漁船まで見境なく沈めてしまう。しかもそれが、「終戦」

後も掃海され得ないで、何年も残るのだ。

豪州方面

　豪州は2014年前半に、OTH（超水平線）レーダーを強化して運開した。主として専用チップを高性能な新型に交換した模様だ。この改良工事はさらに3年ほども続く。以後は、いろいろな逐次アップグレードがとても容易になるという。

　豪州OTHは、オーストラリアの北部と中部の2ヵ所のレーダー基地と、その信号を解析する南部の空軍基地からなるシステムだ。2002年に部分運開した時点で、建設費は10億ドルであった。

　電離層と地表で何度も反射する短波帯を利用するために、解像度こそ低くなるが、動くものであれば、ドップラー遷移を手掛かりに、航空機でもミサイルでも船舶でもいちおうの探知ができる。

　捜索範囲は、いちばん手前で1000km、いちばん遠くで3000kmといわれている（電離層の状態によって毎日調子は変わる）。ステルス機も探知できると謳われている（ステルス設計は、基本的に高い波長に対して有効な措置であるため）。肝腎なのは、微妙な信号を処理するソフトウェアだ。豪州OTHのソフトが米国製であることは、公然の秘密である。政府の説明では、あくまで豪州人が設計したことになっているが。

　このレーダー基地で働きませんかという技師募集の広告から、部外者がいろいろ推定できるという。ここ20年、豪州は地下資源輸出バブルで、技師は慢性的に募集難だ。軍隊は、外国人を雇用できないのと、民間と競争になるのとで、いつも募集には苦労するわけである。

　OTHはたいへんな電力喰いでもある。よって、OTHを年中稼働させることはない。ここぞというときに、連続で数週間から数ヵ月稼働させるという。

豪州政府としては、このOTHが、同国の人跡稀な北部海岸付近をうろつく怪しい船舶を見つけてくれそうなことにメリットを感じている。木製で、動きのやや遅い密航船（バングラデシュ方面からの不法移民船）も、確実に探知できるという。
　またアメリカとしては中共の弾道弾発射を見張る監視網に豪州OTHを組み入れている。
　豪州の次期潜水艦問題については、本書の「特別編」で説明したい。

ベトナム方面
　米国は、『ディファイアント75』という総アルミ合金製の高速パトロール・ボートをおそらく12隻以上、ベトナムにプレゼントする。
　全長75フィート（23m）で、ウォータージェットにより時速70kmを出せる。クルー8名が乗って、洋上で1週間くらい活動することができる。
　固定武装は無いが、機関銃くらいならばいくらでも載せられる。
　出航するのに手間隙のかかる、中型以上の軍艦などよりも、艇長が思い立ったならすぐに沖合はるか、駆けつけて行けるという、そのようなフットワークの軽い装備こそが、島嶼をめぐる「クリーピング・アグレッション」の防遏のためには、はなはだ有効なのである。

Military Report
朝鮮半島編

この地域の概況

「核爆弾を手にしても小国は体制を守れない」という実例をつくってみせることは、米国にとっても中共にとっても、プラスの意味があるであろう。

軍隊内部においてまで「反日教育」を徹底している韓国と、わが自衛隊が、必要もなく協同作戦することは、日本の国民感情が納得しない。またじっさい、日本の国益にはなるまい。

しかし米国は必ずいつか、「朝鮮半島に出兵せよ」と日本に要求してくるであろう。

そのような不愉快な事態を未然に回避するためには、げんざい整備進行中の関係法文のどこかに、「政体として民主的な正当性を有する韓国政府から、日本政府に公式文書をもってする公開的な事前の懇請がなされた後でないかぎり、自衛隊部隊を朝鮮半島内陸部において韓国軍と協同作戦させることは絶対に控えなければならない」と宣言しておくべきである。

もちろんこの条文のようなことは、見栄っ張りの韓国人にはできないことであるので、日韓両国は軍事的に縁の切れた状態が、将来にわたって保たれる。日本の有権者は大いに安心し、その条文を挿入した政党を支持するであろう。

北朝鮮の現況

北朝鮮の台所

　中共は北朝鮮に対し、毎年70億ドルも援助している。それは北鮮GDPの2割に相当する。

　北鮮のGDPは大きく見積もっても400億ドル。国民1人当たりだと1800ドルである。(1ドル＝100円と単純化すれば、18万円ということ。)

　北鮮のGDPが2011年以降、0.8％とか1.1％ずつでも増えているとしたら、それは中共企業が鉱山を稼働させているおかげである。もちろん、北鮮人の労働力は、安く使われている。

　だが、原油が国際的に値下がりしていることにより、北鮮産の売り物となる石炭も鉄鉱石も、値下がりをしてしまっている。

　また何の公表もされてはいないが、中共はあきらかに2014年の1年間にかぎり、北鮮には1滴も油をくれてやらなかった。その結果、北鮮は、朝貢国としてのふるまいにやや復帰しつつある。

　北鮮では列車の85％は電化されている。このために電車が止まる。油不足で、発電所から電力が供給されないのだ。

　北鮮では、夏に、水道が原因の細菌病が流行る。電気がないので、公衆衛生も破綻しているのだ。患者の多くは抗生物質を買えない。そこでなぜか贋薬が流行る。効かない「抗生物質」がどこからか闇市場に供給されて来るのである。

　北鮮の大きな鉄鉱石鉱山も、必要なエネルギーの不足から操業停止におちいっており、1万人の坑夫が失業状態にある。北鮮は無謀にも、この鉄鉱石を中共の企業に国際価格よりも高く売りつけようとしたが、シナ人は突っぱねた。

北鮮では2012年に、農民が生産物の3分の1を市場販売してよいということにされたのだが、化学肥料や農機が国営工場の手中にあって、いっこうに農民には配給されぬため、なにひとつ事態は変わらなかった。電気不足で、あちこちでコメの「脱穀」作業もできなくなっている。

　北鮮政府は援助された食糧を換金して、武器や贅沢品を買っている。贅沢品を富裕階級に供給し続けないと、北鮮内で金王朝を支持してくれる層は皆無になってしまうからだ。平壌(ピョンヤン)の高級官僚住宅街は、「北鮮のドバイ」と呼ばれるほどである。

　北朝鮮では、ソーラーパネルの家庭への普及率が高い。テレビ等を視聴したければ、ソーラーパネルで各戸が発電する必要があるのだ。アンテナは手製で間に合わせていることが多い。

　国内の無駄な事業は少しも自粛されていない。

　北鮮の「第9軍」が、冬の間に数百人というけっこうな数の怪我人を出した模様だ。演習のかわりに、スキー・リゾートや空港などの建設作業に駆り出されたためだ。その建設現場まで兵士は200kmも歩かされたという。ある現場では一時に30人が死傷する事故が起きた。

　北鮮の貧民階層は、いよいよ我が子を「奴隷」に売り飛ばすようになった。

　2015年1月時点で、北鮮通貨ウォンの相場は、シナ元(げん)に対しては1300対1、米ドルに対しては8200対1である。

　2014年夏、北朝鮮で金融分野を任されていた高官が、ロシアへ亡命した。500万ドルくらいも使い込んだようで、それがバレて身辺が危なくなった。ロシアは、インサイダー情報を得るためにこの亡命者を受け入れた。

外交官による密貿易

 北朝鮮の外交官が、外交行李(こうり)(diplomatic bag)に2kgの純金をひそませてバングラデシュに持ち込もうとして、バレたことがあったという。国連の制裁決議により、北朝鮮に関しては、外交行李も調べられることになっている(1961年のウィーン条約で税関でもアンタッチャブルなのだが、その外交特権を剥奪された)。

 こうした荷物検査をごまかそうと、北鮮は2014年から、航空貨物の中に、極限までバラバラにした兵器部品を隠して、便もいちいち別々にして、密輸出(または密輸入)するようになったという。コストはかかってしまうが、どれか一便が検査にひっかかって押収されても、他の部品は届くわけである。

 この仕事のエージェントには、シナ人が多数、活用されている。

奪えぬときは泣き落とし

 北朝鮮は、2015年1月から、女も徴兵することにした。男とは違い、23歳を超えて在営している必要はない。だがこれまでも北鮮軍の22%が女であった。そのすべては志願である。

 男は引き続き、満10年もの兵役が課されるが、10年で満期になるときに、さらに1～2年、志願で残りなさいという圧力がかけられている。つまり、男の徴兵期間を12年に延ばそうとしているのだ。

 1990年代の飢餓は、北鮮内で300万人を殺した。かなりの割合で男子児童が死んだため、新兵のコーホート(世代別集団)が縮小してしまった。それで、昔は6年満期だった兵役年限が逐次に延長され出し、西暦2000年には10年となった。

 これらは、北鮮軍の総員を無理にも110万人のままで維持しようとするための、必然のなりゆきなのである。

 飢餓は、児童の精神発達にも悪い影響があった。だから2000年

以降の新兵は、精神が多少健常ではなくとも、入営させている。

彼ら新兵は、17歳から兵舎に入れられて、20代後半まで過ごさねばならない。糧食は悪く、労働はキツい。演習などなく、ひたすら労働だけの毎日である。しかし、稀な頭脳を持った者は、将校となるために大学へ行かせてもらえる。

ただし逃亡兵情報によれば、北鮮軍内では、将校が、じぶんの家族をシナに逃亡させる下準備として、軍隊の食糧などを国境を越えて移送させている。

北鮮の新興成金階級は、徴兵係に賄賂(わいろ)を贈って、首都警備関係の配置に息子をつけてもらうという。いちばん忌み嫌われているのは、38度線近くの配置だ。

徴兵された後、たった半年で病気除隊してしまうことも、実家にふんだんに賄賂がありさえすれば、可能である。(余談になるが、故・山本七平氏は一時期、旧陸軍の「准尉」たちにもこうした収賄慣行があったことを、繰り返し対談で語っていた。その意図は、時の田中角栄総理大臣が、昭和14年に満州駐箚(ちゅうさつ)の騎兵聯隊に応召しながら病気帰郷して16年10月に除隊となり、以後終戦まで徴兵を免除されているのは怪しいぞと指摘することにあったと想像される。新兵は中隊では准尉に通帳を預けたのだろうから、准尉は田中が金満土建業者であることをすぐに知ったはずだ。)

従来、北鮮の徴兵は数年に一回しか帰省はゆるされていない。しかし一部の駐屯地では兵隊を監視付きでちょくちょく帰郷させ、コメを物乞いさせている。自分の息子が痩せ細って帰ってきて、コメを無心したら、親は何でも与えるだろう。

北朝鮮の原爆は、ミサイルに搭載できないのはおろか、航空機から投下できるサイズにまとめるのも、5年以内ではとても実現できまいといわれている。

「脱北」と「入北」

　北鮮では列車内で乗客に対する抜き打ち検査がおこなわれている。脱北を防ぐためだ。

　しかし、車掌に賄賂をわたせば、区域外移動許可証がなくとも、乗車を続けられるという。

　シナ国境近くではこのごろ、北鮮の警官が夜間パトロール中に強盗に遭うようになった。その犯人は、北鮮軍の兵隊たちだ。

　2014年末には、国境のシナ側で、シナ人住民による反北朝鮮のデモがあった。北朝鮮の脱走兵が、村で拳銃強殺を働き、住民4人が犠牲となったのだ。犯人はそれから24時間以内に中共警察によって射殺された。

　北鮮政府は、中共政府の怒りを鎮めるため、2015年1月に、その兵隊が所属していた中隊、大隊、連隊の長をクビにした。

　この措置を嘉して、中共政府は、1年前に止めていた、北鮮向けの船舶用重油の下賜を再開してやったようだ。

　何か用があって北朝鮮に入国する、地位や財産のほどほどある男性は、北鮮の公安が仕掛けるハニー・トラップによく気をつけなくてはならない。今や、待ち受けているのは、セックス・ビデオの公開脅迫などというなまやさしいものではないのだ。相手の公安の女が、いきなり「妊娠」してしまうのである。DNAの証拠をつきつけられれば、日本に戻っていても、貴男はシラを切ることは難しいだろう。そして、北鮮政府のための秘密工作員になることを貴男が拒否し得たとしても、日本の新しい改正法によれば、非嫡出子にも遺産は均分に与えなくてはならない。その子供は、北朝鮮国内でずっと育つのだ。

閉じたインターネットに空いた穴

　北朝鮮内にはインターネットアドレスは1000個ぐらいしか確認

されていない。そして許可を得た特権的北鮮人は、たった4本の有線を通じて、中共経由で世界にネットアクセスができるという。これを政府が完全にコントロールするのは、たやすいことであろう。

　だが、もうひとつの通信経路があった。衛星である。

　じつは、平壌にある各国の大使館では、わざとルーターにパスワードをつけていない。大使館内のインターネット端末は、もちろん、衛星経由で外国へ直結である。

　これは何を意味するか？

　北朝鮮市民は、大使館のすぐ近くに住んでいれば、そのルーターに勝手に無線で便乗して、国外の情報を、無検閲で入手し得るのだ。各国大使館は、わざと、そうさせるように仕向けているのである。もちろん、ついでにいろいろな通信内容の傍受収集もできてしまうであろう。

　すでに、平壌のカネモチ家族は、じぶんたちの子供に正確なインターネット情報を与えてやるために、そうした大使館の近くへ引っ越している。

　北朝鮮市民がアクセスしたくてたまらないのは、韓国のウェブサイトだ。あるウェブサイトの内容全部を短い時間でダウンロードできるソフトが、タダで入手できるようにもなっており、カネモチ北鮮人は、皆それを愛用しているという。

　北の特権階級は約1％だが、その子女は、韓国の流行を追いかけて、整形手術に走っているそうだ。

西側映像コンテンツの浸透

　近年のSDカード等のメモリー・チップには、韓国製のテレビドラマを記録できるメモリー容量がある。それが北鮮では闇市場で大人気だ。

　逆に北朝鮮からも、韓国人向けのコンテンツが発信される。スマ

ホ用にダウンロードできるゲームなのだが、しっかりと、スパイウェアが仕込まれている。韓国政府はブロックしつつある。

これをプログラミングしている機関は、通称「ミリン大学」。正式には「朝鮮人民軍第144軍営」といい、PCオタクの「3代目」が設立したという。

北朝鮮は、もう戦車や航空機では韓国にも勝てないので、弾道弾とサイバーに努力を集中することに決めたようだ。

ミリン大学は、毎年新入生を120名採用し、コースは5年(プラス、大学院3年)。ここからロシアへ留学生を送り出していた時期もあったのだけれども、あまりにスパイ行為が露骨なため、今では受け入れを拒絶されてしまっている。

韓国人は、何を考えているのか、3年ほど前から、北朝鮮にプログラミングを外注する斡旋ビジネスも利用するようになっているという。

ドイツ製の携帯探知機

脱北して韓国までのがれた北鮮人は、中共製の携帯電話を使うことで、北鮮内の知人と交信ができる。

しかしこのような交信が増えれば、北鮮は「すでに終わった国」であることが、北朝鮮の庶民にとってもますます腑に落ちてしまう。

それは厭だというので、北朝鮮の公安は、ドイツから数十セットの、ポケットに入るくらいの探知装置と、電波妨害器材を、2015年春に輸入した。

これを持った捜査班が、シナ国境沿いに移動しながら、違法な中共製携帯電話を私有している者をつき止めて、刑務所送りにしようというのだ。たぶん、賄賂をまきあげるだけで済むだろうが……。

中共から北鮮への携帯電話の輸出は、2014年は8300万ドル。2013年の2倍になった。ちなみにシナ製携帯電話は、1個100ドル

未満である。

　予測では、2015年末には、北鮮内で合法的に使える携帯電話は300万台以上になるだろうという。そしてシナ国境付近でのみ利用できる違法ケータイは、げんざい10万台くらいであろうという。

偽核爆発と偽SLBM

　2004年4月22日、シナ国境から20km北鮮側の鉄道駅・竜川(リョンチョン)の構内で、中共から輸入されて堆積されていたかなりな量の硝酸アンモニウム肥料が大爆発を起こし、半径500mが吹っ飛ぶ事故となった。これは中共を訪問して帰国する金正日の列車を狙ったものらしかったが、中共のスパイ機関が危険があることを耳打ちして、正日が移動スケジュールを繰り上げたおかげで、爆死は免れたそうだ。北鮮の鉄道大臣は処刑された。

　硝安爆薬というのは、窒素肥料としてどこでも安く大量に手に入る硝酸アンモニウムに、軽油のような油脂をまぜ、容器に密封して、工業用雷管などで起爆するもので、アフガニスタンで多数の米兵を装甲車ごと吹き飛ばして殺傷した手製地雷「IED」そのものである。

　中共は2014年にはこうした化学肥料を北鮮に無償供与するのをやめた。トウモロコシは「肥料喰い」の作物で、硝安肥料なしに同じ畑で連作しようとすれば、ほとんど実らない。水稲も、肥料なしでは収量はガタ落ちしてしまう。だからやむなく北鮮政府は、2014年には肥料を有償で輸入した。その量だが、2014年1月だけでも、3万5000トン以上だったという。

　その硝安肥料の一部を使うだけでも、0.1キロトンくらいの「地下核爆発」を偽装することは容易である。0.1キロトンの核爆発とは、100トンのTNT炸薬のエネルギーに相当するということである。硝安油剤爆薬は、TNTよりも「爆速」が遅いのだが、発生するガス量はTNTより多いので、地下で岩盤を大きくゆるがす力が

ある。

　数百トンの硝安爆薬を坑内に籠めた発破が起こす地震波は、韓国内の低密度の地震観測網では、数キロトンの核爆発のように錯覚されることが、じゅうぶんに考えられるのだ。

　北朝鮮は、2006年の第1回核実験では、ほんとうの核分裂を起こすことができたが、同時に硝安発破によってその威力の低さ（たとえばプルトニウムのガンバレル型装置ならば、フィズル＝不完爆となることは前もって予測できる）をごまかそうとしたかもしれない。そして第2回核実験と第3回実験では、複雑な設計施工が求められる爆縮型装置に挑んだものの、核分裂を起こすことにまったく失敗し、ただ、爆縮用のTNT炸薬と、第1回よりも増量した硝安発破による地震波だけが、生じたのではないだろうか。

　2015年5月、北朝鮮は、SLBM（潜水艦発射式弾道ミサイル）の発射映像を公表した。

　その映像だけでは、果たしてホンモノであるのか、例によってフェイクなのか、判別が難しいようである。

　ソ連が崩壊する直前、北朝鮮は、ソ連の1960年代の設計である「R-27」というSLBMの発射筒部分のスクラップを調達している。ソ連は70年代にもっとマシな発射方式に改善しているから、それ以前の旧式発射筒を売却先で調べられても、特に困ることはなかろうと考えた。

　しかしソ連崩壊直後に、さらにいろいろな「スクラップ」が北鮮の購入するところとなり、その中にはR-27の本体まであったようである。その上、ロシア人技師まで複数人が招聘されたので、北鮮が本気でSLBMを作りたがっていることは、誰も疑わなくなった。

　実際、北朝鮮はR-27コピーの「ムスダン」という弾道弾をこしらえた。それを2005年にはイランに18基も輸出している。

北鮮はまた1993年には、ロシアから、R‐27を水中発射できた『ゴルフ』級潜水艦（ディーゼル機関搭載）のスクラップを10隻分も調達している。

　潜水艦から弾道弾を発射できるようにしたいという、一貫した意欲が北朝鮮指導部にあることだけは、間違いないだろう。

　しかし何度も強調するように、中距離弾道弾に非核弾頭を搭載することほど無意味なことはなく、また、北朝鮮は、核弾頭の小型化どころか、まともな核爆弾も、まだ実験できてはいないのである。

　そして、水中で潜水艦のミサイル・ハッチが開くときの特徴的な音（水が流れ込むので）が、北鮮沿岸の海中で過去にしたことがあるかどうか、米国と日本の潜水艦隊は、もう知っているはずだ。

韓国の現況

新兵にスマホ

　韓国では陸軍も海軍も国民から「だらしがない」と思われている。これは陸海軍の兵隊が徴兵であることに原因があるので、徴兵制はやめようという話も出てきた。韓国人は、志願制の空軍は調子がとても良好だと思っているようである。

　2014年に、韓国軍内で2人の下士官が死亡した。敵の捕虜になったときにどうやって虐待に耐えるかというリアルな訓練の結果だという。西側諸国では大昔、こういう兵隊教育があった。いまだにやっているのは、韓国軍だけである。

　2014年、韓国軍は徴兵された新兵たちに携帯電話の所持をゆるすことにした。これは子弟を入営させた両親たちが、政府に有権者としての圧力をかけた結果である。

　2010年に1人のイスラエル兵が、「これからヨルダン川西岸のゲリラに対して奇襲攻撃をかける」と、自分のフェイスブックで軍の秘密計画をバラしてしまい、作戦が中止されたことがある。この兵士は10日間の重営倉に処された。

　兵隊に携帯電話やスマホを持たせれば、このようなトラブルは避けられない。だから中共軍では、兵隊に携帯電話は禁じている（たぶん守られないだろうが）。

オプコン

　戦時統帥権、すなわちオペレーション・コントロール（作戦の統御。略してオプコン）の責任と権限を、米軍から韓国側に返すという懸案は、一向に前進しそうにない。

米軍は、ウルチ・フリーダム・ガーディアンという名の米韓合同演習で、韓国人が米軍を指揮できるものかどうか、テストした模様である。そしてどうやら失格と判定され、演習の終了が早められた。
　韓国政府としては、中共軍との戦闘の矢面に立つのは真っ平御免なので、この結果には内心よろこんだことであろう。
　在韓米軍の司令官を2年半務めて2008年に退役したB・B・ベル将軍は、〈オプコンはとっとと返還せよ〉という論客であった。ところが2013年4月になって突然〈オプコン返還は永久に遷延すべし〉と言い始めた。
　韓国政府の対外工作係は有能なのだろうか？　2011年退役のW・シャープ将軍（やはり元在韓米軍司令官）は、民間シンクタンクのCSISに所属している矜恃からか、〈オプコンは早く返還せよ〉と正論を吐き続けている。
　なお平時におけるオプコンについては、1994年に返還済みだ。

基地周辺での人身売買はまだ続く

　2014年10月15日、在韓米軍司令官は、麾下将兵に対し、「ジューシー・バー」のサービスにカネを支払うことを全面的に禁止した。
　そこでカネを使うことは、人身売買（human trafficking）と売春（prostitution）を直接幇助する。それはまた、性差別主義（sexist attitudes）を助長もする、というのが司令官の論理だ。
　ジューシー・バーは米軍人にとっては昔から韓国名物のひとつである。在韓米軍基地の周りの赤線地帯（たとえばオサン空軍基地ならば「ソンタン」街区。今は閑古鳥が啼く）に軒を連ねており、経営者は韓国人。
　客（米軍人）は、その店内で高額な飲料を注文することで、若いフィリピン娘と相席になれる。彼女らは事実上の娼妓だ。さらに金額をはずむことによって、客はフィリピン娘を買い切りにしたり、

同伴外出することができる。フィリピン娘には、売上げのノルマが店主から課せられている。

在韓米軍は、そうした店でダーツやビリヤード・ゲームにカネを払うことをも禁じた。土産物を購入するのもいけない。違反者は、「統一軍事裁判法典」に従って、公式に処罰される。同法典は、「Articles of War」（軍律・軍法）の現代版として、1951年から存在するものだ。

臨時に韓国へ来ているだけの米軍人や、在韓米軍が給料を出している非軍事機関職員も同様である——と示達された。

ちなみに北朝鮮では、「ジュース」という英語は禁じられている。

そればかりか、南北朝鮮間では今や単語の3割もが共通でなくなっているという。

たとえば「首領(スリョン)」は北鮮では日成(イルソン)・正日(ジョンイル)・正恩(ジョンウン)の金3代にしか使ってはいけない。だが韓国では地方ボスはみんな「首領」と呼ばれる。

脱北者には、こうしたことがとても不便だという。そこで、南北の朝鮮語をすみやかに疎通させてくれる、スマホ用のアプリもできたという。

射程500kmの弾道弾の製造が米国から許可された

韓国はGDPの4分の1を首都京城(ソウル)で稼ぎ出している。そして同国の総人口の、なんと半分が京城(ソウル)住まいなのである。

北朝鮮は、射程100km未満のロケット弾を製造するだけで、38度線よりも十分奥に引っ込んだところから、集中的に京城(ソウル)の人口稠密地を攻撃できる。

これに対して韓国は、射程220km以上の地対地ミサイルでなくては、韓国領土内から平壌を打撃することはできない。ちなみに、イランとイラクの国境線からバグダッド市までは、200kmあった。

韓国は、MTCR（Missile Technology Control Regime）をアメリカの意向で 2001 年に受諾させられた。その合意枠組みは、射程 300 km 以上のミサイル兵器の技術を持っている国が、その技術の無い国に、当該兵器や技術を売り渡してはならぬというものである。

　米国は MTCR の提唱国だから、韓国が MTCR に加わろうが加わるまいが、射程 300 km を超える弾道弾や巡航ミサイル、300 km 以上飛べる無人機を、韓国には売れないわけであった。

　しかし米国は不思議にも、直径 61 cm の戦術ロケット弾である ATACMS の、射程が 300 km あるタイプも、1998 年からこれまで、韓国軍には売ってやろうとはしなかった（射程 165 km の誘導弾タイプと、射程 128 km のクラスター弾頭タイプだけを売り渡した）。

　さらにまた、射程 300 km を超える弾道弾を、韓国は国内で開発してもいけない、と指図してきた。それは MTCR とは関係のない、米国の特別な思惑であった。

　この特別注文が 2015 年に撤廃された。韓国は米国から、射程 500 km までの弾道弾の開発を許可されたのだ。韓国領土内から発射して、北朝鮮の北部までも届く射程である。

　ところで、いま北鮮が韓国を狙っている弾道弾は、全部で 600 発あるにすぎない。

　くどいようだが、おさらいしよう。

　ドイツは 1944 年 11 月から、「V‐2 号」短距離弾道弾を 1115 発発射し、そのうち 517 発をロンドンへ着弾させた。それによる英国側の死者は 2754 人であった。

「V‐2 号」の弾頭重量は 1 トンもあった。北鮮の「ノドン」の弾頭重量は 750 kg〜500 kg、「スカッド C」は 600 kg である。もっと射程の長い北鮮の弾道弾だと、500 kg 未満ということもあり得る。

　どんなミサイルも 1 割は故障するから（過去の北鮮の試射失敗率はもっと高い）、北鮮が手持ちの弾道弾の全部で京城(ソウル)を狙っても、着

弾するのは540発未満。しかも1発の弾頭の破壊力は「Ⅴ‐2号」の5割から6割。モナコのような小国でも、これで降参はしないであろう。

1991年の湾岸戦争時で、イラクが弾頭重量600kgの弾道ミサイルをイスラエルに39発撃ち込んだケースでは、それによる死者は14人だった。1発で「0.36人」しか殺すことはできなかったのである。

イラン対イラクの8年間続いた戦争では、国境線から500kmあるテヘランに「スカッド」改造の弾道弾を届かせるのに、イラクはえらく苦労した。けっきょく弾頭重量を軽くすることで射程を延ばすしかなかったので、テヘラン市民をほとんど動揺させもしなかった。

射程100kmを超える弾道ミサイルやロケット弾に非核弾頭をとりつけて敵国の都市を攻撃しても、けっきょく戦争資源の無駄遣いでしかない。韓国軍が平壌に弾道弾を撃ち込んだとしても、同じことだ。

都市を非核手段で破壊したいなら、爆弾を多量に搭載できる航空機を持つのが早道である。それは韓国空軍がすでに保有する「ストライク・イーグル」やF‐16で十分のはずだ。

しかし韓国としては北鮮全土を打撃できる弾道弾がないことがいかにも技術後進国のようで格好が悪いから、体面を保つ上で、今回の「許可」を歓迎するのであろう。

Military Report
日本編

この地域の概況

　中共軍との実戦が近づくにつれて心配になるのは、弾薬のストックの少なさである。500kg級の航空爆弾多数と、それに後付けすることで、GPS誘導爆弾やレーザー誘導爆弾にコンバートできる「誘導キット」、および、やはり後付けをすることで航空爆弾を「沈底機雷」にコンバートできる「複合信管キット」を、十分な量、全国の基地に分散的にストックしておかなくてはならない。

　米軍から弾薬を貰えばよいという考えは、甘い。それでは中共は、先に米軍に手出しをさせないような工作をしてから、対日挑発に臨むからだ。日本国内に大量の機雷のストックがなければ、日本にいくら優秀な潜水艦があっても、日本政府の一存で中共政体を転覆させることはできない。したがって、中共の侵略を抑止する心理効果も、なくなるのである。

防衛の現況と問題点

P−1哨戒機

　残念なニュースから始めよう。

　米国設計のターボプロップ4発の「P−3C」哨戒機の後継機として、戦後日本が、エンジンを含めて主要パーツすべてを国内開発（エンジンはIHI社製）して全体をまとめあげた、最新鋭の4発ジェット哨戒機「P−1」。

　これから量産体制に入り、5年以内にまずファースト・ロット20機程度の取得が防衛省によって予定されているものだが、海自が試作機を飛ばしてテストした結果、肝腎の対潜能力が低すぎてダメではないかと疑問がつきつけられた……という噂である。

　これからどうなるかはわからないが、最悪の場合は、調達が10機程度で終わってしまうかもしれない。

　P−1の開発中の謳い文句は、現有のP−3Cよりも高空を高速で巡航できるので、一定面積の対潜捜索を、P−3Cよりも効率的にできる……というものだったはずであるが、一体どうしたことだろうか？

　事情は想像するしかないけれども、おそらくこんなところなのではないか。

　ASW（対潜作戦）の決め手は、一にも二にも、米海軍の対潜センター（日本では神奈川県内にあるという）と、システムが一体化しているかどうか、なのだろう。

　P−3Cや、米国で開発されたその後継機のP−8「ポセイドン」は、当然に一体化されている。しかし純国産のP−1は、運用の日米一体化を前提しないで、あたかも「エンジニアーズ・トイ」（設

©吉城寺 豊

英国は、川崎重工製のこのP-1哨戒機をベースにして、何かおもしろい新型軍用機を創り、米メーカーと張り合って世界へ売ろうじゃないかと提案してきたようだ。英軍はブルネイの防衛にコミットしているので、中共のためになることはすまい。信用していいだろう。

対潜ヘリを無人機化する場合の難点は、「ダッシュ」時代と違い、すべてが重く、したがってエンジンも器材も高額なので、リモコンのつまらぬ不具合から墜落させてしまった場合の財務省への言い訳が苦しすぎることだ。しかし海保の巡視船に搭載する回転翼機なら、いちばん小型の民間ヘリをベースに無人化したものでもいい。わが領海上で航空機を飛ばせない中共公船には、対抗は不能である。

©井上公司

計者たちのオモチャ）としてこれまで開発が進められてしまったのだろう。搭載している信号処理チップや解析ソフトウェアまでもが日本国内の開発品なのかもしれない。そうだとすれば、米海軍としては、直接にその対潜センターとデータ・リンクを張ってやることは難しいのかもしれない。軍用のデータ通信は、暗号化されているはずだが、その暗号の鍵も、米国は日本には公開しづらいであろう。

　米海軍も折を見て、「いろいろと一体化が不自由で面倒くさいＰ－１などというものは止めてくれ。わがＰ－８を採用しなさい」という結論を海自に伝えたのだとすれば、海自はそれに従うしかない。そのくらい、対潜作戦センターに蓄積されている米海軍の知見と、海上自衛隊のそれとでは、霄壌の差がある。また、データ・リンク等に乗じたサイバー・アタックやサイバー・エスピオナージを禦ぐ備えにおいても、日米間には懸隔があり過ぎるのだろう。

　Ｐ－１が対潜哨戒機として使われないとなれば、関係メーカーとしては、すぐにも他の用途を提案しなくては、開発投資の回収のアテが外れてしまうだろう。

　とりあえずは、「ＹＳ－２」の除籍後の穴埋めの、海自の輸送機にするという線が、考えられるようである。

　もちろん私（兵頭）は、読者諸賢と同様に、本機を「空中ミサイル巡洋艦」とする構想に大賛成だ。

　速力ではなく滞空時間（低燃費）と搭載量重視の大型戦術飛行機は、将来の世界市場でも、必ず重宝されるだろう。

ジブチのＰ-3C

　海自のＰ－3C部隊が、紅海の入口のジブチの基地に展開しているのだが、じつは、もうインド洋では「海賊の見張り」など、あまり必要ではなくなりつつある。

　にもかかわらず、海自航空隊は大活躍している。それは、中共の

潜水艦がはるばるとペルシャ湾や紅海くんだりまで出てきてウロついているので、その音紋を「ソナー・ブイ」で採りまくっているのだ。何年か前の英文メディアの報道で、海賊の村をこっそりと海側から潜望鏡で監視するために西欧の某小国がソマリア沖まで潜水艦を出しているという話があった。だから、ソナー・ブイを投下して収集できる音紋も、相当多種類の潜水艦にわたって、さぞかし「大漁」の「入れ食い」なのではないかと想像する。

　いうまでもなく、P-3Cのシステムは、米海軍の対潜センターと直結だから、海自機が収集した最新の音紋は、海自の情報資産になると同時に、米海軍の情報資産にもなる。

　米海軍は、新型の双発ジェット哨戒機P-8をインド海軍に売りつけることに成功している。外国から兵器を輸入するときには必ず「それを国内生産するので、製造技術を移転させろ。さもなくば、買わぬ」とゴネるのがインド政府なのに、このP-8についてインドは完成品としての輸入をすんなりと呑んでいる（訓練サービス契約も一括）。これは、P-8の内蔵するブラックボックスの電子器材と米海軍直結のネットワークこそが、対潜作戦の勝利の鍵であることを、日本の役人や設計屋と違い、インド人はすぐに理解できたことを示唆している。

　おそらく海上自衛隊も、P-8や、グローバル・ホークの洋上哨戒版である「トライトン」を、やがて輸入させられるのではないだろうか。そして、ジブチを基地とする「爆撃作戦」にも飛び立つのではないだろうか。

　P-8も滞空時間はP-3と同じ、10時間である。

呪われたアパッチ・ヘリ

　防衛省は、陸上自衛隊の旧くなった攻撃ヘリのAH-1「コブラ」を、より強力なAH-64D「アパッチ」×62機で機種更新しようと

考えていた。

　富士重工は、それを国内生産するのに必要なライセンス料350億円を、先にアメリカのボーイング社へ支払い、生産ラインを準備した。ところが防衛省は、いまだに納税者にはよく説明されていない謎の理由から、この62機の調達を10機にまで削減してしまった。富士重工は、製品納入によっては回収が不可能となった350億円を取り戻すために、国を相手に訴訟を起こし、2審までもつれたものの、2015年1月に勝訴した。

　アメリカ海兵隊は、「コブラ」系列を使用し続けており、「アパッチ」は調達するつもりがない。アパッチは、米陸軍の装備である。それゆえ陸幕は、事前に海兵隊から親身のアドバイスは受けられなかったかもしれない。

　湾岸戦争では、米陸軍のアパッチは大いに活躍した。しかし重いので、滞空時間は90分が限度である。ヘリコプターの特性上、巡航速度も280km／時にすぎぬ。これは、基地からの往復距離がとても長くなる南西諸島方面の島嶼(とうしょ)作戦には、使いようのない装備である。

　陸自の選んだタイプは、塩害対策や、洋上航法装置も備わっていないものだったので、艦載させるわけにもいかない。

　さらに、米陸軍は、アパッチをどんどんアップデートして行く。ライセンス契約を結ぶときに、このアップデート対応について念を入れておかないと、米国メーカーだけが供給できる部品が、いつの間にか製造中止され、ストックも無いということになる。

アパッチに関する英国の経験

　英陸軍は2015年、その保有するアパッチ66機のうち4分の1を退役させ、モスボール（倉庫への無期限しまい込み）をするつもりだ。

　もうアフガニスタンでは作戦しないし、ときたまPKOに行くだ

けだから、それでいいのだと英政府は説明しているけれども、要は、予算がない。

かつて67機揃えたとき、クルーは144人が必要なところ、68人しか揃えられなかった。ソ連崩壊後、人件費を削ったためだ（なんとか定員としてやっと120人まで増やした）。またスペアパーツ代も抑制していたために、アフガンで8機運用するのも容易ではなかったという。

2011年のリビア干渉でも、予備部品が払底し、英空軍の「タイフーン」戦闘機が動けなくなった。

今日の近代軍隊のよく覚えておくべきことは、平時のスペアパーツは戦時の用にはまったく足りぬということである。

そしてもうひとつ。欧州人はソ連崩壊後、もう欧州に戦争はないと踏んで、どんどん戦備を緩め、ドイツをはじめとして、軍隊を「国家失業率削減装置」と看做しているところが少なくない。そこでは兵隊はただの「軍服を着た文官公務員」になりさがっており、肥り過ぎていてPKOにすら出せない。旧式兵器は更新されず、必要なスペアパーツも足りない。なぜなら、政権が意識的に、雇用のための人件費にばかり廻しているからだ。それは国内の失業率を下げるので、政権にとっては、メリットが至大なのだ。

スウェーデンなどはなんと対潜ヘリを2008年に全廃してしまって、2018年までその予算はつかない。だから今、ロシアの潜水艦が領海に入りまくりである。ロシアは、国境周辺の、防備が弱くなったところ、腐ったところへ、シロアリのように集中してくるのだ。

あるアパッチの事故

アイダホ州軍所属のアパッチ・ヘリが、2014年11月、エンジンが2基とも停止して墜落し、教官クラスの乗員2名が死亡するという事故があった（アパッチは複座機）。この2人はアフガニスタン戦

線でもアパッチを飛ばしており、経験は十分だったのだが……。

アパッチは、メイン・ローターを2基のエンジンで回している。それぞれのエンジンとメイン・ローターのシャフトは、「ロックアウト」というレバー操作により、パワー・トレインを切り離すことができる。

当日、2人は、空中での非常事態をシミュレートするため、片方のエンジンをロックアウトして、オートローテーション（動力によってではなく、降下時の風圧を受けることでローターが受動的に回転している状態）を演練するつもりであったようだ。

ところが、2基のうちのどちらをロックアウトするかで2人の間に意思の齟齬(そご)があって、2基ともにロックアウトしてしまった。そして、負荷がゼロになっているエンジンの回転数を上げようとしたものだから、2基ともにおそろしく回転数が上がった。それで、エンジンの焼き付きを防止する自動安全回路が作動し、エンジンへの燃料供給がカットされた。

オートローテーションで安全に不時着するには、ローターの回転数がある値以上でなくてはならない。アパッチのような重いヘリが高度400フィートでエンジン停止した場合、その安全な回転数はとても得られなかったという。だから地面に激突し、2人は死亡した。

尖閣作戦専用機の「オスプレイ」

尖閣(せんかく)諸島の防衛を考えた場合、陸自には、重い「足枷(あしかせ)」がある。その足枷を「外務省」という。日本外務省がわけのわからない密約を中共と結んでいるために、尖閣諸島上にあらかじめ常駐できないし、定期パトロールすらできないのだ。

10人以下の小部隊でも日頃から常駐できるならば、オスプレイなど要らない。中共幹部は武官も文官も、旧日本軍のような無知・不勉強ではなく、国際宣伝上の合法性（第三者的視点）を特に重視

空自の戦闘機隊は、米空軍の演習の頂点「レッド・フラッグ」に参加したくとも、米軍の空中給油機の支援なしではアラスカまで飛べず、諦めていた。写真のKC‐767の調達によって不自由は解消した。空中給油機の難点は、離陸騒音が長く大きくなることと、被弾したとき正副機長はパラシュートで飛び出す余裕が無いといわれること。

航空自衛隊装備のCH‐47。ドア上のカプセル形のものは、ワイヤーで人を吊り上げる「ホイスト」装置だ。塩害対策は施されてないが、必要なら海面に着水するという離れ技もできる。胴体下部のバルジ状燃料タンクが「浮き」になる。オスプレイにはこの真似はできない。

するので、陸自が哨所を置いている島を攻撃して国際法上の「侵略者」となる選択をしないからだ。

しかし外務省は、中共側がいかほど明瞭にその「密約」を蹂躙し去ろうとも、当方だけはひきつづき、尖閣常駐警備隊などは自粛していなくてはならないのだと言い張る。どっちの外務省だかわからない。「宣伝の鉄火場」の経験値ゼロの、試験エリート役人たちばかりゆえ、すっかり「恐支病」に陥っているのだ。

尖閣の上に常駐できないとしたら、次善の守備体制は、すぐ近くの先島(さきしま)群島のどこかに、「CH‐47」とともに有力な陸自部隊を置くことであろう。だが、それを今から推進していては、沖縄の左翼勢力の妨害戦術と土地利権屋の跳梁がなくとも、実現までに何年かかるかわからない。シナ軍はそれまで待ってくれない。

いま既にある基地、すなわち、「沖縄本島」から出発する作戦しか、現実的に事前の準備はできないのだ。

その場合、ゲリラや工作員につけこまれる弱点となる、不測の障害可能性は、できるだけ排除すべきである。されば、「途中で１回どこか(下地島等)に着陸して給油する」「ヘリに空中受油装置を付け、空中給油機も飛ばす」「洋上で駆逐艦から給油させる」といった、物事を複雑化させるオプションは皆、斥けられる。

沖縄本島から尖閣まで、歩兵部隊を乗せて一挙に飛来し、そこからまた沖縄本島まで無給油で一挙に飛んで戻れる「実力」を持っている、出来合いのヘリコプターを保有せねばならぬ。それが、海兵隊が推す「オスプレイ」であった。

国内で日本企業がライセンス生産している陸自現有の最新輸送ヘリCH‐47JA「チヌーク」は、カタログスペック上の航続距離が1040kmだ。

沖縄本島の那覇基地から魚釣島(うおつりじま)までは、無風下を一直線に飛べば片道390kmぐらいだろうか(普天間からだとプラス10kmか)。こ

れを2倍すると780kmだからチヌークにとって無理な仕事とは思えないが、実戦では万事に余裕を見る必要がある。飛行途中で敵の脅威を避けるために蛇行したり、風が強かったり、魚釣島でラペリングに手間取ったり着陸に迷ったりすれば、沖縄本島の出撃基地には直帰できないおそれが出るのだろう。これに対してMV‐22Bならば、戦時満載モードでも、片道700kmを往復できるというから、いかにも余裕が大きい。(搭載能力は、チヌークが兵隊55人なのに対して、オスプレイは24人である。)

　ただし、「どうしてもオスプレイでなくてはならぬ」という結論も自動的に出ては来ない気がする。穿った見方をするならば、陸幕は、「海兵隊と陸自をフュージョンさせる」ことを外務省経由で米政府から指導されており、相手の海兵隊の基地が沖縄本島にある以上は、その近くから「同じ機体」で出撃する作戦しか、考えることが許されないのかもしれない。

　空中給油機能のあるタイプのチヌーク(たとえば米軍の特殊作戦コマンドが採用しているもの)を改めて輸入するという案は、現実的でなかった。というのは、低速で飛ぶヘリに伴走して空中給油してやれるのは、ターボプロップ輸送機をベースにした「KC‐130J」だけなのだが、その機体を日本は保有していない。そのための空自部隊を新編する「定員増」は、財務省がウンと言わぬであろう。それがなんとかなったとして、その基地を沖縄のどこにするか?　行政の面倒が2倍、3倍に増えてしまう。

　ただ、予測し得ない将来、先島群島に自衛隊の有力基地が複数整備されれば、現用のチヌークだけでも十分に用が足りるようになるので、そのときは、オスプレイなど廃用してもよろしかろう。

　陸自がオスプレイを使用し始めて1年もすれば、この機体が、稼働率を維持するためにはやたらに高額なスペアパーツを次々と輸入し続けるしかない、嬉しくもない機体だということが、部内によく

知れ渡るはずである。

　海兵隊じしん、ランニング・コストの高すぎるオスプレイだけでは予算が詰まることを見越していて、別に、運用コストの安い新型の重輸送ヘリ「CH‐53 スーパースタリオン」を200機も買おうとしている。

　なお海兵隊は2012年からMV‐22の「C型」を受領している。全天候飛行のための計器が充実したものである（特に砂嵐で無視界になったときを考えていると思われる）。陸自が買うのは、その前の「B型」のようである。果たして、アパッチと同じことには、ならないのだろうか？

　参考までに。中共が建設しているシナ本土のヘリ基地から尖閣まで、ヘリ飛行時間にして、2時間である。その機種は「ミル8」だろうと考えられる。

「ミル8」はロシアでは新型にアップグレードされつつあるけれども、中共の装備品は旧型。それはベトナム戦争時代の米国のHU‐1ヘリの2倍重い（UH‐60と比べても3トン重い）にもかかわらず、運べる荷物はHU‐1の1.5倍にとどまる。兵隊ならば24人である。「ミル8」の最高スピードは、時速260kmだ。

　これに対して沖縄本島から飛ぶオスプレイは1時間未満で尖閣まで到達できるといわれる（カタログ値の巡航時速が455kmなので、本島から尖閣まで455kmも飛ばぬと前提しているわけだ）。またオスプレイの連続滞空時間は1ソーティで3時間半である。

　中共軍が保有する『ズブル』型ホバークラフトは、尖閣にたどりつくまでに5時間かかる。

　米海兵隊は、もし中共軍が尖閣をとりにくれば、海兵隊のオスプレイで陸自隊員を運んでやると明言している。しかし大統領が命令しなかったなら、海兵隊は動けない。

日本製戦車の内側には、ロシア軍戦車のような「ボロン複合繊維」は貼ってない。米軍戦車のような「劣化ウラン製プレート」も挿み込んでいない。核爆発から乗員を守ろうという課題意識が薄いのだ。「核を使っても無駄だよ」というメッセージを中共軍に送れないとすれば、主力戦車「10式」の抑止力とは何なのか？ ロシアは2015年の軍事パレードで、重厚長大路線の新戦車と新装甲車を披露した。「これからは核を使って行く」との覚悟を示したのだ。

潜水艦用の使える弾薬

 2015年5月、米国務省が、「ハープーン」対艦ミサイルの最新型を48発、日本へ売却すると議会に報告した。

 これは「ブロックⅡ」と呼ばれるもので、潜水艦から発射して陸地も攻撃できるのだが、おそらくその用途は、有事には大連港に引き籠って外洋に出てこない中共の「空母」を、たといドック内であろうともお構いなしに空中から打撃して破壊し、以て儒教圏人の面子(メンツ)を丸潰しにしてやろうという方途なのであろう。

とうぶん戦力にはならないF-35

 ロッキード・マーティン社が開発中の最新戦闘機F-35のソフトウェアは、ソースコードにして800万行以上である。

 F-35の機体の表皮には6個のカメラが埋め込まれる。それを通じてパイロットは、ヘルメットの内部にて、バーチャルな「全周視野」を得る。下を見れば床は見えず、6時方向の景色が見えるのだ。

 このヘルメットだけで、予定単価40万ドル。

 しかし試作品は不具合に悩まされている。気流のタービュランスで機体が揺れると、画像もメチャ揺れ。しかも、物理的な動きよりわずかに遅れて画像が再生されるので、パイロットが「乗りもの酔い」に陥ってしまう。

 特に夜間の視野は、緑のチラつきが酷く、どうにもならなかった。

 だからこのヘルメットではない普通のヘルメットが、別の下請けメーカーに、保険の意味で発注されたりしている。まだ、そんな段階なのである。

 それでも整備工場は、先行投資されなければならない。

 南太平洋におけるF-35戦闘機の整備拠点工場は豪州、北太平洋における拠点工場は日本(愛知県の小牧基地に隣接)と、決まったそうだ。

豪州の工場（候補地は、空軍のアンバーレイ基地か、ウィリアムタウン基地）は 2018 年にオープンし、日本の工場は 2023 年から稼働させたいという。

　豪州の整備工場は、中共が本土から発射する非核弾頭の弾道ミサイルでは、まず機能停止されることはないので、理想的である。（距離が遠すぎて弾着がバラける。それを補うべく、確実な破壊を期せるほどの多数の長距離ミサイルを整備するのは、非現実的。）

　しかし名古屋の工場は、シナ大陸からの距離がほどほどであるにもかかわらず地下工場とはせぬそうなので、非核の弾道弾が落下すれば、それは比較的によく命中し、精密工場（しかも異例の２階建て）であるだけに飛散片等による損害確認や清浄点検も短時間では終わらず、修理機能はかなりの間、麻痺させられてしまうであろう。

　2012 年に、米海軍の作戦部長（旧海軍用語に直せば、軍令部総長）のジョナサン・グリーナート提督は、F‐35 計画についての醒めた見識を示した。いわく。艦上戦闘機に、超音速巡航性能だの、ステルス性能などは必要ない。どんな飛行機も高速で飛べば空気摩擦で熱を輻射し、それは遠くの赤外線センサーに探知される。そして、いくら速く飛んでもミサイルには追いつかれる。ステルスといっても「反射」は必ず生じ、「透過」構造体にはできないのである。艦上機がそのような無駄な機能を求めてペイロードを減らしてしまったら、それは役に立たない飛行機だ。艦上機はペイロードで勝負すべきである〔＝つまり F/A‐18 スーパーホーネットの系列でもう十分だ〕。

　米空軍も、これまでのサイクルであれば、もうとっくに、F‐35 の次の戦闘機の開発を策定しなければならない頃なのに、何の案も示していない。

在日米海軍が「対巡航ミサイル防衛」に本気を出しつつあり

　2015年、米海軍のミサイル巡洋艦『チャンセラーズヴィル』が横須賀に配属された。これは、「対支」を睨む第7艦隊のイージス艦としては、初めての「ベースライン9」搭載艦である。

　イージス・システムは、もともとソ連の70発とか200発ぐらいの対艦ミサイルがいちどに飛来しても、そのすべてを叩き落とし、護衛する空母には指一本も触れさせないという艦隊防空システムの要であった。

　米海軍は、海自の艦隊を米艦隊と統合的に指揮運用するためには、数個ある海自の遠洋艦隊のそれぞれの旗艦がイージス艦であることが、通信上好都合であると考え、日本はその奨めに従った。

　しかしソ連崩壊後の1990年代、北鮮に刺激された日本を核武装させないための「宥め役」としては、これらのイージス艦を、米海軍にはすでにあったBMD（弾道弾迎撃）任務艦に改造させるのが手っ取り早いと判断され、ソフトウェアが抜本から変更された。

　結果、2000年代以降、中共軍が（弾道弾ではなくて）巡航ミサイルを沖縄や日本本土に向けて乱射してきた場合に、海自のイージス艦では満足に対処ができないという確率が高まってしまった。しかも、シナ大陸から発射される中距離弾道弾には、イージス艦の「SM-3」ミサイルは手が届かない。

　この不都合を解消すべく、米国では「ベースライン9」の完成が急がれた。「ベースライン9」にシステムをアップグレードすると、同じ1隻のイージス艦が、中共の巡航ミサイルもバタバタと撃墜してやれるし、シナ大陸から発射される中距離弾道弾にも手が届くのである（ミサイルも能力強化されるので）。

　米海軍の、他の海外基地には、まだ「ベースライン9」艦は送り出されてはいない。オバマ政権は、公言をしたとおりに、太平洋にまず最新戦力を送り込んだのだ。

ただし、陸軍参謀総長オディエルノ大将も、海軍作戦部長グリーナート提督も、「BMD（弾道ミサイル防衛）は抑止力ではない」と認めてしまっている。敵が矛で突きまくってやろうと計画しているとき、こっちに盾(たて)だけがあったところで、敵に決心変更を強要する力とはならない。まして、平時の盾の試験ですら不合格続出とわかっているときには……。この2人のプロ軍人は、言語の運用に関してさすがに「誠実」だ。

　現時点では『チャンセラーズヴィル』以上の能力をもつイージス艦はどこにもない。これから時間をかけて、海自のイージス艦にも「ベースライン9」が導入され、敵の巡行ミサイル発射母機を240km先で撃墜できるようになるだろう。

超水平線探知と巡航ミサイル迎撃の鍵は早期警戒機

　航空自衛隊が輸入できることになった、小型ながら高性能の「E-2D」は、米海軍が2010年から戦力化している最新・最精鋭の早期警戒機である。もちろん空自は、これを陸上基地（那覇基地）から運用する（米海軍は空母からの運用）。

　それまでの旧型の「E-2Cホークアイ」との違いは、敵がステルス機を飛ばしてきても見破りやすいUHF帯の周波数をレーダーから送信できることと、イージス艦と情報を直結させた連携運用ができることだ。

　どうやら、航空自衛隊までが、海上自衛隊に駆使されるという趨勢が見えてきた。米国から見た場合に、いまや日本の「主軍」は海自なのである。

　海自はデータ・リンクによって（読者が想像する以上に）米海軍と一体である。米海軍も海自といっしょに、もしくは海自を密接に後援することで、対支作戦するつもりである。

　空自は（読者の想像とはうらはらに）米空軍とは相互に独立である。

米空軍はおそらく空自などほっぽっておいて単独で中共と戦争できるつもりである。

　この力関係（というよりやはり語学力関係か？）が、ますますモノを言うようになっている。

　巡航ミサイル防衛が、なぜ、弾道ミサイル防衛よりも重要なのか？

　それは、非核の弾道ミサイルというものは、米軍がかつて配備していた中距離核ミサイルの「パーシング２」のような、終末誘導機能でも付いていないかぎりは、迎撃しないで好きなだけ落下させておいても、ほぼ軍事的ダメージが無いからである。それほど精度が粗く、破壊力は小さい。中共は、終末誘導のできる「対艦弾道弾」を持っているとしきりに宣伝するけれども、それが嘘であることはとうに見切られている。

　それにひきかえ、巡航ミサイルは、原理上、精度が高いので、たとえば原発の「建屋（たてや）」だけを狙う――といった運用ができる。嘉手納（かで）基地や那覇基地の格納庫に正確に命中させることもできる。これを、好きなように着弾させておいてはマズい。途中（洋上）でぜんぶ撃墜すべきなのだ。

　もちろん、シナ大陸から日本に向けて発射され得る、核弾頭の付いた弾道ミサイルは大きな脅威だろう。最新のイージス・システムをもってしても、それを全部迎撃できるとは思われていない。だが構わない。米軍は、もし横須賀基地が中共の核で壊滅したなら、海南島（かいなんとう）の原潜基地を同じように核で壊滅させてやるという「報復」の能力を有し、大統領にもその意思があるので、「抑止力」を現に効かせているから。

　中共は、ロシアと違い、限定核戦争を全面核戦争にエスカレートさせるオプションは持っていない。米国のミサイル潜水艦１隻から投射される核弾頭だけでも、中共のほとんどの核アセットは、破壊

されてしまうのである。これがゆえに、全面核戦争ができないなら、さいしょから限定核戦争もできないことになってしまうのだ。

2015年になり、米海軍は、海上自衛隊やアセアンの連合艦隊が、南シナ海をパトロールすべきだと発言するようになった。これはペンタゴン最上層部の意向であり方針である。

海自はこれからますます、日本近海でないところでの、米軍との協働作戦に奔走することになるだろう。この関係は、海自部内のヒエラルキーも変更してしまうはずである。すなわち、米軍との協働関係の密である艦種やポジションほど、エリート・コースだと目され、確実な昇進が見込まれる。きょくたんな話、米海軍とインド洋で合同作戦する補給艦の艦長は、米海軍と合同作戦しない護衛艦の艦長よりも、「デキる」人材が充当されて、先に栄進するであろう。潜水艦長、掃海艇長についても同様だ。そして将来、護衛艦が第7艦隊と連合艦隊を組むようになれば、その「デキる」人材が護衛艦の艦長に横滑りする。読者の皆さん、出世したくば英語を勉強しましょう。

サイバーの「罠」

自衛隊のサイバー部門は、「罠」を設けて敵の「攻撃」を待つ。インターネットにはつながっていて、防衛省の職員の端末らしくも見えるが、じつは防衛省内の他のどこにもつながっていない、そういう「袋小路」のPCを、いくつも「罠」専用に開設しているのだ。

この罠に敵から送り込まれてくる「マルウェア（ウィルス）」を解析することで、敵の正体がほの見えてくる。

マルウェアにはかならず開発者の「普段語」が混じる。簡体漢字、ハングル、アラブ語、ペルシャ語……。どれを使っているかで、敵の姿が浮かび上がる。

敵のハッカーも、しばらくすると、これはただの罠だと気づく。そうしたら、また別なゲートを設けて、待ち構えるのである。

『いずも』の役目は『ブルーリッヂ』

　飛行甲板が艦首から艦尾まで全通している軍艦を「フラットデッキ」という。ほぼ「空母」と同義語なのだが、機能はピンキリだ。

　1万3950トンの『ひゅうが』級護衛艦が、まるで空母だと騒がれたものだけれども、海自は、さらに大型のフラットデッキ艦として、1万9500トンの『いずも』級を戦列化した。先の大戦で大活躍した帝国海軍の空母『飛龍』よりも大きい。

　しかし、空母ファンには残念かもしれないが、この『いずも』級が中共本土攻撃や敵空母との海戦の最前縁に立つことはない。

　『いずも』の主機能は、米第7艦隊旗艦の『ブルーリッヂ』と同じ、全艦隊の指揮統制にある。したがってその位置は、戦闘海域の最も後方がふさわしいのだ。

　海上自衛隊の本音として、『いずも』級の次、もしくはさらにその次の大型フラットデッキ艦を、戦後初代の「空母」にしたいという欲求はあることだろう。しかし、空母をめぐる軍事環境は、厳しくなる一方なのである。平時にはカネばかり喰って、いざ本格的な戦争が始まると、ちっとも役に立ってくれないという蓋然性が大なのだ。

　米国ですら、もはや新型正規空母『フォード』級は、完成も維持も無理ではないかと疑われ出した。そのコストが、異次元に突入しているのだ。

　第2次大戦末期の『エセックス』級は、今の値段にすると10億ドルで建造されたという。しかるに最新鋭の『フォード』級は、サイズだけくらべてもエセックス級の3倍強である。

　ならば4倍して40億ドルで『フォード』級は造れるか？　なんと、『フォード』級1隻のためには、『エセックス』級の12倍もの予算が必要なのだ。

　米国で、原潜を建造できるところは2ヵ所しかない。そのひとつ

が、ヴァジニア州の「ニューポート・ニューズ」社である。そしてそこはまた、いまや米国でただ1ヵ所の、原子力空母を造ったり燃料棒の交換工事（多層のデッキを最下層までいったん全部引き剝がさねばならない）ができる造船所になっている。

おしなべて米海軍の軍艦の建造費が高くなるのは、コスト競争が無いからである。それは、造船所が抱える巨大な「票」が大勢の議員たちを縛り、そうなるしかないように仕向けているもので、もう誰も削減などできないだろう。

日本の軍艦造船所はそこまで政治力は強くないと思うが、目的のために手段を新しく考える起案力が、防衛省の役人にも海自の中堅幹部にも造艦界にも無いのがなさけない。

空母の最大のコストもまた、人件費なのだという現実も、知っておきたい。米海軍の場合、空母乗員1名のために、年間10万ドル強のコストがかかっている。

米空母が1隻、退役するまでに政府が支払わねばならない乗員の人件費は、70億ドルである。

タイ海軍の経験

タイは1997年にスペインから軽空母を買った。しかし垂直離着陸戦闘機「ハリアー」×8機のメンテ予算がつけられず、2006年にハリアーを引退させた。

おかげでヘリコプターだけならば20機積めるようになったので、「沿岸警備ヘリ空母」と再定義された。

ちなみにハリアーは、買って3年にして、すべて、飛ばせなくなったそうである。アジアの通貨危機と重なったのも、不運だった。

タイの空母は、無補給で5週間ほど、洋上に留まれる。

陸自に必要なのは「魚雷を持たない PT ボート」

　シナ軍が無人島を占拠するやりくちは、最初は少人数を上陸させて、そこに軍艦や公船でどしどし物資と人を送り込んで土工を始め、もし他国が排除しようとするなら「それは戦争と看做す」と脅すのである。

　こうなってしまうのを防ぐためには、敵よりも早く、初動の頭を押さえるように、こちらが出動し続けなければならない。スピードとタイミングで、中共の策動に対しては、いついかなるときも、後れをとってはならないのだ。

　それに役立つ装備および警備体制は、警察官や海上保安官や自衛官を乗せた高速ボートによって、常続的に離島を訪問パトロールすることだ。

　特に人員に余裕のある陸自は、この重大職務をもっと分担することができるはずである。

　旧陸軍は「大発」（大発動艇。上甲板の無い上陸用舟艇で、輸送船より発進し、島の海岸にのし上げて、人員や車両を揚陸できた。ちなみにダイハツ工業の社名は「大阪発動機製造」を短縮したもので、無関係）によって南洋の島と島の間の連絡機動を自前で（海軍に頼らずに）マネージしていたことがある。

　戦後の日本の国防は、陸海空の分け隔ては無いはずなので、陸上自衛隊が、陸自の予算で、航洋性の特殊ボートを装備しても、問題は無かろう。

　参考とすべきなのは、第2次大戦中の米海軍の高速魚雷艇「PTボート」である。小型艇だがレーダーまで備え、速力を11ノットに抑制するならば1000海里も行動できた。緊急時には、海上遭難者をいちどに200人くらいもピックアップできたという。ただしIFF装置（味方機に対して、この艇が米軍所属であると無線信号で知らせる仕組み）が付いていなかったため、レイテ海戦より以前、日本

の大発と間違えられて米軍の戦闘機によって4隻くらいも撃沈された。こうした教訓も、当然、現代には活かされるはずである。

　J・F・ケネディ大統領が戦争中に乗っていたPTボートの同型品が、たしか、戦後の何かのパレードで、無蓋のトレーラーに載せられて、米国市民の前で展示されている写真があった。このくらいのサイズのボートならば、港に繋留しておかなくとも、陸自の駐屯地内に格納しておいて、必要なときにトレーラーで海や大河まで引き出せるのである。海上自衛隊と調製などしている時間が、まったく節約できるのだ。

　PTボートよりももっと小型軽量の、チヌークで吊下できるサイズの高速ボートも、すべての陸自駐屯地に常備するべきだろう。

フリゲートとは何か

　フリゲート（Frigate）の原義は、18～19世紀の中型（2段砲甲板）で快速な帆走軍艦のことである（コルヴェットは砲甲板が1段で小型のもの）。蒸気船の時代になってフリゲートは消滅した。

　が、米海軍が、第2次大戦中の「護衛駆逐艦」（Destroyer Escort＝DE）を、戦後に「フリゲート」（記号FF。同じ文字をふたつ重ねたのは、ひとつだといろいろ間違えられるからだろう）と呼び直すことに決めて、軍艦のカテゴリーとして復活する。

「護衛駆逐艦」は、船団護衛専任のため、機関が非力で、雷装などもあるかなきかにして、敵の有力艦との戦闘は予期しなかった。旧日本海軍の「海防艦」に近い。

　米ソ冷戦の後半から、米海軍の駆逐艦（DD）はサイズがどんどん巨大化し、9000トン前後にも肥大してしまった。戦前ならばこれはもう「重巡洋艦」である。

　さしもの米国でも、ミサイル時代の重巡を何十隻も増やして、しかも維持していくことは不可能である（もちろん今の中共でも不可能。

吃水わずか1.7mのミサイル艇『はやぶさ』。ウォータージェット推進で44ノットも出せる。この主砲と対艦ミサイルを別な何かと交換すれば、そのまま『LCS』かもしれない。

海上保安庁は巡視船を389隻に増やすとしているが、それだけでは数の勝負で負けるから、西日本の水上警察もできるかぎり航洋力ある高速ボートを増勢しておくことが望まれる。

読者には意外かもしれないが)。いずれの艦も、破壊的な兵器の数々を遠く海外で運用するものなので、高度に教育されたプロ士官やプロ水兵に乗り組ませねばならない。そしてしょっちゅう、訓練をさせていないと役立たない。人件費や燃料代、修理代だけでも、えらい話になるのだ。

　そこで米国では、このさい乗員数が3分の1で済む、新世代のハイテク小型軍艦を開発しようではないかということになった。それがLCS（沿岸戦闘艦）である。

　米国では、新規の兵器システムを開発して装備したいときには、それがどうしても必要であることを強調するとともに、議会向けに「これはいろいろと税金の節約になるのです」と説明できなければ、要求は通りにくい。LCSは、浅瀬の多い南シナ海で縦横に機動して中共海軍を翻弄するために必要であると（暗々裡に）強調され、かつまた、ホルムズ海峡作戦で必要とされているのにすっかり老朽化している「掃海艦」の役割までもこいつで十全に兼務させ得るゆえ、米艦隊の艦種を整理して税金の節約になるのだと説明された。

　だが、LCSを実際につくってテストしてみた結果、75人ぽっちの計画定員では、長期の航海で乗員がヘトヘトになってしまう上、フリゲート艦に掃海艦機能を兼ねさせるという皮算用も夢物語だったことがよくわかった。

　これがLCSの顛末だが、日本の財務省は面白い弱点を有している。防衛省が「米軍ではこういうのがもうトレンドです」と説明をすれば、その予算要求をロクに吟味せずに通してくれるのだ。海幕は、米海軍が大金を投じて「このコンセプトは失敗。見込みがない」と把握してくれたLCSの日本版をこれから新規に建造するという案を、すんなりと財務省に認めさせたようだ。

　これから予想される中共による「中〜小型艦船による人海戦術」に、わが国が限られた予算で対抗するには、海上保安庁の巡視船・

巡視艇をこそ増勢しなければならぬ。しかし海保の定員や予算の制約は、海自の比ではない。なんと、海自のイージス艦1隻の値段は、海保の1年分の全予算と同じなのだ。

米海軍のLCSに匹敵するような新コンセプトは、海保こそが必要としている（LCSは結果的に失敗したが、それを発案して他のどの国よりも早く実験までもっていった米国人の態度は尊敬されなければならない）。

海軍やコーストガードが運用する艦船というものは、サイズを生半可（なまはんか）に小さくしても、ほとんど人手は節約することができないシステムである。とするならば、日本の海上保安庁においては、これから造る巡視船のサイズは逆にむしろ巨大化した方がいいかもしれない。巨大化しても安く建造する方法に知恵を絞ってはどうだろうか。

そしてその巨大巡視船は「マザーシップ」とする。船内に多数の小型スピードボートを格納し、わが領土である離島の近海で一斉に放つ。これならば、数で中共の公船・漁船に対抗しつつも、海保の定員は増やさなくて済むであろう。

進化の袋小路に来た砲兵（特科）

陸上自衛隊の持っている155ミリ榴弾砲や155ミリ自走砲が、尖閣諸島への侵略抑止に役立つとか、その奪回作戦で使われる機会があるなどと思っている陸自の幹部は、ひとりもいないだろう。

そのとおり。これらは、当面の日本周辺情勢では、まず出番が無い。

むしろ、とっくに廃止をしてしまった口径105ミリの牽引式の軽榴弾砲の方が、船舶へ人力で搭載したり、逆に卸下（しゃか）したり、筏（いかだ）のような軽舟（けいしゅう）に乗せて島へ送り届けるのも、はたまた、輸送船の動揺する上甲板から「腰ダメ」で陸地を射撃させるのにも、向いていたと言えるだろう。ヘリコプターでの吊下運搬や、パラシュートをつけ

88式地対艦誘導弾を6基装載する「発射機」。飛び出すのは、射程が百数十kmの国産「巡航ミサイル」だ。しかしこの射程は今日の各国の趨勢からすると、いささか物足りない。ブラフにすぎなくても射程を延ばした方が、増長しがちなシナ人や韓国人の心理に対して抑止力効果を発揮できる。

99式自走155ミリ榴弾砲は、システム全重が40トンもあるのに、射程は30kmにとどまっている。運用するには、自重33トンある「99式弾薬給弾車」も随伴する必要がある。陸自は、155ミリや203ミリの誘導砲弾も導入していない。関係者にはお気の毒だが、もはやこのようなシステムが大活躍できる時代は去った。17世紀いらいの「古い砲兵」が終わりつつある。

て輸送機から落とすのも、楽であったといえる。

　米陸軍も、常識的な判断を早くから下している。米陸軍砲兵部隊のうちの、MLRS（12連装の自走ロケット砲）の比率を増やすいっぽうで、砲煩兵器（自走および牽引式の155ミリ砲と自走203ミリ砲）の比率は減らしている（すでに40個大隊を整理）。

　MLRSのうち、陸自も導入済みのGPS誘導型は、カタログスペックは射程70kmとなっているが、2008年の米軍のテストで、射距離85kmでも実用できることが立証されている。

　なんと、大平原での戦争を想定した場合には、このMLRSのGPS誘導型を発射できるトラック1両が、正面巾170kmも火制してしまえるのだ。

　それも驚異だが、一般に水平線までの見通し距離と考えられている40kmをはるかに超えたところからでも、島嶼に取り付いた味方陸軍のための正確な支援火力を提供できるというポテンシャルが、尖閣諸島作戦を考えたときには、殊に重要である。終末誘導のできるロケット弾（もはやそれは地対地ミサイルと同じだろうが）は、発射プラットフォームが波で動揺していようと関係なく、精密に指定点に落下してくれる。フロッグマンがシナ軍の陣地を水際で偵察し、着弾点をレーザー眼鏡で測って無線で伝え、水平線の向こうに待機する「船舶砲兵」がその座標値を入力して小艦艇の上甲板からGMLRS（GPS誘導型MLRS）を1発発射すれば、89kgの弾頭（その半分が炸薬といわれる。ちなみに陸自の155ミリ榴弾の炸薬は6.6kg）の大破壊力が、島嶼上のシナ兵を消し飛ばしてくれる。1発の威力は、米空軍のF-22が投下できる細身の爆弾の2倍にも匹敵する。

　もちろん榴弾砲弾にも誘導タイプはある（自衛隊は買っていないが、米軍は持っている）。しかし、米軍の155ミリ誘導砲弾の有効射程は37kmだといわれる。GMLRSとくらべると、大砲はやたら重たいし、わざわざ艦艇などに搭載して苦労して島嶼沖まで持ってい

く価値は無いであろう。

　米国は、2004年にGMLRSを装備化した。ロケット弾6本だけを装輪トラック上に車載したタイプは、システム全体が12トンで、C-130輸送機にも搭載できるため、どこでも重宝されている。1発の精密誘導弾頭は、十数発の無誘導弾頭と同じ仕事をしてくれるので、GMLRSを6発搭載したトラック1両があれば、アフガンでは、数日分の戦闘の火力支援に足りてしまったという。すでにGMLRSは戦場で通算2000発以上が発射され、ますます好評である。

　陸自の牽引式155ミリ榴弾砲や、自走式の203ミリ榴弾砲（無蓋の車台に大砲をむき出しに搭載）のなにがまずいかといって、NBC防禦（核・化学・生物兵器を敵が使用した場合の兵員防護）が、ほとんど不可能なことである。夏にゴムの防護服を着て、標桿を立てるために走り回ったり、タマ卸しや塹壕掘りや陣地撤収の重作業を数分以上も連続できるかどうか、実験しなくてもわかる話だ。

　こうした、もはや日本では用も無さそうな装備類は、日々ゲリラと戦闘を続けているフィリピン陸軍に供与してはどうか。そういう枠組みを、政府はこれから作るべきである。

特殊部隊も語学力で勝負

　米軍の特殊部隊作戦コマンドSOCOMは、テロリストを割り出すにはソーシャルネット（SNS）のカキコミをキーワードで探索するのがいちばんだと知っている。ツイッターなどは超便利だ。なにしろ、どこで書き込んでいるのか、書き手の現在の居場所まで知られるから（よって中共軍は兵士にそれを禁じている）。

　だが、大前提がある。書き込まれている言語に詳しい者でなくば、いくらソフトが進化しても、犯人につながる情報は汲み取れない。

　まずソフトウェアで大づかみにし（キーワード探知）、それを言語

達人が、篩にかけなければ、意味ある情報集積とならない。

　2015年4月の「官邸ドローン事件」で日本国民が驚いたのは、どうやら日本の警察庁は、この、自動ソフトウェアによる日本語SNSの無人監視という、先進国ならやっていてあたりまえのテロ対策すら、していないらしいと察せられたことであった。これは、日本の警察が米国FBIから頼りにされていない、というか、相手にもされていないことを暗示するので、深刻である。

　米軍SOCOMは、その「篩いをかける」情報分析のために、おびただしい数の、イスラム圏に慣れた人材をかきあつめている。

　また、特殊部隊員にもそれらの言語（アラブ語、ウルドゥ語、ソマリ語……）の習得を命じている。

　言語を習ったら、こんどは現地で作戦させてますますみがきをかけさせてやる。（自衛隊の「特戦群」の場合は、めいめいがこっそりと〇〇大陸に個人旅行してくることで、実力を試しているという。）

　もっとてっとりばやいのは、現地軍を現地語でトレーニングしてやる教官になることだ。じつはCIAはこれと同じことをずっとしてきたのだ。

　CIAにも「オープン・ソース・センター」がある。当然である。

　これからは、陸自の幹部の多くが、マレー語、タガログ語、英語を知る必要があるだろう。いずれもフィリピン各地に跋扈するテロリストの言語である。しかしそれは面白い体験だろう。「イトゥ」とか「アワ」とか、古代の日本で「島」を指していた言葉が、地名の一部として、スプラトリーにもたくさんついている。縄文人のルーツについて、おのずと考えが深まるはずだ。

特殊部隊（特戦群）についての誤解

　特殊部隊員は、映画『ランボー』の主人公のようなワンマン・アーミー（ひとりで戦争しちゃう奴）ではない。多くの場合は、「潜入

報告者」を務めるのだ。

　陸上自衛隊の特殊作戦群も、全員、シナ語（各種方言）やハングルのプロである。敵が離島に上陸したら、彼らは夜間、敵の上陸グループの１人になりすます。そして敵の所在地や隠れ場所、行動企図を偵知してから離脱し、本隊にその情報を知らせる。連絡は、衛星通信（イリジウム携帯電話のようなもの）を使う。

　敵の指揮所のGPS座標が分かったならば、夜のうちに、精密誘導爆弾が御見舞いするであろう。

特殊部隊の潜入活動には、特別な消音拳銃が必要だ

　暗夜に、しかも敵中で、目立たぬように行動したい潜入報告者は、ときに、ピンチに遭遇する。たとえば、敵の軍犬だ。早く黙らせるには、音のしない飛び道具──消音銃を、とっさに使えることが望ましい。味方に衛星経由で報告しているときに、敵に見つけられてしまった場合も同様である。

　しかし潜入報告者は、先に敵兵から「変な持ち物」を見咎められては、何にもならない。ゆえに、その消音火器も、せいぜい片手サ

政府が潜入報告者になることもある

　特殊部隊の最先進国たる英国が、中共が幹事の「アジア・インフラ投資銀行（AIIB）」に率先して飛び込んだのは、もちろん米政府とは打ち合わせ済みで、いわば「政府の潜入報告者」をみずから志願したものである。かつてロシア帝国と、インド周辺の中央アジア地域への影響支配力をめぐって、工作合戦を続けたその遺伝子は、生きている。

　英国は常に「米国にはできない特殊作戦」を米国のために提供することで、米国から特別なはからいをしてもらえるポジションを維持するように努めている。米国もそうした英国の行動パターンは想像しているし、歓迎もするだろう。

イズで、ポケットなどにも潜ませやすい、コンパクトなつくりのオートマチック拳銃でないと、不都合だろう（回転式拳銃は構造上、消音がどうしても不十分になる。しかも5連発に減らしても厚みがあって隠しにくい）。

　潜入報告者は、本格的な銃戦をしに行くわけではないので、その拳銃の装弾数は、4発ぐらいでもいい（弾倉に3発＋薬室に1発）。これでグリップをかなり小さくできるので、消音器で増える投影面積を相殺できる。

　サム・セフティ（親指で操作する安全装置）は、夜間に特殊部隊が使う拳銃には必要なく、むしろ意図しないでそれを動かしてしまったりするので有害だというのが、米軍特殊作戦コマンドSOCOMの意見である。

　サム・セフティなしの拳銃を安全化する方法は、引き金メカニズムをDAO（ダブルアクション・オンリー）とし、引き金を長く引くことにより、内蔵ハンマー（撃鉄）もしくは内蔵ストライカー（撃針）が前後運動して、薬室内の実包の底の雷管が打撃されるようにすることだ。

　撃鉄が完全に内蔵されたデザインは、ポケットの中等で引き金を引いた場合でも、撃鉄が衣類にひっかかったりせぬので、理想的である。

　弾倉が知らぬ間に脱落していたりするのは致命的な事故となる。弾倉のリリース・メカは、ボタン式ではなくて、底部おさえフック式等にするべきだろう。

　正規軍用の拳銃はふつう、弾倉を抜き取っているときには薬室内の実包は撃発ができないような安全メカが講じられている。だが特殊作戦部隊員には、この機能も邪魔だ。そしてできれば、正規の実包がなくなってしまっても、敵から盗んだもっと小さい口径の実包を、むりやりに薬室に装塡して発射できるような「アダプター」も

用意されていることが望ましい。

　こう考えると、この拳銃の口径は、9ミリよりは、0.45インチ（11.2ミリ）が良いとわかるだろう。

　SOCOMは、弾丸1発を当てただけで即座に敵兵が無力化してくれる確率のことをOSSR（one-shot stop rate）と呼んでいる。彼らのこれまでの戦場体験によれば、OSSRが10割である拳銃弾薬は、0.45インチのコルト・オートマチック実包の弾頭をホローティップ（ホローポイントともいう。先端部を銅で被甲せず、鉛芯をむき出しにして、しかもそこを凹面状に加工しておく）にしたものだという。

　西側各国軍で標準の拳銃弾になっている9ミリ・パラベラム実包は、OSSRが7割にとどまるが、弾丸をホローティップにすれば9割だという。

　しかし自衛隊はこのマネをするわけにはいかない。アメリカ合衆国連邦上院は、捕虜に関するジュネーヴ条約等は批准しているが、ダムダム弾を禁じた1899年のハーグ戦争条規を批准していないから、米軍もこんな選択が可能なのだ。

　さいわい、0.45インチの拳銃弾は、ホローティップになどしなくとも10割に近いOSSRを発揮してくれる。そして陸自は、今の9ミリ拳銃を採用する前は、0.45インチのコルト自動拳銃を制式装備にしていたので、弾薬のストックも納入ルートも保持しているのである。

わが国の資源問題

LNG 発電所は海岸立地の必要がない

　シェール・ガスやシェール・オイルを国内で増産中の米国は、とうとうサウジアラビアすら抜いて世界最大の「産油国」に復帰した。パナマ運河はあと数年で拡張工事が終わり、巨大な LNG（液化天然ガス）タンカーが、メキシコ湾から、米西海岸沖〜アリューシャン沖を通って苫小牧もしくは八戸の LNG 基地に直航できるようになる日も近い。あとは高速道路の敷地にガス・パイプラインを埋設して東京郊外に、さらには九州・鹿児島にまでもつなげてしまうのも、行政が決断すればいいだけである。私企業が自然エネルギーによって発電した低質な電力を、電力会社にむりやり高値で買い取らせるなどという「統制経済」まがいの悪法を通したことに比べれば、その行政は遥かに筋は善い。

　LNG 発電所は、原発と違い、たった 6 年で建設できてしまう。大〜中都市の近くの山の中（非耕作地なのでタダ同然）に小規模のものを分散的に建設できるので、用地の問題で苦しむこともない。分散的であるがゆえに戦争に強い。1 つの発電所を破壊されても、周辺の多数の発電所が電力供給を続けられるであろう。

　人災にも天災にも強い発電所。それが、LNG 発電所なのだ。

　日本の過激派がよく使う「迫撃弾」。盗んだトラックに鉄パイプの「砲身」を固定し、中に火薬と金属塊を入れておき、タイマーによって発火させる。すると金属塊がパイプから飛び出してどこかに落ちるという仕掛けだが、この金属塊に導電性のアルミテープ等を結びつけて、原発から延びる、山の中の高圧送電線に向けて無人で発射させたなら、送電線は「短絡」を起こすであろう。電力会社の

自動システムは、短絡を起こした線への送電をすぐ止める。すると原発は、発電した電力をどこへも送れなくなるので、これまた自動でシャットダウンしてしまう。

　太陽光発電や風力発電は、「自家消費」もしくは「自社消費」に限らせるのが、究極のリスク分散である。送電線が強風や土石流で寸断されても、各家庭・各工場は、夜の最小照明電力ぐらいは確保できるのだから。

　日本外務省の中には、いまだに「資源外交」の愚を理解しない幹部が生き残っているようだ。資源外交とは、先の対米戦争を、石油政策の失敗だと大きく把握し、その戦前の世界構造が、戦後の今もずっと続いているのだと信じた上で妄想され続けている、偏執狂的なスローガンである。

　1920年代から1940年代の世界には、1国による海洋秩序は実現してはいなかった。列強は、海外にある油田を、海軍と陸軍を使って確保することが必要だと信じられた。「資源外交」は、戦前においては確かに必要だった。それに日本が失敗したのも事実である。

　しかし戦後は、米国という1国による海洋秩序が実現しているのだ（英国の退場の結果）。この戦後世界においては、米国との戦争を決意した国でもないかぎりは、どの国も、世界のどこかから、マーケットを通じて、石油を輸入することができる。事実、「第1次オイルショック」のときも、じつは日本は石油をちゃんと輸入できていたのである。値段が上がっただけで、輸入量は減ってもいないのだ。

　伝説の山下太郎氏がサウジのカフジ油田を開発してもしなくても、田中角栄内閣がイラクに1兆円を投資してもしなくとも（この国民の血税は、全部無駄になった）、「アラビア石油」の利権が延長されようがされまいが、イランのアザデガン油田の開発ができなくなろうとどうだろうと、日本がどこかからエネルギーを輸入できることに

は、変わりがないのだ。これは、アメリカ海軍が世界の海洋秩序を維持してくれているかぎり、また、日米が互いに戦争状態にならないかぎり、また「円」にハードカレンシーとしての信用や価値があるかぎり、これからも変わりはない。

山林を遊撃隊拠点とするために

　農林水産省は2015年3月、カロリー・ベースでの食料自給率目標値をこれまでの50%から45%まで引き下げる等を骨子とする、今後10年間の政府の新指針である「食料・農業・農村基本計画」を閣議決定させた。

　ちなみに現状で、わが国のもてる資源をすべて投入して可能になる食料自給率は39%である。食料自給をカロリー・ベースで考えること自体は、大いに正しい。それはたとえば、酒の原料だとか飼料だとかのストックもぜんぶ人間が食べ、家畜は全部食肉化してしまったら、いったい何割の日本人がとりあえず餓死せずに済むかという答えを、栄養のバランスなどは除外して示唆してくれる、ラディカルな計算だからである。

　しかし彼ら農水省の役人は、国家非常事態の想定においては呆れるほど非現実的な「試算」に熱中する。そして、もし戦争等で食料輸入が止まっても、国内農業をイモ中心に切り替え、二毛作できるところではすべて二毛作させることで、全国民が必要なカロリー（成人1人1日2147キロカロリー）を確保できるという。

　その試算の前提というのがおそろしい。まず、非食用作物の畑や耕作放棄地にイモを作付けさせる、その作業に要する期間は考慮しないという。肥料、農薬、化石燃料、種子（タネ芋）、用水、機械、マンパワーなどの生産要素は、「飼料」のみを除いて、国内に十分量が確保されていることにするという。

　御念の入ったことに、「石油・石油ガス等の燃料の供給不足」の

発生頻度の蓋然性も「低」と決め付けて恬然としている。10年以内はそうかもしれない。しかし現在、地球人口は1日も休まずに増え続けており、他方で農業生産性の革命的飛躍はちっとも起こらなくなっているのだから、南アジア、東南アジアやブラジル等で人民の経済活動水準が普通に向上しただけでも、世界のエネルギー需給は逼迫に向かい、国際エネルギー価格は高騰するであろう。それは、日本国内への影響においては「石油・石油ガス等の燃料の供給不足」と同義ではないのか。

　長期的には必ず起こることなのだから、長期的な対策の着手が今すぐ必要だろう。なぜなら「脱石油」の農地構造改革（たとえば老人を地方の「10反耕作者」として「帰農」せしめる）や、国土安全化事業（たとえば森林の豊饒化）は、10年ばかりで完成する話では絶対にないからである。

　日本は世界中あらゆるところから食料や、食料になり得る原材料を輸入している。また、新たに買い付ける選択もほぼ自由である。それが全部止まり、不可能になる事態は、ほとんど考えられない。「日本が、ホルムズ海峡経由のエネルギー、および、マラッカ海峡経由のエネルギーを輸入できなくなる事態」ならば、すぐにもあるであろう。それは、数発から数十発の機雷が誰かによって1週間おきに撒かれただけで、数ヵ月以上にわたって発生する事態だからである。

　しかし農水省は、「食料は輸入できないけれども、エネルギー輸入にはちっとも不自由をしない世界」を想定しないとマズイ立場にある。彼らが愚かにも推進している「耕作地の大規模集約化」農政は、石油動力や化学肥料が未来にわたってふんだんに投入されるビジネスとしてしか、成り立ちようがないからだ。

　だが、リアルに日本を襲う危機は、「石油がふんだんに使えるのに食料や飼料は輸入できない」というファンタジー・ワールドでは

なくて、石油輸入が急に細ることによって、日本国内の「高生産性農業」が壊滅してしまうというリスクなのである。

いくら、村という村に芋類を植え付けても、石油輸入が止まるか石油価格が爆上がりしてしまったら、国民ぜんぶを餓死から救済することはできない。収穫したイモを集荷し、消費者の待つ都会まで運搬し、腐らないように倉庫に貯蔵し、ひとつひとつの世帯まで配給する手段が、考えられぬからである。

トラクターも、トラックも、フォークリフトも、鉄道も、船も、空調機械も、ベルトコンベヤも、エネルギーの元まで辿れば、輸入石油が不可欠だ。

イモは水分を多く含むので、ものすごく重く、しかも腐りやすい。人手によって掘り出し、それを人手によってリヤカーに載せ、人力で1日がかりで曳いて数十km先の消費地まで運んでも、数十世帯が1日生き延びられるきりであろう。

ほとんどの都市住民には、せっかくのイモが配給され得ず、僻地の大規模イモ畑では、掘り出されたまま運び手の無いイモが山をなしたまま腐るであろう。

化学肥料も原料として石油がなくば人造はできない。化学肥料なしの翌年以降のイモ畑は、有機肥料を人力でかきあつめても焼け石に水で、収量が著減するであろう。

私は、『兵頭二十八の農業安保論』(2013年、草思社)において、第1次大戦と第2次大戦においてドイツの潜水艦隊に穀物輸入航路を遮断されようとした英国の前例は、日本の手本にはほとんどできぬわけを説き尽くした。しかし、農水省は、まさにそれをやってしまっているように見える。

日本の飢餓事態——私のシミュレーション

常識で考えられる現代日本国民の飢餓事態とは、以下の7つくら

いだろう。

○いくつかの国際海峡に機雷が敷設された結果、日本は石油輸入量が激減するも、食料はなんとか輸入が続く。しかし不足した石油が国内で高値で売られるようになる結果、国内で食料品価格も高騰し、低所得家庭が飢餓に瀕する。
○世界の主要な産油地が核爆発で荒廃し、日本は石油輸入量が激減するも、食料はなんとか輸入が続く。しかし石油が値上がりする結果、国際的に食料品価格が暴騰し、低所得家庭が飢餓に瀕する。
○世界核戦争が起きた結果、石油の大半が積み出しも搬入も不可能になり、食料も日本はほとんど輸入ができなくなる。
○中共軍が南シナ海や東シナ海でわが自衛隊と交戦状態に入った結果、各国の商船が南シナ海や東シナ海には近寄れなくなり、日本の輸入する石油は著減するものの、輸入小麦と輸入大豆は平時から南北アメリカや豪州から太平洋航路で搬入されているので、安定供給が続く。しかし石油が国内で値上がりする結果、食料品価格も高騰し、低所得家庭が飢餓に瀕する。
○米国が海軍と空軍による「対日ブロケイド」を決行し、日本は食料の輸入だけが許され、エネルギー輸入を含むほとんどの貿易が物理的にできなくなる。
○米国が海軍と空軍による「対日ブロケイド」を決行し、日本は食料の輸入を含む、すべての貿易が物理的にできなくなる。
○全世界的に、異常な気候もしくは異常な植物の病害虫が猛威をふるった結果、日本は食料の輸入だけはできなくなってしまうが、石油は普通に輸入ができる。

　農水省はこの７番目の事態でも想定しているのだろうか。地球は広く、植物は種類ごと、風土ごとに病気耐性が違うので、全世界の

全穀物が同時に不作になるような事態は、メソポタミアで小麦が栽培されるようになっていらい起きたことがない。私は、隕石が衝突するか、太陽の発熱に急変が起きるか、海底から突如として大量の毒性ガスが噴出するようなことでもないかぎりは、将来もそれを政府が予期すべきだとは思わない。よしんば、そんなスーパー病害虫やスーパー異常気象や地球生命大絶滅事態が想定されたとして、その場合、どうして日本国内でのみ、馬鈴薯やサツマイモを育成したり収穫できようか？

　国民を飢餓事態にさらさないために、平時から現実的な想定と対策を考え抜いておくのが農水省役人たるものの使命ではないのかと兵頭は愚考いたすのであるが、農水省はその責任を放棄しているのである。

　ならば防衛省が、演習場を使って実験と提言を発信するがよい。演習場で遊撃隊がサバイバルできるように平時から準備するのだと公式に説明すればよい。

　石油のみ輸入されにくくなるか、石油と食料のどちらもが同時に輸入されにくくなるという、よりいっそうあり得る事態に、政府として備えるには、平時から、日本国土の66％を占める「山林」を、石油に頼らずに「豊饒化」しておくしかないというのが、兵頭の持論である（『新潮45』2014年5月号、「『特定外来生物』で飢餓に備えよ」等を参照されたし）。

　たとえば、地下にできる豆である「アピオス／ホドイモ」と、森林でもやたらはびこる「葛」（米国では侵略的外来生物に指定されている）は、同じマメ科植物であって、しかも染色体数が同じ（n＝22）なので、ハイブリッド種は作りやすいはずなのだ。そうした山林向けの放任作物の新種開発研究の音頭を今まで農水省がとってこなかったということが、どうかしているのである。

Military Report
特別編

武器輸出とその未来の心配

この分野の概況

　第2次安倍内閣は2014年4月1日に「防衛装備移転三原則」を閣議決定した。わが国からの武器輸出は、次第に解禁に向かうであろう。

　中共をはじめとする隣接儒教圏国家から、いつ「嫉妬のみを理由とする絶滅戦争」を仕掛けられるか知れたものではない、剣呑な立場のわが国が、生存戦略のために用いることのできる有力な外交オプションのひとつをわざわざ封じてきたことに、何の正当性も必要性もありはしなかった。ゆえに「解禁」の方向は正しい。

　しかし武器輸出事業（もしくは武器援助事業）は、供与する側の見込みとは、ずいぶん違った展開・結果となることは、しょっちゅうあるのだ。

「武器ODA」──オフィシャル・ディフェンス・アシスタンス

　日本は2014年、フィリピン政府に10隻のコーストガード用船を供与し、2015年はベトナムに6隻を供与する。

　もちろん、これらの国をして、アジアの自由の大敵たる中共と対等にわたりあってもらうための、一助だ。

　しかしベトナムの政治は、日本人からみると、かなり腐ってもいる。これがわれわれを悩ませる。

　たとえば今ベトナム政府は、ホーチミン市の近くに新しい国際空港を造ろうと計画しているのだが、市民たちは「陸軍の土地を潰して造れ」と大反対である。

　じつはベトナムでは、陸軍こそが、最大のビジネス資本になってしまっているのだ。彼らは儲け話を求めて、あちこちで土地を転がしている。

　投資専門家にいわせると、「軍による商売」の経済支配率が最も甚だしいのがミャンマー。次がベトナムで、シナやインドネシアの陸軍は、ベトナムよりはまだおとなしいという。

　ベトナムの金融業界の不良資産も、アジアの一、二を競うのではないかと言われている。

　もし将来、ベトナムの国内で、市民と政府の対立が激化したような場合、日本の政府も納税者も、きっと困惑することになるだろう。そのときになっても後悔しないような武器援助アイテムとは何なのか、供与形態はどうするのがよいのか、前もってさんざんに想像力を働かせておかなければならないのだ。

「日本人の国民性」と照らし合わせること

　この「将来の功利」についての判断の仕方は、供与国によってまちまちでいい。西側世界で共通の「公準」というものは無いからである（多国間条約や国連決議を除いて）。

兵頭の小結論を述べると、日本からの対外武器供与にさいしては、関係者（メーカー、官僚、政治家）全員が、伊藤整がむかし指摘した「日本人の国民性」を意識し続けることが、ことのほか肝要だろうと思っている。

　文学者の伊藤整は、「近代日本における『愛』の虚偽」という昭和33年発表の文章の中で、「我々日本人は特に、他者に害を及ぼさない状態をもって、心の平安を得る形と考えているようである」と指摘している。これである。

　伊藤によると、欧米キリスト教国人は、〈善は強制すべし〉と考える。「不可能の愛」にもチャレンジし続けなくてはいけない。幾度も失敗するが、そのたびに神を想って懺悔し、他者を認識して働きかけ続けようとする。

　しかし日本人は、「他者を自己と同一視しようというような、あり得ないことへの努力の中には虚偽を見出す」。

　他のエゴへの働きかけを絶ち、他物の影響を感覚的に断つことによって安定を得ようとするので、日本人は、そもそも他者把握は苦手なのである。

「我々は憐れみ、同情、手控え、躊いなどを他者に対して抱くが、しかし真実の愛を抱くことは不可能だと考え、抱く努力もしない」。

　――このような日本人の態度を、キリスト教徒ならば「悪い」と考える。しかし日本人は、その態度にはすぐれた知恵があると直観する。伊藤整は、正しいのではないだろうか？　シナ人や韓国人とつきあわずに済むのならばどれほど気が楽かと、さいきんは皆、思っているのではないだろうか。

　伊藤は言う。日本では、「潔癖感」「正義感」「安定感」は、「孤立、逃避、遁世」と同義なのである、と。

　まさにそのとおりなので、戦前の日本の造兵技師たちも、買えばいいようなものでも無理に純国産しようとして、酷い出来の兵器を

いろいろと国軍用に制定させてきたけれども、その努力をしている最中の当人たちは、外国と関わらない方向での苦労であるがゆえに、最大級の満足を感じていたに違いないのである。

武器貿易で日本は助けられて来た

　だが現実には、日本のような、後から追いついた工業国はもちろんのこと、欧米の工業先進国であっても、自国だけで兵器やその関連品のすべてを賄うことはできない。

　戦後日本は、たとえばスイスから高射機関砲を、スウェーデンから対戦車ロケット砲や対潜ロケット爆雷を、英国やドイツから戦車砲を、米国から主力戦闘機やイージス・システムを技術導入して、純国産兵器の威力不足等を補完し、国防を成り立たせてきた。

　兵器開発の最先端を走っている現代の米国にしても、高度に効率的な軍備を実現するためには、たとえば拳銃をイタリアから、分隊機関銃をベルギーから、特殊部隊用短機関銃を西ドイツから、垂直離着陸戦闘機をイギリスから、広く技術導入している。

　兵器の国内開発に必ずしもこだわらないことが、むしろ「安全・安価・有利」な国策となることは、先進諸国間においては、反証例が挙がらぬ経験則だと言って差し支えない。

　また日本人の国民性として、他国から恩義を受けた場合、それに酬（むく）いてやりたいであろう。過去に日本が武器技術を供与された国々から、日本製武器の引き合いがあった場合、応じるのは当然ではなかろうか。

過去に恩義を受けていない国々との兵器商談

　わたしが日本からの武器輸出のこれからの具体的運用を想像して気が重くなるのは、まず、今日の世界で武器のバイヤーとなる者は、たとい日本の友好国だったとしても、一筋縄ではいかぬクレームを

つけてくるものだと承知をしているからである。

　大手商社は、そのぐらいは平気かもしれない。が、慣れない衝にあたる官僚や、訓練サービスを請け負えと命じられたわが自衛官たちは、きっと「客対応」には不慣れであろうから、待ちうける忍苦はさぞや大であろうと思うのである。

　わたしは日本人の教官が、外国人に対して「教え上手」であるとは、思わない。日本人は「他者」を知らないので、寺子屋の優等坊主のような態度を「生徒」がとらない場合、教えあぐむことが多々あるであろう。そんな生徒は世界じゅうどこにもいやしないのである。げんざい日本の大学の教員は何万人いるかしらないが、教え方が上手いがゆえに教場内が「カオス」化することがないという者がどれほどいるか。それは、じぶんの教え方が下手なせいである、もしくは、自分は教職に向いたキャラクターではないのであると、自覚をしていない人がほとんどであろう。

　今、日本はオーストラリア政府と、潜水艦技術の供与について合議を進めている。おそらく大元の意向としてはアメリカ政府要路が、「豪州海軍は日本から新型の潜水艦を買ったらいいのではないか」と、非公式に推奨したのだろう（米国には非核動力の軍用潜水艦を受注できる造船所がとっくになくなっている）。そして保守党アボット首相と豪州海軍トップの肚は、もう日本の『そうりゅう』級に決まっているのだろう。

　しかし、それだけでは兵器商談は進まないし決まりもしない。

　豪州の政体は、中共などと違って、国会や野党というものがある。首相も選挙で勝たねばならないのである。野党は必ず、政府のやることにはケチをつける。そのケチが多くの有権者にとって説得力をもつならば、政権は、最善と思う政策でも、諦めねばならなくなる。だからアボット首相も〈この話がまとまらなくとも日豪関係は悪くならない〉と、手際よく予防線を張っているところだ。

豪州の潜水艦

　オーストラリア保守党のアボット内閣のアンドリュース国防相は2015年2月、次期潜水艦の発注先について日本（そうりゅう級）、ドイツ（小型のものをスケールアップする案）、フランス（原潜の動力だけ非核にする案）のどれかになると発表した。スウェーデンやスペインは除外された。

　豪州はかつて、スウェーデンの「Kockums AB」社から『コリンズ』級潜水艦を6隻、完成品として調達した。豪州海軍の潜水艦隊は、その6隻がすべてである。

　しかし対支戦争を見据えた米国から、「貴国の潜水艦隊は、新型12隻に増勢しなさい」と言われて、まだ労働党政権であった2011年頃から、どうするんだという国内論議が本格化していた。

　『コリンズ』級は豪州海軍にとって「大型兵器を完成品として買ってもそれは戦力になってくれない」というトラウマ付きのサンプルであった。軍艦の同型艦が総勢6隻あれば、そのうち2隻はパトロール、2隻は訓練、2隻は修繕というサイクルが維持できていなければならぬところ、メンテナンスをほとんどスウェーデン企業に頼むしかないために、動かせるものが皆無、もしくはたった1隻であるという状態がずっと続いていたのだ。

　だから、前の労働党政権時代から、次の新型潜水艦をスウェーデンから輸入するという選択はなかった。

　労働党政権当時のスミス国防大臣は、「むしろ『コリンズ改』を国産した方がいい」と発言していた。それは国内の雇用創出になる。労働党としてはまっとうな考えだろう。

　当時野党であった保守党は、「スウェーデンにはさんざん煮え湯を呑まされている。新型のライセンスを買うのもダメだ」と主張していたので、政権をとっている今はとうぜん、スウェーデン製を排除する。

おそらく豪州人は、ドイツから買うのも好まない。なぜなら、兵器ビジネスのスタイルにおいて、戦前からドイツ人とスウェーデン人は類似しているからだ（ワイマール時代に多数のドイツ人兵器技師がスウェーデンとスイスに移籍している）。ドイツ商人は、知的財産を高く売りつけることに、最高の自己実現を感ずる。パクリなどは許さず、技術使用料を二重に取れるチャンスがあれば、そのチャンスも逃がさない。旧日本軍すら良いカモにされた。昭和14年に日本陸軍はダイムラー・ベンツ社から高性能液冷エンジンのライセンスを購入して川崎重工に製作させ、戦闘機『飛燕』の動力としたのだが、その同じ年に日本海軍は、同じエンジンのライセンスを陸軍とは別にまた買わされて、それを愛知飛行機が製作して、艦爆『彗星』に取り付けているのだ。ドイツ人は、買い手が無知でマヌケであった場合には、「どちらかひとつにしても同じじゃないですか」などという親切なアドバイスは絶対にしない。黙って儲けを優先するのである。
　米国は、ある時点までは「ドイツのドルフィン級に米海軍のシステムを艤装したものを豪州は選ぶといい」という立場だったが、その後、日本製を肯定するようになったように見える。新潜水艦から発射するミサイルは米国製の巡航ミサイルや魚雷となるから、それをコントロールするシテスムは、米国製でなければ機能してくれない。このことは、日本の『そうりゅう』級に決まったとしても、同様である。
　ドイツやスウェーデンは、自国軍の潜水艦隊の活動海域として、狭いバルト海を考えている。バルト海は平均水深が55m、最大でも459mと浅く、したがってスウェーデンの潜水艦はせいぜい200mまでしか安全に潜れない。これに対して豪州の潜水艦隊は、パトロールしなければならない海域がやたら広い。ドイツの小型潜水艦では居住環境が悪く、乗員が長期行動にとうてい堪えられない。

『コリンズ』級も、『そうりゅう』級より小さいのに、航続距離だけは２倍もあったのである。

デビッド・ジョンストン国防大臣が来日して『そうりゅう』の中に実際に入ってみたり、三菱重工の技師が渡豪したりしている中、豪州の野党はさっそく、こうした動きに嚙み付き出した。野党労働党のビル・ショートン党首は、議会の中で人種主義まるだしの反日暴言を口にして、アボット首相にたしなめられている。

ここでわれわれは戦前の米国における日本人差別運動が、西部太平洋海岸州に集中していたことを思い出す。豪州は当時の米西部以上の「田舎」なのだと考えると、当時の米西部以上の人種主義者もいるかもしれぬ。こうした人々がふたたび政権党となった場合でも、日本人はいったん契約したビジネスは粛々と進めなければならない。そういう覚悟までが、武器ビジネスでは必要なのである。

むろん、破約に決まることもあるだろう。その場合、日本人は、相手が欲しないのにこちらから押し売りするような国民性ではないのだから、むしろ、関係が切れることに安心を覚えるだろう。

ついでにひとつ附言しておく。日本人は、よその家の庭先では、人々が顰蹙（ひんしゅく）するようなマネは慎むべきだと考えている。今、日本の漁業者が、豪州の庭先の南極海の公海上でやっている捕鯨は、われわれ日本人の国民性とはぜんぜん反対の所業である。

インドの工業力

インドも『そうりゅう』級を６隻欲しがっているというのだが、あいにくインド人は、兵器のライセンス生産のパートナーとしては、最も日本人が苦手とするタイプのようで、この話は推進しない方が「吉」であろう。「日本人の国民性」にとって苦痛なことばかりが起きると予想されるからだ。

インドでは工業の現場に何か根本的な問題があるだけでなく、軍

『ずいりゅう』は『そうりゅう』型の5番艦。同じ神戸港内にある、日本でただ2つの潜水艦造船所が、毎年交替で1隻ずつ、この2950トンの潜水艦を竣工させてきた。しかし「武器ODA＝オフィシャル・ディフェンス・アシスタンス」用の豆潜航艇ならば、他の造船所でも量産は可能だろう。

官僚が腐敗している。一例を見よう。

英国から独立した直後のインド軍は、英軍の制式小銃の「リー・エンフィールド」を使っていた。その後、ベルギーの「FAL」という自動小銃に換えたが、輸入品であった。ようやく1980年代後半から、ソ連の「AK-47」を元にした自動小銃を、国営工廠で5.56ミリ口径にして国産しようとする。

旧ソ連の「AK-47」に始まる系列の自動小銃は、後進国でもコピーが容易だということでは定評がある。しかも70年代以降、プレス工程が多用されて、いっそう安価に量産できるのだ。

ところがインドは、そのシンプルな工業製品のコピーに失敗しているのだ。

インド国産小銃の名は「INSAS」というのだが、軍に納入された後で、いろいろな部品が、必要な品質になっていないことがわかった。1999年のカシミール方面でのパキスタン軍との戦闘では、高山の低温のためスチール・パーツが脆くなって割れるという、軍用銃としてはあり得べからざる故障も頻発した。

それでありながら、量産単価は300ドルと、ソ連の「AK」系列の2倍以上であった。なんやかんやで、西暦2000年になっても、軍隊の所要量の半分しか納品ができなかったのである。

ようやく国軍から苦情が出なくなったのは、ごく最近だという。しかし同じ製品をダンピング輸出した先のネパール軍では、「信頼性が低い」とこぼしているそうだ。

とうとうインド軍は2013年に、また別な外国製の自動小銃の物色を始めている。

スコルペン級潜水艦の例

インドはフランスのメーカーと、小型の通常動力型の『スコルペン』級潜水艦を6隻買うという契約を2005年に交わしている。最

初の 1 隻は船体の完成品をフランスが引き渡してインドで艤装する。続く 5 隻は、船体の組み立てもインドですることになっている。だが、インド企業の品質管理力の低さのために、まだ 1 隻も就役できていない。おそらく今後最善のペースでも、第 1 号艦の艤装竣工と就役は 2017 年よりも早くなることはないと見られる（進水は、2015 年 4 月であった）。

　フランスはマレーシアにも同じ潜水艦を売っているが、こちらは艤装までフランスで済ませてから引き渡す契約だったので、2002 年に調印して、7 年後に取引は終わった。

　インドは『そうりゅう』級も、『スコルペン』級と同じようにして調達したいと言うのであろう。だが日本人社員は、数年で片付く仕事を 10 年以上も引き延ばして平気な相手と、果たして快く仕事ができるのだろうか？

　インドは 2014 年に、ロシアから、「買取りオプション」付きで原潜を 1 隻レンタルしている。日本も、兵器の「売却」ばかりでなく、潜水艦等の「リース」というオプションも用意したらいいのかもしれない。

　インドは、『そうりゅう』級を持たなくとも、マラッカ海峡にさまざまな手段で機雷を撒くだけで、中共の体制をひっくり返してしまえる。飛行艇の『US - 2』のリースならば、もっと安上がりであろう。

「ライセンス生産させないなら、その兵器は買わない」——などゴネる相手に、日本人は、無理に良い製品を押し売りする義理を感じない。

　そんな場合に心ならずも商売を推進しようとすれば、けっきょく日本人の国民性に反した日常を我慢せねばならなくなり、日本人が日本人を嫌いになるような道に通じてしまうのである。日本人社員よ、朱に交わっても赤くなるなかれ！

日本製の中古車の活躍を見よ

　日本からの兵器輸出は、「完成品」で、しかも「メンテナンス・フリー」のものを中心に考えるべきである。なぜなら、それが、日本人の国民性にいちばんマッチしているからだ。

　極東のロシア人は、漁船に日本製の中古車を満載して北海道の港から沿海州へ持ち帰り、自分たちで適当に修理しながら乗り回している。評判は上々である。

　かなりの高齢のドライバーならば、きっと知っているだろう。戦後しばらく、日本国内の自動車運転免許試験には、学科や運転実技だけでなくて、「整備」の項目があった。たとえばファンベルトの交換を、試験官の目の前でやってみせなくてはならなかった。じぶんで簡単な故障修理ができないようなドライバーは、道塞ぎになって公共の邪魔だから、そもそも自動車を運転すること相ならぬ、としていたのだ。それほど日本の道路は悪かったし、国産車の故障率も高かった。

　兵器も、それを買いたいという者は、その整備くらいは、自力でできるべきではないだろうか？　国内では整備ができないような兵器を買おうとすることが、そもそもおかしいのではないだろうか。

　アフリカの奥地でも、カタギであれ、ゲリラ・山賊であれ、日本製のピックアップトラックが愛用されているのを見る。おそらくそこにトヨタ社は、「ハイラックス点検修理お客様センター」を出店していないと思うけれども、やはり、評判は上々である。これが、日本人の国民性にフィットする商売のあり方というものではないのか？

　武器供与のビジネスにもこの態度を貫いたなら、日本人の心労は、さぞかし軽減されることであろう。

フィリピン軍には何を持たせるとよいか

　日本は機雷敷設専用の1人乗りの豆潜水艦を「準メンテフリー装備」としてASEANに売りまくるべきだ。

　ASEANのうちフィリピンに関しては、中共と最も近い間合いで対決している同情すべき国であるから、「兵器のODA」として、日本は完成艦多数を無償で供与するべきである。これは決して高額の贈与にはならない。にもかかわらず、驚くほど効果的にフィリピン軍を強化し、フィリピン1国でも中共を打倒できる手段が、フィリピン人に与えられる。

　『忠臣蔵』の天野屋利兵衛（芝居で赤穂義士のために武具を調えてやったとされる大坂商人）のような支援方法は、日本人の国民性に合致しているだろう。

　魚雷発射機能を装置せず、敵軍艦との交戦を考えない運用に徹するようにすれば、潜水艦／潜航艇は、おどろくほどシンプルに、したがって安価に製造できる。

　以前にも書いたことだけれども、南米コロンビアのコカイン・ギャング団は、密林の川岸の倉庫でFRP（繊維強化プラスチック）と材木製の潜航艇（深度10ｍくらいまで安全）を自作し、わずか数人の乗員が、ディーゼル・エンジンとシュノーケルによって、昼間は海面スレスレを半没潜航、夜間は浮上航行して（微速なのでコーストガードの各種センサーにはひっかからぬという）、数週間をかけてカリフォルニア沖までコカイン数トン（稀にはもっと）を運搬している。もし米国コーストガードが近寄ってきたり、嵐に遭遇したなら、完全に潜没してやりすごす。どうしても逃れられない状況では、自沈、すなわち、使い捨てにしてしまう。そのくらいに安価なのである。

　10年以上も前に、スウェーデンの1私人も、自宅ガレージで個人のレジャー用とする潜航艇を造って、こちらは100ｍ近く潜れると豪語していた。

今では、米国のメーカーが、富豪たちのレジャー用として、1隻150万ドルで、深度120mまで行ける潜水艇を市販しているほどである。また米国の別な会社は、1隻300万ドルで、1000mも潜る潜水艇を受注生産するという。

　機雷は、潜航艇の内部から放出するようにはしない（それだと構造が複雑になり、弱くなる）。出撃の前に、大型容器（キャニスター）の中に数発〜十数発の沈底式機雷（ありふれた航空爆弾に磁気信管を取り付けたもの）を収納し、それをそっくり潜航艇の外壁に貼り付けるのだ。

　あとは、大陸棚の深度30m未満のところを適当にうろつきつつ、機雷を点々と撒布して、また帰投するだけ。特定の軍港などを狙うわけでもないので、中共軍にこれを防ぐ方法は無い。しかし、中共の沿岸航路全般が使えなくなるため、空母も潜水艦も補給用貨物船も大型漁船も動けなくなる。中共経済はおしまいである。

　日本は、フィリピンに供与した豆潜航艇が台湾に譲渡または転売されても文句はいわないことにしておけば、これによって間接的に、台湾軍の装備も充実されるであろう。

機雷戦史のおさらい

　近代的な機雷戦というものが初めて実行されたのは日露戦争中であった。1904年から翌年にかけて、双方で16隻が、機雷のために破壊された。

　第1次大戦では、双方により23万発が仕掛けられ、総計1000隻もの商船と軍艦が、それに触れて沈んだ。

　第2次大戦中には、敵の港を封鎖する「攻撃的機雷」が10万発撒かれて、2665隻を撃沈破した。他に「防禦的機雷」（味方が利用する水面に敵艦をアクセスさせないようにする）は37万発敷設された。

　終戦直前の10週間、すなわち1945年4月から8月の間に、米軍

機は1万2000発の機雷を空から撒いている。この機雷に日本の艦船670隻がひっかかり、うち431隻は沈むか廃物化した。

特に注目される統計は、ドイツ海軍の潜水艦が1942年から44年にかけて、わずか317個の機雷を米国の東海岸に撒いたときの騒ぎである。それによってじっさいには11隻が触雷しているだけなのであるが、完全な掃海をしないわけにはいかなくなり、結果として8つの重要港が、のべ40日間、使えなくなったのだ。たとえば南部のチャールストン港は、艦船や航空機の兵站ハブ港だったから、米軍の補給に大いに障りが出た。

米潜が対日戦で仕掛けた機雷も658個と、多くはない。しかしそれによって54隻の日本の艦船が被害を受けている。

米駆逐艦は、太平洋の前線基地等で、防禦用の3000個の機雷を敷設した。これに引っかかった日本の艦船は12隻であった。

朝鮮戦争で北鮮が使った機雷は、ロシアが供与した日露戦争タイプのものだった。それでも12隻が触雷し6隻は沈んだ。

米軍は、ベトナム戦争の一時期、ふつうのパラシュート付き航空爆弾に磁気センサーをつけただけの簡易沈底機雷を、北ベトナムのハイフォン港に空から多量に撒いている。この掃海には、戦後数年かかっている。

1991年にイラクは、クウェート沖に1000個の機雷を撒く余裕を得られた。米海軍のヘリ空母とイージス巡洋艦がこれで小破させられた。沈んだわけではないが、軍上層は機雷の脅威を重視し、海兵隊の上陸作戦計画は破棄させられてしまった。停戦後の掃海作業中にも、さらに3隻の米艦が触雷している。

日本やフィリピンは島国だから、四方八方に港があり、浅瀬を避けていくらでも航路も選べる。しかし中共は、国の東側にしか海がなく、港はすべて浅瀬の先にある。これほど機雷封鎖に弱い地形はない。大陸棚にランダムに沈底式機雷を仕掛けられれば、体制その

ものが維持できないのだ。

軍事バランスが日本に有利に傾くことを期待して許可する輸出

　わが国の大敵となった中共に、日本政府が「戦わずして勝つ」ことはほぼ不可能である。間接侵略の手練手管(てれんてくだ)に関しては彼らの方が百枚も上手だから、そうした「戦技」を知らぬ、修羅場ずれしてない日本の試験エリートたちが当路者では、たちまち丸め込まれるか脅されるかして「降参」であろう。サラミ・ソーセージを薄くスライスするように、日本の主権は蚕食(さんしょく)されてしまう。

　だが、ひとたび日本または日本の友好国が中共と「開戦」してしまうならば、中共は案外、脆い。経済的にも軍事的にも、深刻なレベルまで痛めつけることが、どの国にも簡単にできてしまう。

　たとえばフィリピンが自国領土と考えるスプラトリーの島々（暗礁ではなく、満潮時も水面上に陸地が出ているもの）には、フィリピンの「領海」が設定可能である。漁場ではあるが外国商船はめったに通航することのない領海に、その主権国が防禦的な機雷を敷設し、それを世界に通告することは、国連も禁じ得ないだろう。

　フィリピンの機雷堰(ぜき)構築に中共が怒って、公船や軍艦がその敷設船を攻撃したりすれば、そのときこそ、日本が援助した「機雷敷設専用小型潜航艇」の出番だ。

　「グレイゾーン・アグレッション」をいつまでもさせておくのではなく、すぐに「開戦」に持ち込み、機雷戦にひきずりこむことで、中共は亡びてくれるのである。

世界各地の「新戦場」をより安全化できる新案にも注力すべし

　たとえばの話、「地雷を踏んでも大怪我をしないで済む、特殊な軍靴」――といったものが、日本のメーカーによって開発され、まずは友好諸国へ多数、輸出されたとしよう。

もし、それを日本から堂々と購入したある国が、闇のルートで一部を「日本の敵国」に横流ししたとしても、自衛隊は有事にも対人地雷は用いないのだから、それら敵国兵がとつぜん強くなって自衛隊員が戦場で苦戦することにはつながらない。
　このようなカテゴリーの武器商品は、輸出の審査をずいぶん緩くしても、何の問題もなく、むしろ、売れれば売れただけ、世界の人々は地雷禍から救われるのだから、ますます日本が感謝され、日本を攻撃するような敵国は憎まれることになる話であろう。
　敵国にすら輸出したい技術、というものも、あるだろう。
　たとえば、今日の兵器先進国の技術をもってしても、投下された爆弾や、発射された砲弾のうち、1割前後は、不発弾になるようである。
　発射もしくは投下されて地面にめり込んで、その状態で日数が経過すると急速に腐蝕し、弾殻にひとつの小孔が開く――そのような新案を、日本のメーカーは考えるべきである。さらに、弾殻に穴が開いたことによって内部に湿気が入ると、それがまた内蔵の小カプセルを融解させるかして、薬液が滲出し、炸薬を化学的に安全化するような機構だと、もっと都合が良いであろう。
　対戦車地雷などは、外殻を砂糖菓子の素材で作っておけば、戦後は蟻が地雷処理してくれるのではないだろうか。あるいは、肥料で対車両の地雷を作り、何度か雨が降ると、そのまま畑の肥やしとなるようなものがあっても、いいのではないか。

参考となるイスラエルの武器商売

「弾薬類」は、典型的な「メンテナンス・フリー」もしくは「準メンテフリー」の輸出商品である。
　イスラエルは、NATO諸国（ただし英国は除く）のすべての120ミリ戦車砲用にそのまま使える各種の特殊砲弾をセールスしている。

たとえば、戦車砲から発射すれば、敵のヘリコプターの近くで近接爆発する対空砲弾。
　また、「120ミリ・スタン・カートリッヂ」というのもある。用途は、暴徒化している群集を戦車が解散させる必要があるときや、住宅街区内で発見されたスナイパーの射撃を緊急に阻止しなければならないときや、火炎瓶などをもった「市民」が戦車に近づくのを禦ぐときである。
　ゼロ距離から30mまで有効で、閃光、爆圧、煙、そして散弾のように発射されるプラスチック・ペレットが、攻撃対象を襲う。メーカーでは「ノン・リーサル（非殺傷性）」だとは説明していない。「レス・リーサル（少しは死ぬかも）」と表現している。

世界の対ゲリラ戦の「ゲーム・チェンジャー」となるもの

　兵器本体ではなく、そのアクセサリー（後付けの附属品類）が、戦場の様相をいっぺんに変えてしまうこともある。
　特に、照準器関係は、有望だ。
　たとえば、弾丸のポテンシャルだけ計算するならば、9ミリ口径ぐらいの拳銃でも、1km先の敵歩兵を撃って、殺害してしまうことは十分に可能なのである。ただ、今はその距離で命中を可能にするような超高性能な照準装置がないために、拳銃の有効射程は、50mくらいにとどまっているのだ。
　また、歩兵分隊が持っているような軽機関銃によって、敵の飛ばしてくる小型UAV（無人機）を易々と撃墜できるようになるかもしれない。7.62ミリ級の機関銃は、第2次大戦中はよく高射射撃をしていたが、戦後は、そのくらいでは軍用機は落ちないと考えられて、用途として廃れた。しかし、高度300m以下を飛ぶ小型のドローンに対しては、7.62ミリ口径は、じゅうぶんに破壊力を発揮できる。ただ、精密な電子照準器（レーザー測距器等と一体になった

もの）が必要なのである。

　照準器の革命は、弾薬の節約に直結する。これに関心を持たない国軍はないであろう。

　だが、そうしたゲーム・チェンジャーによる小火器の高性能化は、両刃の剣でもある。もしそれがテロリストの手に渡ったら、どうなるのだ？

　現地の治安情勢を、あらかじめよくよく調べてから輸出しないと、寝覚めの悪いことになるかもしれない。

　米国では、「自宅での強盗避けにはなっても、強盗の武器とはなりにくい」と考えられる、小口径で単発の散弾銃を、治安の悪い街の住民に配ってみるという試みが、2013年に実行されたことがある。

　場所はテキサス州ヒューストン市の犯罪多発地区で、某NPOが、独居世帯のご婦人に、「20番ゲージ」という比較的に小さな口径のシングルショット（単発）のショットガンを、行政の同意の下、供給した。その経費は、銃本体と弾薬と訓練代を含めても、1人あたり300ドルだったという。

　銃は「有鶏頭型」、すなわち撃鉄が外部にあって、それが起きているかどうかの状態を確認しやすいので、素人が扱っても、事故を起こしにくいという。

　だが続報を聞かないところを見ると、安全かつ安価に地域犯罪を抑制する効果は、なかったようだ。

　ドイツ政府は2014年以前は、戦地へは武器を供与しないという政策をとっていた。しかし2015年になり、一転、世界の同情を集めているクルド族部隊に小火器や「ミラン」対戦車ミサイルや装甲車まで供給することに決めた。穿った見方をすると、これは「自国軍の縮小によって抱えすぎ気味になっているストック武器の放出」の一面もある。

2015年の春、タイ警察は、タイ南部の仏教徒村に、2700梃の自動小銃を自衛用として配った。国軍や警察による、当地のイスラム・テロリスト（マレーシア国境からやって来る）の撲滅努力が追いつかないので、苦肉の策を考えたわけだ。

　自動小銃を受領するのは、登録した自警団員。一部イスラム教徒も含まれるが、彼らもやはりテロリストから攻撃されるのである。

　このように、すでに治安が破綻し切っている地域においては、多数の住民を武装させることが、住民の福祉につながるという場合もあるのだから、世界は広いと覚悟せねばならない。

『ミストラル』の商訓

　報道によれば、ロシアとフランスは2015年5月、『ミストラル』級強襲揚陸艦2隻の売買契約の破棄に関して大筋で合意した模様だ。

　ロシアはフランス側に前払い金を9億ユーロも払い込み済みだが、どうやらフランス側から契約を破棄する場合の、細かな取り決めはしていなかったらしい。フランスが違約金をどのくらい返さなければいけないのか、これから揉めるだろう。とにかく、あてにしていたロシアも、建造してやったフランスも、ともに大損が確定している。

　ロシアの造船界は、原子力砕氷船以外のハイテク水上艦艇の建造能力を、ほぼ失ってしまっているので、分離独立運動の鎮圧用に、フランスから強襲揚陸艦（ヘリ空母と、兵員輸送艦と、上陸用舟艇用のマザーシップを1隻で兼任している）の技術を買おうとしたのであった。

　『ミストラル』は乗員わずか180人で運用できるように自動化されている。米海兵隊の強襲揚陸艦よりも小さく、低速。上陸作戦部隊の人数をエリート兵450人に抑制すれば、艦内の居住性は佳良になり、モラール（士気）も向上するという設計コンセプトだ。そして、

米艦よりも艦内通路が広い。兵隊たち全員が、瞬時に完全武装の格好で外へ出られるようにしてあるからだ。住民のエバキュエーション（総脱出）の手伝いをする場合は、艦内に700人を余裕をもって収容できるという。

　ところがプーチンがウクライナへの侵略を開始したので、欧米諸国はフランス政府に、最終仕上げ工程に入っている1番艦を引き渡すなと迫り始めた。それでもフランスとしては、なんとか2014年10月に、契約期限を少し巻き上げて「納品」してしまう肚だった。

　ところが2014年6月、ロシア製の地対空ミサイル「BUK・M2」（SA‐11）によってウクライナ上空で民航機が撃墜されるという大事件が発生（「らくらくお任せボタン」がついており、素人民兵が操作しても、半径50kmをとおりすがった飛行機を高度何千mだろうが片端から無差別攻撃できる親切設計だった）。オランダ人乗客多数が散華したことで、『ミストラル』売り渡しは絶対に不可能な風向きとなった。

　この「商品」を手元においておく間、1ヵ月に500万ドルもが、維持経費として消えていくので、フランスは頭が痛い。契約では、ロシア側から公式に契約をキャンセルせぬかぎり、フランスは他国への転売もできぬという。しかも、この艦には顧客専用のさまざまな設計（たとえばロシア製の艦載ヘリは二重反転ローターで背が高いので、格納デッキの天井を嵩上げしてある）を施してあるから、他国に売るとなったらば、また大改装が必要なのだ。

　教訓は何か？　大型兵器の輸出契約においては、「本品が引き渡される前に買い手国が国連から侵略行為等を認定された場合には、引き渡しを中止して転売処分できる」といった条項をしっかりと盛り込むことが、日本の道であろうと思う。

　もちろん「そんな条項を入れるのならば、契約してやらん」と怒る国もあるだろう。そんな国との取引は、こっちから願い下げだ。

それが、日本人の国民性ではないだろうか。

ちなみにロシア政府は、「ウクライナ侵略に関して国連の対露経済制裁に加わる国には、これまでに売ったロシア製兵器のスペアパーツを売ってやらんからな」と、顧客を脅した。すぐに声明を撤回したけれども、手遅れだった。今後、ロシアから兵器を買おうなどと思う酔狂な国は、みずからももうじきどこかを侵略する気満々の悪党国家以外、どこにも無いだろう。

ロシアは、シリアのアサド大統領がいくら悪いことをして国連から咎められても、昔からのロシア製兵器の顧客として、サプライを中止しなかった。その律儀さが、第三世界の間では、兵器輸出国としてのロシアの魅力のひとつだったのである。ロシアは、自分でその「信用」を破壊してしまったようだ。

日本は、「日本製兵器を外国が買ってくれなくなったら困る」という、フランスのような立場には、決してはまりこんではならない。それは日本人が描く日本国像と、違いすぎるからである。

「商社員の暴走」と「外交官の臆病」と

日本の「商社」はさいしょ、幕末から明治前半にかけて、欧米製の兵器を日本国内で一手販売する横浜〜東京の「コミッション・マーチャント」として簇生した。

戊辰戦争も、西南戦争も、そして日露戦争の奉天会戦までも、もし日本の商社が海外で軍需品（特に弾薬）を緊急買い付けしてくれなかったなら、日本軍＝政府軍の勝利は危ぶまれた。日本国はその近代史上、武器輸入によって幾度も助けられてきているのだ。

南部麒次郎が大正前半に重機関銃と自動拳銃を国内開発して以降は、商社は、重工業製品の輸出国策の尖兵となった（兵頭の旧著『たんたんたたた——機関銃と近代日本』に詳しく書いた）。

対米戦争中、日本の国内法によって、米国製の軍事技術関係の特

許使用契約等は一時無効化されたが、噂では、日本の一流商社は、キッチリと、その不払い特許料を戦後に支払っているという。戦前から今日まで生き残っているようなごく少数の一流商社は、そうやって信用を築いてもいる。

　少なからぬ日本の現役商社員は、元大使よりも、特定の外国について詳しい。これを、日本の外務省も否定はしないだろう。

　ただし、商社員はある方面についてはまったく無能力だ。それは、「この国は将来日本に害を為すであろうから、武器関係は今から何も売ってはいけない。譲渡してもいけない」という決断や説明が、できないことである。いやしくも儲けの可能性が目の前にあるときに、「儲けない」という選択をすることを、日本の営利会社の被雇用者は、ゆるされてはいない。

　かたや、外交官などの役人は、米国務省の意向に逆らうことが難しい。米国務省やホワイトハウスが、「日本は某国や某々国にその武器を供与してやれ」と言ってきたときに、それを断れる言語能力を持ち合わせていない。義務教育現場にまで及ぶ「ヘイト・ジャパン政策（"hate Japan" campaign）」を国内で堂々と続行中であったり、日本に関して嘘ばかり吐いている常習国（professional liar）が、現在も将来も、日本のためになることなどない。これらの国にいかなる軍事援助もしないことを国内法で早く規定しておくことが、商社の暴走と、儒教圏人に籠絡された米国務省の陰謀を未発の裡に阻止するうえでの良策となるであろう。

ドローン／UAV／無人機

この分野の概況

　わたし（兵頭）は2009年から、自衛隊（殊に陸自）の無人機への取り組みが、米国はおろか中共軍にすら後落していることを憂えて、なんとか朝野を啓蒙せんものと、複数の書籍をリリースしてきた。
　かつて海自は「ダッシュ」という米国製の無人ヘリを駆逐艦に装備し、米海軍がおそろしい事故率を出していたのを尻目に、その運用に米軍以上に練達していたのである。しかるにそんなせっかくの資産を、独自に継承・発展させようとはしないで、米海軍に合わせて、弊履の如くに捨ててしまった。
　現用の海自の艦載対潜ヘリ「シーホーク」は、コクピットにまで器材がギッシリつまっていて、操縦席は足を動かす余地すらない。生身の人間がそこに坐りっぱなしの姿勢で我慢できるのは、せいぜい3時間だ。無人ヘリなら、人間由来の諸制約がない。次期対潜ヘリを国産開発するのならば、無人機とするのが合理的のはずである。けれども「ダッシュ」を捨てて久しいことが祟って、海自には、とうていそこまでの計画には手が出せない。遺憾きわまりないことになっている。
　陸自の後れはさらに深刻である。なぜなら、「RQ‐11 レイヴン」（後述）のような手投げ式無人機は、米軍の歩兵中隊レベルから数千機が既に装備され、戦場での「ゲーム・チェンジャー」になることは誰も疑わない趨勢なのに、陸自の制式装備としての手投げ式無

人機は、いまだにゼロだからだ。中共軍も、まずレイヴン級から米軍並みに充実させようとしている。

　国内の電波法体系が防衛省にとって不利なのは承知するが、それならば海自の「訓練支援艦」を「特設無人機母艦」にしてもらって借り上げ、はるか太平洋上で開発すればいいのである（沖合に出ると国内の電波法の縛りも緩い）。旧軍の若手エリート参謀ならばこのくらいの活路はとっくに部内から捻り出して実行させていたはずだ。

　空自はその気質として無人偵察機には興味がもてないので、硫黄島でメーカーが「エンジニアーズ・トイ」を実験しているのを見守っているだけだ。映像を見る限りでは、ベトナム戦争時代の高速標的機「ファイアビー」の系統である。高速標的機のデザインやコンセプトを蟬脱し、より高空を長時間滞空させる機体の実現に心血を注いだところから、1990年代以降の全く新しい無人機時代が花開いているのに、そのトレンドはどうやら彼らの関心の外にある。

　米海軍は、空中戦は無人機には任せられないが、侵攻爆撃などはもう無人機で十分だと判断し、F/A‐18攻撃機に匹敵する寸法の「X‐47B」を試作して、着々と全自動空中給油や自動着艦のテストを進めている。

　玩具の業界でも、中共と米国のベンチャー・メーカー（米国のはヒスパニック系が起業した）が「クォッド・コプター（4軸ヘリコプター）」と呼ばれるスマホ連動の入門級ドローンをいちはやく洗練して、フランスの1社とともに、世界市場を席捲してしまっている。

　ようやく日本の世論がドローンにも関心を向けるようになったのは、2015年4月に中共製のクォッド・コプターが総理官邸の屋上に墜落しているのが発見されたという間抜けた騒動によってであった。2009年から数えて7年目だ。

RQ-4 グローバル・ホーク

日本は 2019 年から空自の三沢基地に米国製の「RQ-4 グローバル・ホーク」を置いて、偵察運用を開始する。

問題は、何を偵察するのかちっともわからないことだ。

RQ-4 は、高度 1 万 m 以上をゆっくりと飛翔するジェット無人機だ。アフガニスタンのように、ゲリラが本格的な地対空ミサイルを装備していないところでは、誰も RQ-4 を撃墜できない。しかし、北朝鮮も中共も、高度 2 万 m まで届く地対空ミサイルを持っている。

したがって北鮮の弾道弾発射を監視しようにも、北鮮の海岸線には近寄れない。近寄れなくともある程度の監視はできるが、雲がかかっていたら、赤外線も遮られて微弱になる。まして中共軍が日本の各地に照準をつけている弾道核ミサイルの基地がある満州は偵察しようがない。

赤外線センサーで発射炎を探知したいなら、むしろ高度 7000 m くらいより下を飛ぶ「RQ-9 リーパー」という中型無人機の方が、取得コストも運用コストも遥かに安くて済む。自然災害の偵察についても、まったく同じことが言える。

畢竟、グローバル・ホークは、米国が、日本を核武装させないための「宥め」アイテムとして押し売りしてきたもので、北鮮がまともな原爆すら造れていないという実態が知れ渡った今日、ほとんど用の無い買い物となってしまったのである。

あとは、軍民共用空港である三沢で、「自律衝突回避ソフト」が未装着のグローバル・ホークが、大事故を起こさないことを祈るだけだ。

MQ-4C トライトン

米空軍のグローバル・ホークを、米海軍が海洋監視用に手直しす

る大型無人機が、「MQ‐4Cトライトン」である。以前はBAMS（Broad Area Maritime Surveillance）という開発名称であった。

　まだ試験中であって、2017年までは戦列化はしない。が、3機を受け入れる予定のグァム島アンダーセン基地には、格納庫がもう建設中である。

　米海軍は、このトライトンと、有人対潜哨戒機の「P‐8ポセイドン」を組み合わせて運用することにしている。トライトンは主に水上舟艇を見張り、ポセイドンが主に潜水艦を追いかけるのだ。豪州軍も、この組み合わせをそっくり採用させられそうだ。

　ということは、米海軍は、海自にもそうしてもらいたいはずだ。

　果たしていつ、アメリカ側から「トライトンを買って三沢に配備しなさい」という命令が回ってくるか、興味は尽きない。

　というのも、このトライトンにも、低空域における自律衝突回避ソフト（sense-and-avoid capability）はいまだ与えられていないからだ。民航が同居している三沢が大型無人機のメッカになると、困った問題が次々と起きるはずである。

　どこか、地方の過疎空港を借り上げた方がいいのではないか？

RQ‐9リーパー

　有名な「MQ‐1プレデター」無人機をひとまわり大きくし、各機能を強化したのが「RQ‐9リーパー」である。プレデターは尾翼が「∧」形（逆さV字）であったが、リーパーの尾翼は正V字状。あとはだいたい相似形で、自重は4.7トンある。主翼の右端から左端までは21.3m。これが、世界の「攻撃型無人機」のベンチマーク（標準機）になっている機体だ。

　今後、米空軍もCIAも、手持ちのプレデターを逐次にすべてリーパーへ更新する。

　リーパーは、戦術ミサイルや誘導爆弾を1500ポンドまで吊下で

きる。じっさいには、500ポンド誘導爆弾を2個というのが、実用上限のようだが。

　最大速度は400kmで、連続15時間の滞空が可能。前のプレデターはその倍ほども滞空できたが、地上で操縦しているチームが疲れ果ててしまうので、あまり長くは飛ばさないことにしたのだろう。

　2015年1月時点で、米空軍には、プレデターが200機、リーパーが100機くらいある。これには操縦者が1200名必要であるところ、しかし現実には1000名しか確保できていないらしい。

　とにかく空軍の内部では無人機関係の部署が不人気である。面白くないからだ。

　米空軍は毎年300名の無人機操縦者を養成する必要があるのに、180名しか養成できていない。その一方では、年間240名の無人機操縦者が職を辞してしまうという。

　米軍人は、より高次の部内教育を次々に受けないと、昇進も止まるようになっている。そして無人機部門は、昇進できない（忙しすぎてレベルアップの暇がない）職場だという。それではブラック・アルバイトと同じだから、みんな去ってしまう。

　無人機から送られてくる沙漠のたいくつな画像を18時間も見ていられない。マルチ・モニター画面のひとつを使い、DVD映画を再生してこっそり観賞でもしないと、やっていられない――という者もいる。

　これからさらに人事面で窮してくれば、米陸軍を真似て、空軍も、下士官に無人機の操縦をさせるようになるかもしれない（プレデターの陸軍版の「グレイ・イーグル」は、下士官兵によってリモコンされている）。しかしプライドのお高い空軍様としては、それは最後の選択だろう。

　昔から米空軍は、常に最高の機体ばかりを揃え続けてきたわけではなかった。性能で負けていた時期もあった。しかし、米軍は常に、

どの他国よりも高品質のパイロット・ソースをもっていた。だから勝てた。

パイロットレスの飛行機の地上オペレーターや、ロボット飛行機のソフトウェアについても、米空軍は一番でなければならないと考えている。そうなると、下士官には任せられないのだ。

リーパーは、同じくらいのサイズの無人機の中では、断然に信頼性があり、ユーザーの評価が高い。しかも、価格も安い。

たとえばフランス軍は、イスラエル製の「ヘロン・ショヴァル」という、プレデターのパチモンのような無人機を4機輸入して、「アルファン」（仏語で鷹）という名にして、2009年からアフガンその他に投入してきた。

が、2014年にマリで対テロ作戦を展開するにさいし、隣のニジェールの飛行場から飛ばした「アルファン」の成績は、いっしょに行動していた米軍特殊部隊の駆使する「リーパー」とは、雲泥の差であった。すぐに仏軍は「リーパーが必要である」と政府に要請。なんと2014年1月にはそれを入手して、さっそくアフリカに2機持ち込んだという。仏軍は、2019年までにリーパーを計12機取得するつもりだ。

ただし、リーパーは、敵が空対空ミサイルや地対空ミサイルで攻撃してこない空域においてのみ、活躍ができる。ステルス性が無いので、ロックオンされたらおしまいなのだ。

高名な軍用機評論家のビル・スウィートマン先生は、敵のミサイル攻撃をとっさに回避できない無人機にこそ、ステルス性は必要なので、問題は、それにいくらかけるかどうかだけだ、と仰っている。

米軍は、イエメンやソマリア等では、ドローンからのゲリラ幹部爆殺作戦を主とし、特別に意味のある場合（たとえばパソコンの押収ができそうな場合）に、ときたま特殊部隊を投入して急襲させている。

ドローン空爆がなぜ良いことずくめではないかというと、テロリズム情報はその9割が捕虜訊問から得られるのである。その捕虜を得ることが、空爆では、不可能なのだ。

　オバマ大統領は、できればCIAではなく、軍隊にドローン爆殺を担任させたいと念じている。CIAは「秘密保持」を錦の御旗として、透明性を拒否できる。軍隊は、しでかしたことをすべて報告するので、透明なのだ。

　イエメンやパキスタンでドローン爆殺をやっているのはCIAである。軍は、ソマリア、アフガン、イラク、シリアでやっている。

　連邦議員たちの大半は、オバマ氏と同様、透明性の支持者だ。

　無理もない。上院軍事委員会の委員長であるマケイン氏すら、CIAから、この爆殺の瞬間のビデオは見せてもらえない。

　かたや、それを見せてもらえる立場にある、「国家インテリジェンス・コミッティ」のメンバーたちは、あくまでCIAがひそかに爆殺できるほうがよい、と考えている。

　運用面での障害もある。軍隊とCIAは、ドローンのシステムやセンサー、データベースまでが、もうぜんぜん別に発展してしまった。だから、「引き金だけ軍人が引け」と命ぜられても、困ってしまうという。

　軍人は、関与するとなったら、情報は全部知りたい。だが、国家の情報部局としては、それは困る。機微な情報ソースを知る人間を1人でも増やすことは、情報戦にとって致命的になり得るからだ。

　パキスタン政府（これはもうパキスタン軍とは別だと考えていい）としても、CIA運用の方が歓迎できるという。なぜなら、「そんな活動はない」、と両国そろって否定ができる。軍隊だったら、そうはいかないのだ。

　CIAのリーパーがパキスタン内での爆殺ミッションで、予想外の人質を死亡させてしまった。オバマ大統領はその人質遺族への金

銭保障を公言した。が、そのような扱いは他のケースとは衡平でないので、問題になっている。

　米国務省は、2015年3月、自重1トン以上の中型UAVの輸出規制を緩和した。事実上、プレデターかリーパーかグレイ・イーグルになる。

　リーパーはすでに、西欧同盟国の、英国、フランス、イタリア、オランダが採用している。

　爆殺ミッションのできるUAVにとって大事なことは、「常在性」と、テロ容疑者に対する尾行監視能力なのだ。「こいつがまちがいなくホシだ」と断定するのに、数十時間の監視が、最低でも事前に必要である。そして、そいつが逃げ出してしまう前に、仕留めねばならない。

　このようなUAVの使い方をすることで、初めて、誤爆や側杖(そばづえ)被害は1割未満になるのだ。しかし1割でも誤爆があるのは、世間的には大問題だから、いままでは、大々的な輸出を認めてこなかった。

　しかし中共が、米軍の「ヘルファイア」ミサイルのコピー品と、「プレデター」の模造品をセットでアフリカ諸国等へ輸出し始めたようなので、対抗上、解禁するしかなくなった。中共のセールスを座視していれば、世界中がコラテラル被害だらけになるだろう。

　欧州のRQ-9ユーザー諸国は、メンテナンスや訓練を合同でやろうと話し合っている。

　たとえば英国本土ではリーパーの飛行は合法ではない。ゆえに、アフガンに10機持ち込んだリーパーを、本土へは持ち帰れない。中東のどこかに置きっ放しにするしかない。そこで訓練とメンテも一緒にしようということになった。

　この「リーパー連合」内では、運用所見の最新情報も共有できるという（米軍提供の秘密回線でメール）。

　さて、西欧では、小国のオランダ軍すら、リーパーの導入に踏み

切った。陸上自衛隊は、リーパー（またはグレイ・イーグル）なしで、どうやって戦争を組み立てるつもりなのだろうか？

地上支援体制

　プレデターもリーパーも、自律ロボットではないから、下界には多数の協力員が待機していないと機能しない。むしろ、労働集約的なシステムだ。

　空撮写真と、地上から発射されている携帯電話の電波、ならびにその交話内容を調べ上げて重ねることで、ゲリラだけを無辜住民と区別して正確に叩けるようになる。

　こうしためんどうな作業を担任するスタッフが、前線からはるか遠い米本土に居残って待機しているありさまを「リーチバック」と呼ぶ。

　米本土部隊の一部が海外の前線へ出征する。そのとき、本土残留の本隊が、分析を担当する。インターネット回線でいちいち本土に問い合わせるから、リーチバックというわけだ。

　本土残留者の割合が増えるということは、ローテーションで前線に行く前にじゅうぶんな訓練を本土で積めるということだ。悪いことではない。

　情報分析も、人数頼みというところがある。イラクやシリアでは、前線から上がる情報量が巨大なので、本土でそれを解析する人数もたくさん確保される必要がある。

　敵ゲリラがトーチカとして利用しているビルや塹壕の位置。敵ゲリラの寝ぐら。敵ゲリラの需品置き場。敵ゲリラが移動に使っている車両。それらを本土残留組が、特定して教えてやる。

　この情報をうけて前線から飛行機が飛び出す。攻撃前には、飛行機のポッドによるカメラでも、ダブルチェックをする。特に、民間人が混在してないかどうかを。

イスラム・ゲリラもすでに理解している。一空域に複数の飛行機が飛来するようになったら、それは地上のゲリラにとってヤバイ予兆だということが。

携帯電話業界と同じで、無人機業界にも、リーチバックで送られるデータ量が多すぎるという悲鳴があがっている。

2012年の統計では、UAVが毎日、1.3テラバイトの情報をよこした。そのほとんどは、動画である。

パターン自動認識技術を使い、昨日までとちがう何か異変があればすぐ人に警告してくれるというソフトもあるのだが、定点監視用のUAV×200機を運用するためには2万人のオペレーターが、メンテナンスや情報分析のために要求されるのだ。

米空軍は、UAVのための人が集まらず、他方で各方面からのUAVへの任務リクエストが増えて続けているため、もうじきパンクしそうだ。特にリーパー／プレデターは「降伏点」に近い。

リーパー4機が輪番でひとつの地点を常時監視し続けることを、空軍ではCAP（臨戦上空パトロール）または「オービット」と呼ぶ。平時の1CAP維持のためには、地上要員10名が必要である。戦時でも8.5人はどうしても要る。

ペンタゴンは、そのCAPを同時65ヵ所について実現せよと空軍に求めている。これは至難である。なぜなら、空軍は1CAPについてこれからは8人しか手当てできそうにないのだ。

地上オペレーター養成学校の教官が、シリア空爆開始以来、そっちの応援に駆りだされているので、ますます養成が追いつかない。

RQ-11レイヴン

2015年5月、コロラド州のフォートカーソン基地から、重さ4ポンドの無人機「RQ-11レイヴン」が放たれたが、行方不明になってしまった。機体は、コロラドスプリングス市で発見された。

レイヴンのカタログスペックの最大レンジである6.2マイルの2倍近い飛行をしたらしかった。
　陸軍が米国内の駐屯地のセキュリティ確認のためにドローンを飛ばしていたことが、この事件によって、はじめて公知となった。
　フォートカーソンでは過去10年、練習飛行中に10機未満のレイヴンが逸走して捜索することになったという。
　米陸軍と海兵隊は現在、10kg以下の小型UAVを6000機近く、運用中である。機種はいろいろあるけれども、大宗(たいそう)は「RQ‐11レイヴン」だ。米陸軍は2012年の段階でレイヴンを5000機以上調達していた。
　ちなみに米四軍の現有有人機は約1万機。世界には5万2000機の軍用機があるというが、そこに占める無人機の比率は、これからどんどん増えるだろう。
　米陸軍がレイヴンを本格運用し始めたのは2006年。その改良型である「RQ‐11B」は、2007年にできた。
　レイヴンの単価は3万5000ドル。電池によって60〜90分、滞空できる。静かなので、よほど低空を飛ばさぬ限り、敵はそのモーター音に気づかない。
　昼夜を問わない撮像装置の他、レーザー照射器材も搭載できる。
　陸軍兵士は、外光を遮蔽するフードがついている独特の両手持ち操縦盤で、この小型機体をあやつる。ギラギラ太陽の下でもモニターが見えるのだ。
　コントローラーからは最大15kmまで離れて送受信ができる。
　速力は最高時速90kmだが巡航は40km台でさせる。時速30マイルならば連続90分の低空飛行ができる。米陸軍はレイヴンの偵察力には満足しているが、連続滞空時間がまだ短いと感じている。
　レイヴンの機体は、防弾ヘルメットと同じケヴラー素材でできている。200回の飛行で、だいたい壊れて交換される。これは回収方

式が、低空飛行させてモーターをカットするという「強制墜落」によっているからだ。

それもあって、レイヴンの消耗率は、モジュール交換式ながら、かなり高い。実戦でも訓練でも喪失するので、次々に機体は買い換えないといけない。

レイヴンは、機体3機、コントローラーとスペアパーツで1セット、25万ドルである。

格納時には数ブロックに分解して、歩兵が容器を肩に担いで運ぶ。
RQ-11Bは、コロンビアにまで輸出されている。

多くの日本人、それも理工系の学校を出た人々が、「手投げできるサイズのUAVなんて、日本のメーカーは簡単に作るだろう」と思っているのではないか？

大間違いである。無人機は、ハードもソフトも、門外漢がいきなりチャレンジして完成できるような生易しい世界ではないのだ。特に連続滞空時間が、日本の設計者にはマネのできないスペックである。

だいたい、それほどにハードルが低い技術であったなら、中共製の安価な製品が、例の「オモチャのクォッド・コプター」のように、世界市場をひとり占めしていてもおかしくないだろう。

今まで何年も、官（自衛隊）も民も、無人機への人的投資を怠ってきたから、これから急になんとかしようと思っても、日本はどうにもならないのだ。

しかしシナ人は少しは努力してきた。だから米軍の予見するところ、中共軍はこれから10年間で4万機以上のUAVを調達し、そのほとんどは米軍のレイヴン級になるだろうという。

ひるがえって、わが陸上自衛隊には、レイヴン級のUAV装備はゼロである。また今後5年間に大量調達する計画もない。にもかかわらず中共軍との戦争の確率は日に日に増している。

マイクロUAV／ナノUAV

　小型のUAVが容易なハイテクでないことは、2015年に米軍特殊部隊が、重さ16gしかないノルウェー製のUAVに、1セットあたり20万ドルを支払おうと決めたことでも、わかるはずだ。単価が高いのは開発費もそれだけかかっているからなのだ。

　この製品「PD‐100ブラックホーネット」は、英軍の特殊部隊が2013年からアフガンに200セット持ち込んで使っていた。建物内や、洞窟内を先行捜索させることができる手乗り文鳥サイズの超ミニ・ヘリコプターだ。

　バックパックに収納して持ち歩き、手軽に空撮ビデオ映像を得られるマイクロUAVの走りは、自重2kgの「レイヴン」だった。

　しかし「ブラックホーネット」は、2機と手持ち型リモコン（兼画像モニター）のセットで1kg弱。これは地上戦闘の革命である。

　ブラックホーネットの機体寸法は10cm×2.5cm。メイン・ローターが1軸（ローター径12cm）と、尾部ローター1軸である。クォッド・コプター形式ではないからここまで小さくできる。ソフトウェアの開発はたいへんだったはずだ。

　機体素材は硬化プラスチックで、軽いから、滞空が20分も可能である。

　格納状態から1分あれば発進させられる。映像送信距離は1km。もちろんカメラはズームできる。

　GPS受信機、気温計、コンパス、高度センサー内蔵。

　最大秒速10mで前進できる。高度は500mまで上がれる。

　米陸軍はアフガンでそれを見て、1年しないうちに発注した。

RQ‐7シャドウ

「RQ‐11レイヴン」よりひとつサイズの大きい、米軍用の無人の固定翼UAVは「RQ‐7シャドウ」である。

シャドウは米軍のUAVとしては古手で、2002年からアフガンで飛んでいる。米陸軍の各戦闘旅団には、かならずシャドウの小隊が1個、付属している。米海兵隊や豪州陸軍もユーザーだ。

その1個小隊は22人から成り、シャドウは4機である。

シャドウ1機は自重が160kgあり、改良型の「RQ-7B」の単価は50万ドルである。改良型は、翼面積がより大きくなり、通信は暗号化され、しかも高速大量化された。全巾は4m強。トレーラー上から圧搾空気で発進させ、回収は空母式の拘束ワイヤーによる。

だいたい高度3200m以上を飛べば、ゲリラの機関銃で射たれても無被害であるとわかっている。

以前の計画では、陸軍はシャドウをプレデター／グレイ・イーグルで更新してしまうつもりであった。が、予算が詰まってきたので、2020年以後もシャドウを使う。

シャドウは、陸軍の有人偵察ヘリ「OH-58カイオワ」を、廃業に追い込んだ。

これまで、カイオワは、「アパッチ」攻撃ヘリに先行して低く飛び、地上の敵兵からの発砲を誘うことで、敵がどこに潜んでいるかを暴き出すという、超危険任務を担任していた。その必要は、UAVのおかげで、なくなった。

これからは、アパッチは、シャドウからの画像情報を、コクピット内のモニターに受信することになる。

RQ-7はカイオワの3倍の6〜8時間も滞空できる。

艦上無人攻撃機「UCAS（unmanned combat air system）」

有人機が簡単に超音速を出せるようになって、ひとつの人道問題が生じた。それは、もしもマッハ1以上でイジェクト（射出座席を作動させてパラシュートで降下）しようとすれば、「機外の空気との衝突」のため、五体がタダではすまないということである。

2014年1月に、「スーパーホーネット」の新人パイロットが、バイザー内に諸データが投影されるシステムを初めて使用しての空戦訓練に臨んだ。

　しかし、速度計を見るためにいちいち視線をそらさなくてもよいという便利さが仇となり、この新人は、相手機ばかりを注視した結果、垂直降下中に全力加速するという自殺行為を犯してしまった。高度2000mで急降下速度がマッハ1である。

　高度700mでパイロットは機首上げはもう不可能と判断し、脱出。機外の風圧でヘルメットはふっとび、被服がズタズタになった。漁船から浮き輪が投げられたが、摑むこともできない。後で判ったが、両腕の骨が折れていた。

　なぜ、椅子ごと戦闘機から飛び出させる必要があるかというと、人体だけ高速機から放り出すと、頸や手足の骨が外気の風圧で折れてしまうのである。特にパイロットのヘルメットはいろいろな電装品で年々重くなっているので、頸を固定することが大事なのだ。

　ここで射出座席の歴史をおさらいしよう。

　射出座席は、第2次大戦中のドイツの夜間戦闘機「ハインケル219」が1943年に初めて採用した。射出には圧搾空気を用いていた。いらい、これまで1万件を超える「イジェクト」がなされている。

　しかし設計や製造やメンテナンスが悪いと、射出座席はパイロットの死を簡単にもたらす。2014年にはロシア製の射出座席の整備不良のせいでインド人パイロットが死んでいる。

　中共海軍のパイロットが空母『遼寧』への着艦試行で2人死亡しているのも、射出座席が低高度脱出を重視したタイプだったならば、助かっていたかもしれない。米海軍は、伝統的に英国のマーチン・ベイカー社製の射出座席を艦上機用に選好している。理由は、空母発着時の事故は超低空で起きるものなので、空軍用とは異なった配慮が要求され、それに同社がいちばん適切に応えていると信じ

ているからだ。

　2007年に英空軍の「トーネイド」戦闘機の後席天蓋（透明樹脂製の風防）がテスト飛行中にとつぜん吹き飛び、後席がロケットなしで機外へリリースされて、後席乗員の頭部は垂直尾翼に激突。加えてシートからは落下傘も繰り出されずに、そのまま約2000m落下して即死した。この事故の原因は、わずか5cmほどの金属部品を正しく取り付けていなかったという整備不良にあったことが、3年がかりの調査の結果、確定された。

　ちなみに米軍の最新式の「ACES 5」という射出座席は、乗員の頭部がぜったいに尾翼に衝突しないようにロケット噴射を調節することができる。着地姿勢制御もロケット噴射で行うのだ。

　射出座席は30万ドル弱の価格で重量は半トンある。無人機ならばこういうものもいらぬわけである。

　米海軍は2030年代には「F-35」を無人機「UCAS」で代替させるつもりである。

　開発の苦心点は、着艦のために必要なソフトとコンピュータをいかにして軽くするかだ。着艦という難しい作業を全自動で実行するためには、巨大なソフトウェアを超高速で演算できるコンピュータが必要である。それはとても重くならざるを得ず、UAVの重量を著増させるのだ。プログラムのわずかなバグの取り除き作業にも、最低数ヵ月はかかる。

　米海軍は2016年に、空母から運用する無人攻撃機のメーカー・コンペをするが、勝者は「X-47C」ではないかと言われている。これまでいろいろ実験してきた「X-47B」の改良型だ。

　X-47Bは、2008年に完成した。自重24トンのF-18Aよりも軽い20トンながら、弾倉内に2トンの誘導爆弾を収められる。滞空は20時間弱可能。エンジンはF-16戦闘機と同じである。

　X-47Cは重さが30トンになり、ペイロードは2倍になる。も

し採用されれば型番は「MQ‐47C」となるはずだ。

　中共は「X‐47B」の外見だけそっくりなUAVを2013年11月に飛行させている。試作は2011年から始めていた模様だが、軽量で強力なコンピュータが無いロシアや中共では、この種の機体の実用化は無理だろう。

　有人機にはできないが、無人機ならできるということがいろいろある。たとえば、機首を上に向けた姿勢で垂直に離陸し、空中で機体を90度回転して水平飛行に移行し、着陸時はその逆をするという機動。これがもし有人機なら、操縦席をどう設計していいかわからない。

　そして空中戦では、「逆宙返り」によるミサイル回避機動も可能である。有人機で逆宙返りをすると、たとい低速のプロペラ機であっても、生身のパイロットの脳や眼底細胞の血管は、とてももつまい。しかし無人機では、いかほど急激に、かつ連続して逆宙返りをしようとも、機械は一向平気なのだ。

ドローンをどうやって撃墜するか

　日本政府は、「GPSジャマー」等の電波妨害装置を、警察機関が必要に応じて使用してもよいとする法整備を急ぐべきである。

　オモチャ級のドローンでも、スウォーム、すなわち雲集した群として運用すれば、大型のジェット・エンジンに吸入させることで旅客機を墜落させることもできる。スウォーム操縦のためのソフトウェアは、日進月歩だ。

　小型のドローンが毒物や有害微生物を運搬できることも、想像容易だ。

　あるサイズ以上の「クォッド・コプター」ならば、自動拳銃を上下逆さに固定して、ビデオ映像を見ながら、リモコンで眼下の人間を銃撃する離れ技すらも可能である。これは、暇な米国人が標的板

を使ってとっくに実験済みだ。

　つまり、ドローンの潜在的な毀害力(きがいりょく)は、誰にも計り知ることはできない。

　警察や海上保安庁は、「対空火器」を装備してはおらないけれども、「GPSジャマー」や「リモコン電波妨害装置」を装備して、もし、違法に飛行を続けるドローンを発見したら、その飛行継続を阻止するために必要な妨害電波を発生できるように、今から法整備を進める必要があるのではないだろうか。

　海保の巡視船に関しては、軽量級で精密な「対空射撃」もできる「銃塔」が必要かもしれない。というのは、領海内で外国の「公船」がドローンを発進させた場合、あるいは目的不明のドローンがどこからかわが島嶼の領海に侵入してきた場合、国際法は、それをただちに撃墜することを是認するからである。公船の場合は、無人機を発進させた時点で「領海内無害航行」でもなくなる。

　1920年代にイタリアの戦略爆撃論者のジョリオ・ドウエ将軍が主張したように、航空機は軍艦と違い、外国の海岸線を無視して、いきなり外国の首都上空まで到達してしまえる。その航空機に毒ガスが搭載されていれば、未来の戦争は1日でカタが付く、というのがドウエの説だった。国際社会も航空機一般のこの潜在的な危険性を認めるに至って、今日では、艦船の領海侵犯に対するよりも急激で果断な阻止手段の行使を、航空機の領空侵犯に対しては、主権国に許すのである。

　警察はまさか対空兵器を持つわけにもいくまいから、せめて電波妨害器材を装備することだ。ロシアなどが、そうした装置を市販している（ほとんどの国では、一般人が妨害電波を出すことは御法度としているので、買い手は国家にかぎられる）。

　GPS信号の電波は宇宙空間から降ってくる、甚だ微弱なものだ。だから特定エリアでこれを妨害するのは、簡単だという。

ドローンの方では、GPS受信が途切れる場合を考えて、INS（慣性航法装置）を併載しているのが普通だ。ただし安価なINS装置は、GPSが誤差10ｍだとしたら、誤差が30ｍくらいある。超精密なINS装置もあるが、それは値段も超高価なので、中共軍でもドローンには搭載できないだろう。

　ドローン侵入対策の経験先進国はイスラエルだ。ガザから飛来するUAVは数分にしてイスラエル軍の基地や都市の上空に達する。機種は、イラン製の「アバビル」だ。これを、ペトリオットの「PAC2」ミサイルで撃墜すべきか？　彼らの結論は、ペトリオット・ミサイルのレーダーを早期警戒に使って、そこから第一報を受けたF‐16戦闘機が、機関砲で撃墜するのがよい、というものである。ドローン相手に地対空ミサイルや空対空ミサイルを使うと、ドローンより高額なので、イスラエルの予算が尽きてしまうのだ。

　先の対米戦の末期、日本では「秋水」というロケット有人戦闘機が試作されていた。ドイツからはるばる潜水艦で取り寄せた略図をもとにこしらえたというシロモノだが、量産に移行した暁には、これでB‐29に体当たりさせるつもりだった。

　今日、このコンセプトは、有望である。つまり、対戦車ミサイルくらいの小型の「ロケット推進の無人機」で、「体当たり」をさせることによって、敵のUAVを叩き落とせるはずだ。これなら、1機でスウォームの相手もできようし、パラシュートで回収・整備すれば、また何度でも再使用できるので、「コスト・パー・キル」が妥当な範囲に収まるだろう。

　敵のUAVは、滞空時間を重視するため、あまり高速にはできない。ロケット無人機の方は、局地での迎撃専用だから、いくらでも高速にしていい。敵はこれに対抗不能である。

　「秋水」とは「日本刀」の意味である。翼の日本刀によって、B‐29ではなく、中共の無人機を斬り落とす日は、近いかもしれない。

RQ-21A インテグレーター

　陸自は2011年度の補正予算で、カタパルト発射式、重さ55 kg、高度4500 mまで上昇でき、速力100 km／時以下で、滞空24時間が可能な「RQ-21A」を2機、ボーイング社から6億円で、試験評価用に購入した。

　報道では名称が「RQ-21スキャンイーグル」となっていた。が、RQ-21AはRQ-21を元に大幅な改良をした、ほぼ別な機体である。サイズも見た目も（主翼後退角から水平尾翼の有無まで）スキャンイーグルとは異なっている。そしてその名称が2つあり、米海軍向けは「ブラックジャック」、海兵隊向けは「インテグレーター」であるらしい。わが陸自は米海兵隊の「片割れ組織」となりつつあるので、おそらく買おうとしているのは「インテグレーター」なのであろう。（もしも2011年の時点で旧型のRQ-21スキャンイーグルを摑まされたのなら、陸幕は切腹ものだ。インテグレーターは2010年には米海軍および海兵隊からの大量受注を獲得しているのだ。）

　レイヴン級とプレデター級の中間サイズのUAVが米国内メーカーからは供給されていないことに着目したベンチャー企業のインスィトゥ社が「スキャンイーグル」を開発し、それをボーイング社が子会社として買収して、「スキャンイーグル改」たる「インテグレーター」を完成させた。

　エンジンはHFE（heavy-fuel engine）という。ジェット燃料「JP-8」をピエゾ装置で噴射して電気点火する独特のレシプロ・エンジンのようだ。今日の軍隊は「ガソリン」を追放しつつある。小型UAVなら電池で、また大型UAVなら「JP-8」で動いてくれなくては困る。米陸軍も「グレイ・イーグル」のプロペラを駆動させるエンジンをわざわざディーゼルとし、それを「JP-8」で動かしている。

　RQ-21／21Aは、歩兵が担いで歩くのにも、手投げにも重過ぎ

るが、離陸には飛行場を必要とせず、トラックの荷台のランチャーが使えるというニッチなサイズである。

独特の空気式レール・ランチャーは、零細ベンチャーには自力開発は不可能だとインスィトゥの社員が豪語する。将来ISR器材が軽量化し、省電力化すれば、リーパーの偵察機能もインテグレーターでじゅうぶんまかなえるとまで彼らはフカしている。
「スカイフック」という回収クレーンは、長さ16mのポールから1条のロープが垂れており、インテグレーターの両翼端にあるフックのどちらかでこれをひっかけて急減速させると、センサーによってエンジンが自動停止する仕掛け。発射／回収装置はこれからもっとコンパクト化される予定だ。なお、広い舗装面があるところならば滑走着陸させることも可能である。

先代のスキャンイーグルは、米海兵隊が2004年6月にイラクにおいて初めて実戦投入した。米海軍の艦載機にもなった他、ペルシャ湾のオイル・リグの警備用にも買われているそうだ。外国軍では、オランダ海軍がRQ‐21Aを駆逐艦用に採用した。

海兵隊の場合、旧いRQ‐21が新しいRQ‐21Aに更新されても、発射／回収装置は共用なので、アセットが無駄になることはない。

そして、海兵隊が持っている「RQ‐7シャドウ」は、回収のために普通の滑走路が必要で不便すぎるため、「RQ‐21Aインテグレーター」の普及にともなって、廃止される。「シャドウ」の自重になれば、華奢なポールによる回収は絶対に無理だとインスィトゥ社社員は言っている。

陸自が買った2機のRQ‐21Aのうち1機は、2014年11月に不時着して大破したという。これは無人機には必ずある話で、咎め立てることではない。米空軍などは過去10年で116機以上の無人機を墜落させていて、だいたい無人機を10万時間飛ばせば5機が墜落すると計算しているほどだ。インテグレーターも、正式には5機

が1セットのシステムである。1機ぐらい墜落するのは最初から想定済みと思われる。

もうひとつのUAVの可能性――超低速・低空・長時間滞空機

　無人機ではないが、すぐにも無人機に応用できる航空機として、オートジャイロ（＝ジャイロコプター）がある。

　2015年4月15日、米国の首都ワシントンの連邦議事堂の西の芝庭に、フロリダの郵便配達夫がオートジャイロで着陸した。

　なんと、首都警備用の防空レーダーにひっかからなかった。いや、正確には、ペンシルベニアのゲティスバーグから70マイル飛び続けている間、レーダー・スクリーンにはひとつの輝点が終始表示されていたはずである。しかし、空中での移動スピードが遅すぎるために、その高度から、鳥、凧、もしくは風船ではないかとみなされ、警報は出されなかったのだ。もし低速で低空を移動する物体のぜんぶを警報することにすれば、鳥、凧、風船すべてにF-16戦闘機を差し向けねばならない。それは現実的でないのだ。件のオートジャイロの飛行高度は、最高でも100mかそこらだったようである。この事件は、新手のテロ攻撃の可能性も暗示したといえる。

　オートジャイロは、ヘリコプターに形状が似ているけれども、揚力をつくるメイン・ローターはエンジンとつながっておらず、風圧を受けて受動的に回転するのみ。機体の「前進速度」は、それとは別に、小型エンジンで駆動するプロペラによって発生させる。メイン・ローターの回転速度が一定以上になると、機体の前進速度が遅くとも、軽量な機体を浮かせるに十分な揚力が発生するので、ごくゆっくり飛行したり、比較的に狭いスペースで離発着もできる。

　この方式を、ドローンで再現することは、容易だろう。人間ひとりを運搬しても気付かれなかったオートジャイロ式ドローンで、人間の代わりに爆弾を運ばれても、いまのところ、打つ手はない。

無人機の課題

　日本のドローンで唯一、世界に対して威張れるのは、田圃に殺虫剤を撒布する無人ヘリコプターで、農夫たちが操縦しており、なんと 2500 機が現用である。

　これと同じ仕事を米国では有人機がやっている。そうした有人機を無人機で代用させていくビジネスが、これから有望だろうといわれている。

　結果、これから 3 年で数千機の無人機が、米国内に 7 万人の雇用を創出するだろうという期待まである。おもちゃのドローン数十万台とは、もちろん別に。

　かつては軍隊のパイロットが退職すると、民航に入ったものだが、いまでは、ドローンのオペレーターになるのだそうだ。

　課題は、無人機に搭載できる、自律的衝突回避機構が、信頼できるものがまだできていないこと。バッテリー寿命が足りないことも、事故に結びついてしまう。

　そして、恒久的な解決は無さそうなのが、ハッカーやテロリストによる通信妨害や、乗っ取りの心配だ。

著者略歴────
兵頭二十八 ひょうどう・にそはち

著述家、軍学者。1960年長野市生まれ。陸上自衛隊（第2戦車大隊）を経て、神奈川大学英語英文科、東京工業大学大学院江藤淳研究室に所属。社会工学専攻修士。著訳書に『兵頭二十八の農業安保論』『日本人が知らない軍事学の常識』『北京が太平洋の覇権を握れない理由』『「日本国憲法」廃棄論』『兵頭二十八の防衛白書2014』『アメリカ大統領戦記 1775-1783 独立戦争とジョージ・ワシントン①』（いずれも草思社）、『人物で読み解く「日本陸海軍」失敗の本質』『新訳 孫子』『新訳・フロンティヌス戦術書』『新訳・戦争論』（いずれもＰＨＰ研究所）、『新解 函館戦争』（元就出版社）など多数。

兵頭二十八の防衛白書 2015

2015 © Nisohachi Hyodo

2015年8月19日　　　　　第1刷発行

著　者	兵頭二十八
装幀者	藤村　誠
発行者	藤田　博
発行所	株式会社 草思社

〒160-0022　東京都新宿区新宿5-3-15
電話　営業 03(4580)7676　編集 03(4580)7680
振替　00170-9-23552

本文印刷	株式会社三陽社
付物印刷	日経印刷株式会社
製本所	加藤製本株式会社

ISBN978-4-7942-2145-2 Printed in Japan　検印省略

造本には十分注意しておりますが、万一、乱丁、落丁、印刷不良などがございましたら、ご面倒ですが、小社営業部宛にお送りください。送料小社負担にてお取替えさせていただきます。

草思社刊

アメリカ大統領戦記
1775-1783 独立戦争とジョージ・ワシントン①

兵頭二十八 著

アメリカはいかにして超強国に成り上がったか。ワシントンからオバマまで歴代大統領の戦史をつぶさに描き、米国の行動原理を解き明かす新視点の通史シリーズ開始。

本体 2,400円

日本人が知らない軍事学の常識
草思社文庫

兵頭二十八 著

米中露の掛け値なしの実力から尖閣、北方領土、原発、靖国問題まで。日本人に最も欠けていた視点から極東パワーバランスの現実を俯瞰し、解説した瞠目の書。

本体 900円

北京が太平洋の覇権を握れない理由
草思社文庫

兵頭二十八 著

中共党の生き残りをかけた「米中激突」の実相をシミュレート。中国の間接侵略の実際等最新情報を盛り込み、日本の対中・対米関係の最も合理的なあり方を示す。

本体 850円

「日本国憲法」廃棄論
草思社文庫

兵頭二十八 著

日本の安全と自由を守るには、占領軍が強制した「日本国憲法」を廃棄、「五箇条の御誓文」の理念に則った憲法を作り、紛いものでない立憲君主制に立ち返るべきと説く。

本体 820円

＊定価は本体価格に消費税を加えた金額です。